『十二五』高职高专体验互动式创新规划教材

Java程序设计技术

JAVA CHENGXU SHEJI JISHU

主　编　吴　琳
副主编　刘　磊　罗大伟　罗才华　钟令青
编　者　聂　静　徐　山　李新良　巢海鲸
　　　　刘新强　郝丽珍　吴翠鸿

哈爾濱工業大學出版社

图书在版编目(CIP)数据

Java程序设计技术 / 吴琳主编. — 哈尔滨：哈尔滨工业大学出版社，2013. 1

ISBN 978-7-5603-3836-1

Ⅰ.①J… Ⅱ.①吴… Ⅲ.①JAVA语言—程序设计—高等职业教育—教材 Ⅳ.①TP312

中国版本图书馆CIP数据核字(2012)第266687号

责任编辑 刘 瑶
封面设计 唐韵设计
出版发行 哈尔滨工业大学出版社
社 址 哈尔滨市南岗区复华四道街10号 邮编 150006
传 真 0451-86414749
网 址 http: // hitpress.hit.edu.cn
印 刷 三河市玉星印刷装订厂
开 本 850mm×1168mm 1/16 印张 20.25 字数 613千字
版 次 2013年1月第1版 2013年1月第1次印刷
书 号 ISBN 978-7-5603-3836-1
定 价 39.00元

PREFACE

前言

《Java程序设计》以确立面向对象的分析与设计方法为第一目标，打破了经典教材的语法体系结构，建立了一个全新的Java教学体系。本书采用“教·学·做1+1”体验互动式的编写思路，即“理论（1）+实践（1）”，通过对项目的互动体验，更好地掌握所学知识。全书按实现Java程序设计的逻辑关系把课程内容划分为9大模块，每个模块都由若干个项目组成，每个模块都含有教学聚焦、课时建议、基础知识、重点串联、基础练习、技能实训等栏目；通过学习Java 语言基础和大量程序编制实践，帮助学生树立正确的学习态度，养成良好的编程风格，充分认识学习Java程序设计的重要性；系统地介绍Java语言中面向对象程序设计的思想，类与对象的创建与使用，图形用户界面编程的方法与事件处理机制，异常处理机制，输入输出流，多线程的基本概念和编程方法，Java与数据库连接JDBC方法等，使学生掌握较扎实的 Java 语言基础，理解面向对象程序设计的思想，学会用Java编写一些简单的程序，为学生后续课程的学习打下坚实的基础。

《Java程序设计》采用项目式教学，取材广泛，内容新颖，深入浅出，注重实用性和实践技能的培养，可作为高等职业院校、高等专科院校和成人教育计算机类、电子电气类等专业的教材或参考书，也可供科研人员、工程技术人员及自学人员作为参考用书。对于具体从事计算机软件开发的工作的人员也有一定的指导价值。

本书建议安排128学时，其中理论讲授64学时，实践操作64学时。

由于编者水平有限，加之时间仓促，书中难免存在缺漏或错误，恳请广大读者批评指正。

编　者

本书学习导航

学习目标

包括教学聚焦、知识目标和技能目标，列出了学生应了解和掌握的知识点。

课时建议

建议课时，供教师参考。

项目引言

在每一个项目的开篇设计知识汇总版块，使学生对本项目的内容有一个整体性的把握。

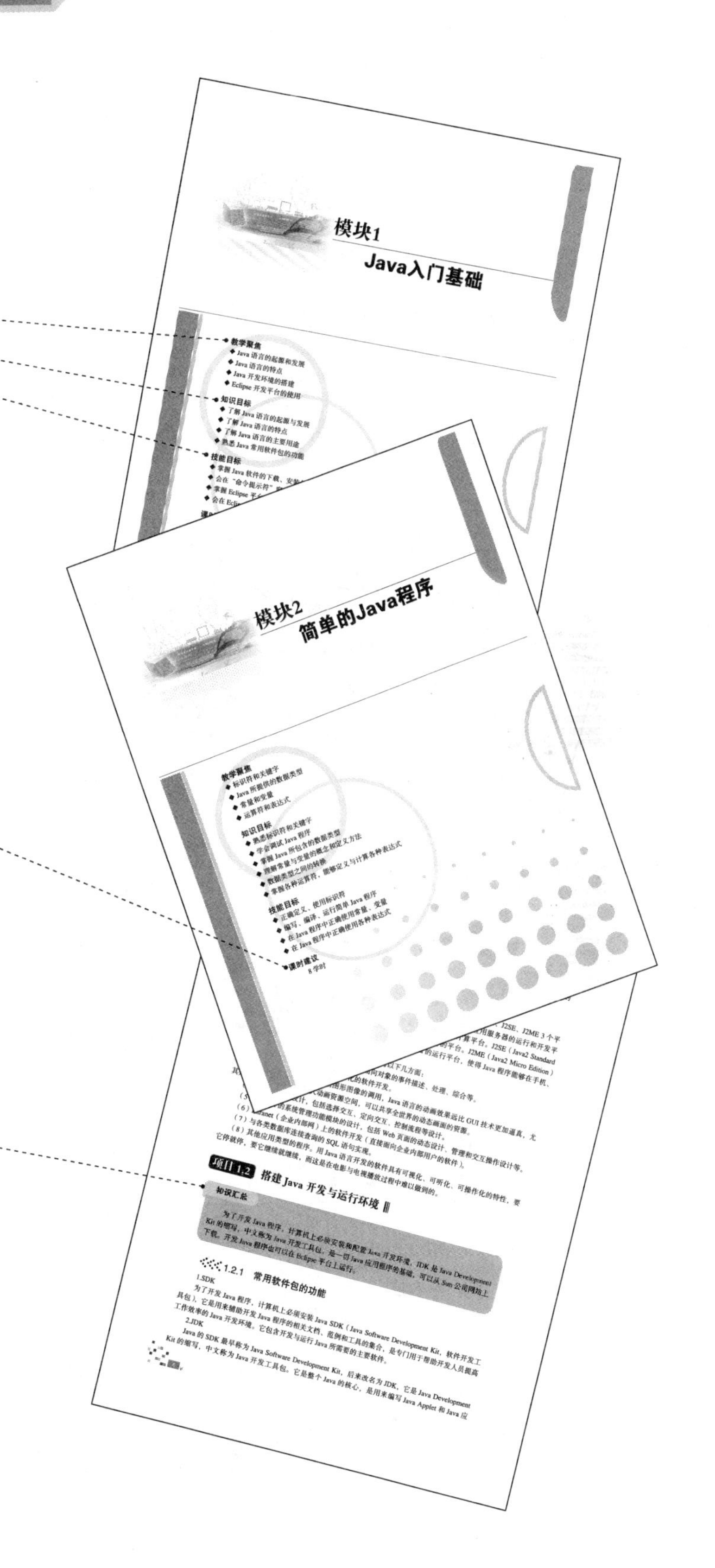

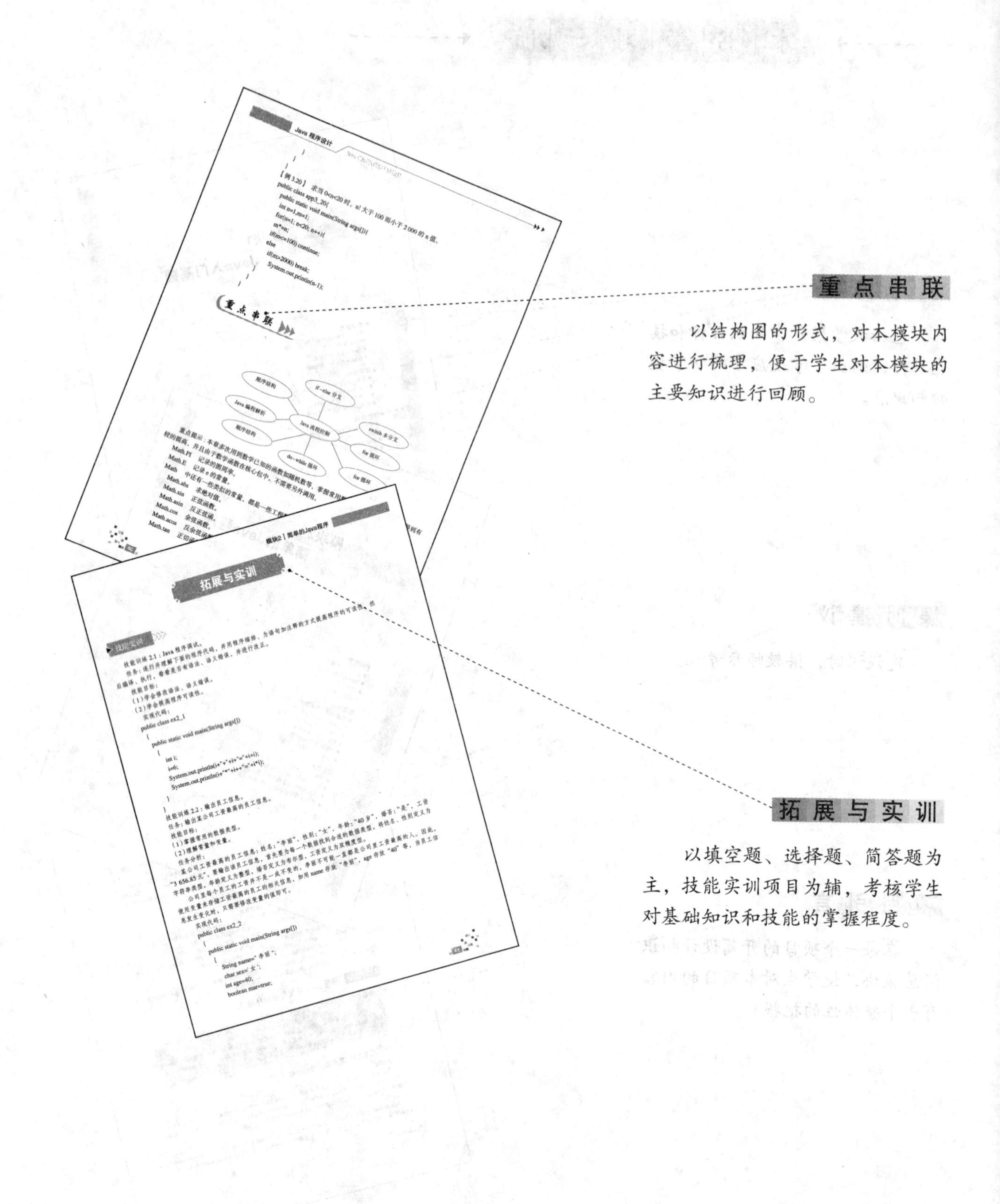
重点串联
以结构图的形式，对本模块内容进行梳理，便于学生对本模块的主要知识进行回顾。
拓展与实训
以填空题、选择题、简答题为主，技能实训项目为辅，考核学生对基础知识和技能的掌握程度。

目录 Contents

模块3 Java流程控制

模块4 数组及函数

模块5 面向对象程序设计

模块8 JDBC编程

模块9 Java网络编程

模块10 项目实战之学生信息管理系统

模块1 Java入门基础

教学聚焦

- ◆ Java 语言的起源和发展
- ◆ Java 语言的特点
- ◆ Java 开发环境的搭建
- ◆ Eclipse 开发平台的使用

知识目标

- ◆ 了解 Java 语言的起源与发展
- ◆ 了解 Java 语言的特点
- ◆ 了解 Java 语言的主要用途
- ◆ 熟悉 Java 常用软件包的功能

技能目标

- ◆ 掌握 Java 软件的下载、安装与配置
- ◆ 会在“命令提示符”窗口编译与运行 Java 程序
- ◆ 掌握 Eclipse 平台的使用
- ◆ 会在 Eclipse 平台编写、运行 Java 程序

课时建议

4 学时

项目 1.1 Java 的基础理论知识

知识汇总

Java 是一种编程语言，拥有跨平台、面向对象、泛型编程的特性。Java 语言是一种面向对象的语言，它通过提供最基本的方法来完成指定的任务，只需理解一些基本的概念，就可以用它编写出适合于各种情况的应用程序。

1.1.1 Java 语言的定义

任职于 Sun 公司的 James Gosling 等人于 1990 年初开发了 Java 语言的雏形，最初被命名为 Oak，目标设定在家用电器等小型系统的程式语言，应用于电视机、电话、闹钟、烤面包机等家用电器的控制和通信。由于这些智能化家电市场的需求没有预期的高，Sun 公司放弃了该项计划。随着 20 世纪 90 年代互联网的发展，Sun 公司看见 Oak 在互联网上应用的前景，于是改造了 Oak，于 1995 年 5 月以 Java 的名称正式发布。Java 伴随着互联网的迅猛发展而发展，逐渐成为重要的网络编程语言。

Java 编程语言的风格十分接近 C++ 语言。Java 继承了 C++ 语言面向对象技术的核心，舍弃了 C++ 语言中容易引起错误的指针，改以引用取代，同时移除了原 C++ 与原来运算符重载，也移除了多重继承特性，改用接口取代，增加垃圾回收器等功能。在 Java SE 1.5 版本中引入了泛型编程、类型安全的枚举、不定长参数和自动装 / 拆箱的特性。Sun 公司对 Java 语言的解释是："Java 编程语言是个简单，面向对象，分布式，解释性，健壮，安全与系统无关，可移植，高性能，多线程和动态的语言。"

Java 不同于一般的编译语言和解释语言。它首先将源代码编译成字节码（Bytecode），然后依赖各种不同平台上的虚拟机来解释执行字节码，从而实现"一次编译、到处执行"的跨平台特性。在早期 JVM 中，这在一定程度上降低了 Java 程序的运行效率。但在 J2SE1.4.2 发布后，Java 的执行速度有了大幅提升。

与传统型态不同，Sun 公司在推出 Java 时就将其作为开放的技术。全球数以万计的 Java 开发公司被要求所设计的 Java 软件必须相互兼容。"Java 语言靠群体的力量而非公司的力量"是 Sun 公司的口号之一，并获得了广大软件开发商的认同。这与微软公司所倡导的注重精英和封闭式的模式完全不同，此外，微软公司后来推出了与之竞争的 .NET 平台以及模仿 Java 的 C# 语言。后来 Sun 公司被甲骨文公司并购，Java 也随之成为甲骨文公司的产品。

1.1.2 Java 语言的起源与发展过程

Java 是 1995 年 6 月由 Sun 公司发布的一种革命性编程语言，曾被美国的著名杂志 *PC Magazine* 评为 1995 年十大优秀科技产品。之所以称其为"革命性编程语言"，是因为用 Java 语言编写的软件能在任何安装了 Java 虚拟机的操作系统上执行。

Java 语言的出现是源于对独立平台语言的需要，希望这种语言能编写出嵌入各种家用电器等设备的芯片上且易于维护的程序。最初人们用 C，C++ 语言开发家用电器设备，但是 C，C++ 等语言有一个共同的缺点，那就是只能对特定 CPU 芯片进行编译。这样一旦电器设备更换了芯片，就不能保证程序正确运行，可能需要修改程序，并针对新的芯片重新进行编译。1990 年，Sun 公司成立了由 James Gosling 领导的开发小组，开始致力于开发一种可移植的跨平台语言，该语言能生成正确运行于各种操作系统、各种 CPU 芯片上的代码。正是由于他们的精心钻研和不懈努力，最终促成了 Java 语言的诞生。

Java 技术的快速发展得益于 Internet 的广泛应用，Internet 上有各种不同的计算机，它们可能使

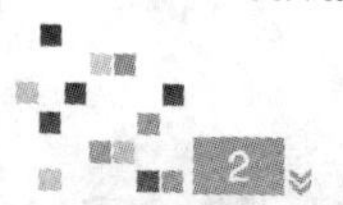

用完全不同的操作系统和 CPU 芯片，但仍希望运行相同的程序，而 Java 的出现大大推动了分布式系统的快速开发和应用。

1.1.3 Java 语言的特点

1. 简单性

Java 语言是一种面向对象的语言，它通过提供最基本的方法来完成指定的任务，只需理解一些基本概念，就可以用它编写出适合于各种情况的应用程序。Java 略去了运算符重载、多重继承等模糊的概念，并且通过实现自动垃圾收集大大简化了程序设计者的内存管理工作。另外，Java 也适合于在小型机上运行，它的基本解释器及类的支持只有 40 KB 左右，加上标准类库和线程的支持也只有 215 KB 左右。

2. 面向对象

Java 语言的设计集中于对象及其接口，它提供了简单的类机制以及动态的接口模型。对象中封装了它的状态变量以及相应的方法，实现了模块化和信息隐藏；而类则提供了一类对象的原型，并且通过继承机制，子类可以使用父类所提供的方法，实现了代码的复用。

3. 分布性

Java 是面向网络的语言。通过它提供的类库可以处理 TCP/IP 协议，用户可以通过 URL 地址在网络上很方便地访问其他对象。

4. 鲁棒性

Java 在编译和运行程序时，都要对可能出现的问题进行检查，以消除错误的产生。它提供自动垃圾收集来进行内存管理，防止程序员在管理内存时产生错误。通过集成的面向对象的例外处理机制，在编译时，Java 提示出可能出现但未被处理的例外，帮助程序员正确地进行选择以防止系统的崩溃。另外，Java 在编译时还可捕获类型声明中许多常见的错误，防止动态运行时不匹配问题的出现。

5. 安全性

用于网络、分布环境下的 Java 必须要防止病毒的入侵。Java 不支持指针，一切对内存的访问都必须通过对象的实例变量来实现，这样就防止程序员使用“特洛伊”木马等欺骗手段访问对象的私有成员，同时也避免了指针操作中容易产生的错误。

6. 体系结构中立

Java 解释器生成与体系结构无关的字节码指令，只要安装了 Java 的运行系统，Java 程序就可在任意的处理器上运行。这些字节码指令对应于 Java 虚拟机中的表示，Java 解释器得到字节码后，对它进行转换，使之能够在不同的平台上运行。

7. 可移植性

与平台无关的特性使 Java 程序可以方便地被移植到网络上的不同机器。同时，Java 的类库中也实现了与不同平台的接口，使这些类库可以移植。另外，Java 编译器是由 Java 语言实现的，Java 运行时系统由标准 C 语言实现，这使得 Java 系统本身也具有可移植性。

8. 解释执行

Java 解释器直接对 Java 字节码进行解释执行。字节码本身携带了许多编译时的信息，使得连接过程更加简单。

9. 高性能

和其他解释执行的语言如 BASIC、TCL 不同，Java 字节码的设计使之能很容易地直接转换成对应于特定 CPU 的机器码，从而得到较高的性能。

10. 多线程

多线程机制使应用程序能够并行执行，而且同步机制保证了对共享数据的正确操作。通过使用多线程，程序设计者可以分别用不同的线程完成特定的行为，而不需要采用全局的事件循环机制，这样

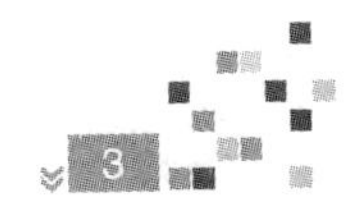

就会很容易实现网络上的实时交互行为。

11. 动态性

Java 的设计使它适合于一个不断发展的环境。在类库中可以自由地加入新的方法和实例变量而不会影响用户程序的执行。并且 Java 通过接口来支持多重继承，使之比严格的类继承具有更灵活的方式和扩展性。

1.1.4 Java 语言的主要用途

针对不同的市场目标和设备进行定位，Sun 公司把 Java 平台划分成 J2EE、J2SE、J2ME 3 个平台。J2EE（Java2 Enterprise Edition）的主要目的是为企业计算提供一个应用服务器的运行和开发平台。J2EE 将逐步发展成为可以与微软的 .NET 战略相对抗的网络计算平台。J2SE（Java2 Standard Edition）的主要目的是为台式机和工作站提供一个开发和运行的平台。J2ME（Java2 Micro Edition）主要是面向消费电子产品，为消费电子产品提供一个 Java 的运行平台，使得 Java 程序能够在手机、机顶盒、PDA 等产品上运行。

Java 语言有着广泛的用途，大体上可以分为以下几方面：

（1）所有面向对象的应用开发，包括面向对象的事件描述、处理、综合等。

（2）计算过程的可视化、可操作化的软件开发。

（3）动态画面的设计，包括图形图像的调用，Java 语言的动画效果远比 GUI 技术更加逼真，尤其是利用 WWW 提供的巨大动画资源空间，可以共享全世界的动态画面的资源。

（4）交互操作的设计，包括选择交互、定向交互、控制流程等设计。

（5）Internet 的系统管理功能模块的设计，包括 Web 页面的动态设计、管理和交互操作设计等。

（6）Intranet（企业内部网）上的软件开发（直接面向企业内部用户的软件）。

（7）与各类数据库连接查询的 SQL 语句实现。

（8）其他应用类型的程序。用 Java 语言开发的软件具有可视化、可听化、可操作化的特性，要它停就停，要它继续就继续，而这是在电影与电视播放过程中难以做到的。

项目 1.2 搭建 Java 开发与运行环境

知识汇总

为了开发 Java 程序，计算机上必须安装和配置 Java 开发环境，JDK 是 Java Development Kit 的缩写，中文称为 Java 开发工具包，是一切 Java 应用程序的基础，可以从 Sun 公司网站上下载。开发 Java 程序也可以在 Eclipse 平台上运行。

1.2.1 常用软件包的功能

1.SDK

为了开发 Java 程序，计算机上必须安装 Java SDK（Java Software Development Kit，软件开发工具包），它是用来辅助开发 Java 程序的相关文档、范例和工具的集合，是专门用于帮助开发人员提高工作效率的 Java 开发环境。它包含开发与运行 Java 所需要的主要软件。

2.JDK

Java 的 SDK 最早称为 Java Software Development Kit，后来改名为 JDK，它是 Java Development Kit 的缩写，中文称为 Java 开发工具包。它是整个 Java 的核心，是用来编写 Java Applet 和 Java 应

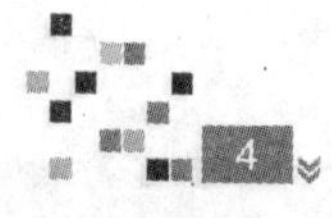

用程序的开发环境。它由一个处于操作系统层之上的运行环境，以及编译、调试和运行 Java 程序所需的工具组成。不论什么 Java 应用服务器，实质都是内置了某个版本的 JDK。JDK 是一切 Java 应用程序的基础，所有的 Java 应用程序都离不开 JDK。它包含所有对 Java 程序最有用的 java 编译器、Applet 查看器和 Java 解释器。

在下载 Sun 公司提供的 Java EE SDK 软件包时，可以同时下载捆绑的 JDK 软件包，否则需要专门下载 JDK，如果仅是开发一些 Java 程序，使用 JDK 即可。

3. JRE

JRE（Java Runtime Environment）称为 Java 运行环境或 Java 平台。所有的 Java 程序都要在 JRE 下才能运行。JDK 开发工具是由 Java 程序组成的，也需要 JRE 才能运行。为了保持 JDK 的独立性和完整性，在 JDK 的安装过程中，JRE 也是安装的一部分。所以，在 JDK 的安装目录下有一个名为 jre 的目录，用于存放 JRE 文件。也就是说，JDK 中包含 JRE。

4. JVM

JVM(Java Virtual Machine，Java 虚拟机）是 JRE 的一部分。它是一个虚构出来的计算机，是通过在实际的计算机上模拟各种计算机的功能来实现的。JVM 有自己完善的硬件架构，如处理器、堆栈、寄存器等，还具有相应的指令系统。Java 语言最重要的特点就是跨平台运行。JVM 就是实现跨平台运行的主要工具。JRE 中包含 JVM。

5. Java 软件

为了在浏览器中运行 Java 小程序，需要在计算机中安装 Java 软件。这是一个特殊的 Java 软件包，它可以让浏览器支持 Java 程序的功能，它是 Java 程序与 web 进行交互的工具。它包含 Java 虚拟机和许多其他内容。它可以通过浏览器尽情享受 Internet 提供的带有 Java 功能的最佳内容，包括游戏、体育、聊天、电子邮件、艺术、财务工具等。

1.2.2 下载与安装 Java 软件

J2SDK 是 Java 2 Software Development Kit 的简称，其前身是 JDK（Java Development Kit），J2SDK 和 JDK 都是 Sun 公司推出的一套 Java 语言程序开发工具并兼做运行 Java 语言程序的平台。编写 java 语言程序时，J2SDK 是必备的。

在开发和运行 Java 语言应用程序之前，首先需要在计算机操作系统中安装 J2SDK。J2SDK 是 Sun 公司免费提供的，在 Sun 公司网站（http://www.sun.com）和 Sun 公司中国网站（http://www.sun.com.cn）上都可以下载到，下载时应注意根据操作系统环境决定下载应用于 Windows 操作系统的还是 UNIX 操作系统的，或者是其他操作系统的 J2SDK。

应用于 Windows 操作系统的 J2SDK 是一个自解的 exe 文件，例如，J2SDK1.6 的文件为 jkd-6-windows-i586.exe。执行该文件，J2SDK 会显示自动安装向导，用户可以根据向导提示完成 J2SDK 开发工具和 Java 运行平台的安装。

安装成功后，其基本工具将安装在 bin 文件夹中，包含编译器（javac.exe）、解释器（java.exe）、Applet 查看器（appletviewer.exe）等可执行文件；基础应用类库将安装在 lib 文件夹中，包含了所有的类库以便开发 Java 程序使用；sample 文件夹包含开源代码程序实例；src 压缩文件包含类库开源代码。

1.2.3 配置 Java 开发与运行环境

首先，需要设置环境变量。设置环境变量是为了能够正常使用所安装的开发包，主要包括两个环境变量：Path 和 Classpath。Path 称为路径环境变量，用来指定 Java 开发包中的一些可执行程序所在的位置；Classpath 称为类路径环境变量。

我们以 Windows 操作系统为例进行环境变量的设置。右击“我的电脑”图标，选择“属性”菜

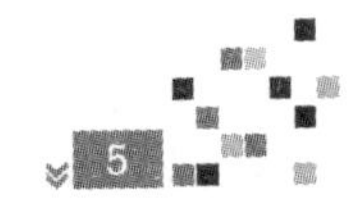

单，弹出“系统属性”对话框，选择“高级”选项卡，如图 1.1 所示。在“高级”选项卡中单击“环境变量”按钮，将出现“环境变量”设置界面，如图 1.2 所示。

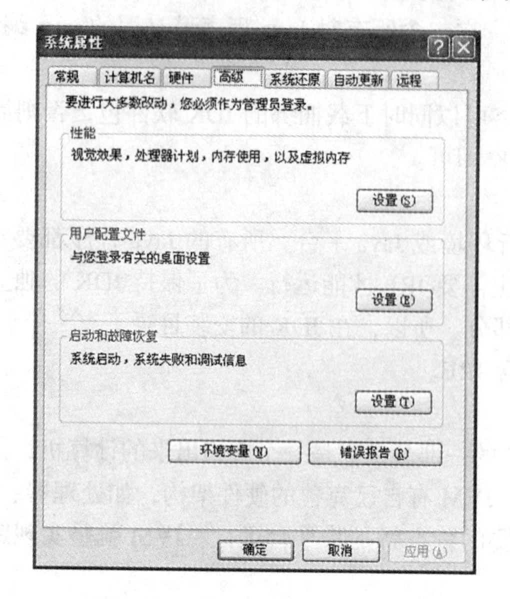

图1.1 “高级”选项卡

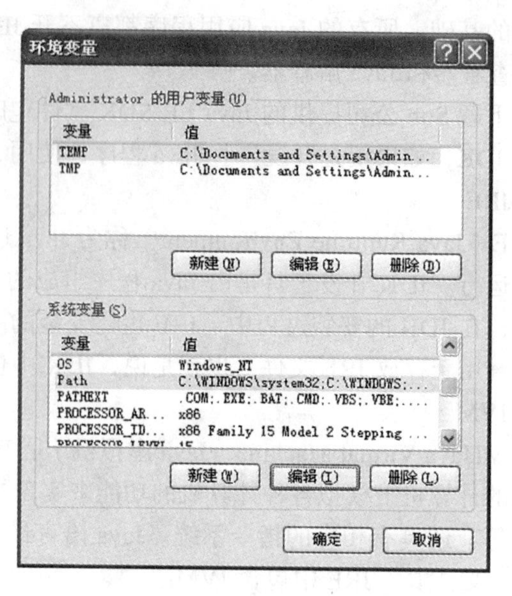

图1.2 “环境变量”对话框

在“系统变量”列表框中选择“Path”，然后单击“编辑”按钮，在出现的“编辑系统变量”对话框中，在“变量值”栏的命令后添加“;d:\jdk1.6.0\bin\”（以 jdk 安装在 d 盘为例），如图 1.3 所示。

图1.3 Path环境变量设置

在“系统变量”列表框中，单击“新建”按钮，在出现的“新建系统变量”对话框中，在“变量名”栏中输入“Classpath”，在“变量值”栏输入“.; d:\jdk1.6.0\lib”。其中“.”表示当前目录。至此，完成环境变量的设定工作。如图 1.4 所示。

图1.4 Classpath环境变量设置

设置完成后，单击“开始”→“所有程序”→“附件”→“命令提示符”，打开 DOS 窗口，在命令行提示符输入“javac”后按回车键，如果出现其用法参数提示信息，则安装正确，如图 1.5 所示。

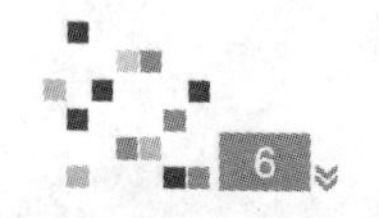

```
命令提示符

C:\Documents and Settings\Administrator>javac
用法：javac <选项> <源文件>
其中，可能的选项包括：
  -g                         生成所有调试信息
  -g:none                    不生成任何调试信息
  -g:{lines,vars,source}     只生成某些调试信息
  -nowarn                    不生成任何警告
  -verbose                   输出有关编译器正在执行的操作的消息
  -deprecation               输出使用已过时的 API 的源位置
  -classpath <路径>            指定查找用户类文件和注释处理程序的位置
  -cp <路径>                   指定查找用户类文件和注释处理程序的位置
  -sourcepath <路径>           指定查找输入源文件的位置
  -bootclasspath <路径>        覆盖引导类文件的位置
  -extdirs <目录>              覆盖安装的扩展目录的位置
  -endorseddirs <目录>         覆盖签名的标准路径的位置
  -proc:{none,only}          控制是否执行注释处理和/或编译。
  -processor <class1>[,<class2>,<class3>...]要运行的注释处理程序的名称；绕过默认
的搜索进程
  -processorpath <路径>        指定查找注释处理程序的位置
  -d <目录>                    指定存放生成的类文件的位置
  -s <目录>                    指定存放生成的源文件的位置
  -implicit:{none,class}     指定是否为隐式引用文件生成类文件
  -encoding <编码>             指定源文件使用的字符编码
  -source <版本>               提供与指定版本的源兼容性
```

图1.5 “命令提示符”窗口

1.2.4 编写第一个 Java 程序

现在开始编写 Java 程序，首先介绍以最简单的方式来编写、编译与运行 Java 程序。打开记事本，在文本编辑界面中键入程序，如图 1.6 所示，命名为“Hello.java”，将文件保存到 d:\java 目录中。注意：文件名必须和程序中所声明的类名一致，并且扩展名必须为“.java”。

```
Hello.java - 记事本
文件(F) 编辑(E) 格式(O) 查看(V) 帮助(H)
public class Hello
{
 public static void main(String args[])
 {
  System.out.println("欢迎学习java!");
 }
}
Ln 1, Col
```

图1.6 在记事本中编辑Java程序

1.2.5 在“命令提示符”窗口编译与运行 Java 程序

文件保存成功后，从“命令提示符”窗口中进入到 d:\java 目录，在此目录下输入编译程序 javac 命令：javac Hello.java，编译后目录下多了一个“Hello.class”文件，这是 javac 编译器将源代码编译成字节代码生成类文件的结果。再由 Java 解释，执行“Hello.class”类文件。输入运行程序命令：java Hello，程序运行，输出“欢迎学习 java！”，如图 1.7 所示。

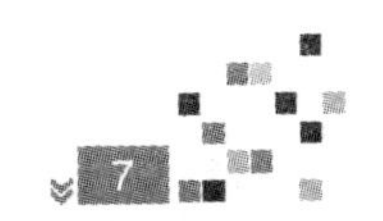

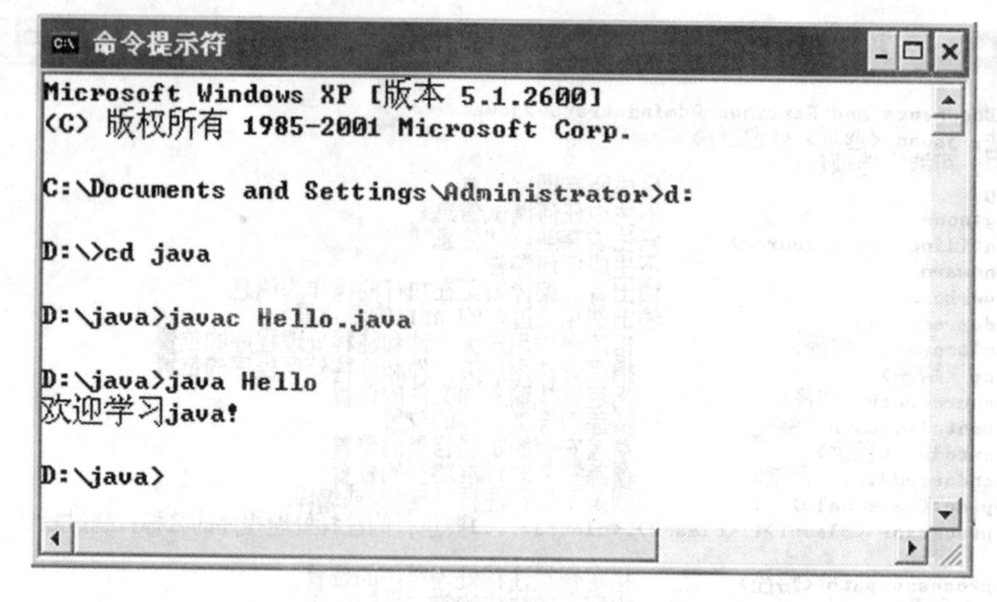

图1.7　在“命令提示符”窗口运行java程序

1.2.6　开发平台 Eclipse

1. Eclipse 窗口的组成

Eclipse 启动后的窗口，主要分为 6 个部分：菜单栏、工具栏、包资源管理器、编辑面板、大纲视图及信息视图，如图 1.8 所示。

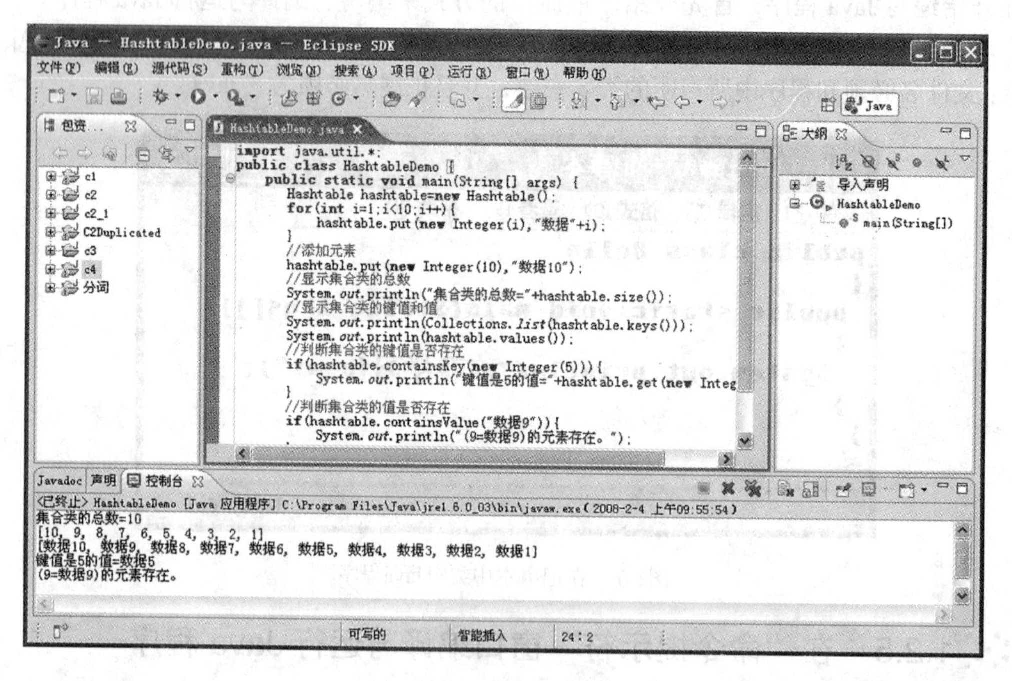

图1.8　Eclipse窗口的组成

2. 包资源管理器

包资源管理器可以查看项目，进行目录和文件的添加、移动、删除、查找操作。选择“窗口”→“显示视图”→“包资源管理器”命令，或者按 Alt+Shfit+Q 键，在屏幕右下方出现的列表中

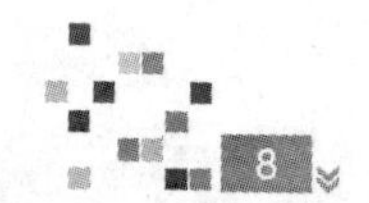

选择 P，显示包资源管理器，如图 1.9 所示。

Java 包资源管理器	Alt+Shift+Q，P
Java 声明	Alt+Shift+Q，D
Java 类型层次结构	Alt+Shift+Q，T
Javadoc	Alt+Shift+Q，J
变量	Alt+Shift+Q，V
同步	Alt+Shift+Q，Y
备忘单	Alt+Shift+Q，H
控制台	Alt+Shift+Q，C
搜索	Alt+Shift+Q，S
断点	Alt+Shift+Q，B
显示视图	Alt+Shift+Q，Q
显示视图 (查看: 大纲)	Alt+Shift+Q，O
显示视图 (查看: 问题)	Alt+Shift+Q，X

图1.9　包资源管理器

3. 大纲视图

大纲视图可以查看类的保存目录、引入类包、属性和方法。选择“窗口”→“显示视图”→“大纲”命令显示大纲视图。当大纲视图窗口显示出来的时候，打开一个文件之后，自动显示该文件的大纲视图。图 1.10 所示为 HelloFrame( ) 的大纲视图。

图1.10　Hello Frame( )的大纲视图

（1）“hello” 表示 HelloFrame 类的保存目录。

（2）导入声明表示 HelloFrame 类的引入类包。

（3）“contentPane” 和 “bordelLayout1” 是 HelloFrame 类的两个属性。

（4）“processWindowEvent”，“main”，“HelloFrame” 和 “jbInit” 是 HelloFrame 类的 4 个方法。

在大纲视图中，可以通过上面的按钮实现如下功能：

（1）排序显示属性和方法 。

（2）隐藏类的属性 。

（3）隐藏类的静态字段和方法 。

（4）隐藏非公用的方法和属性 。

（5）隐藏本地类型 。

（6）菜单 。

（7）最小化 和最大化 。

4. 层次结构视图

层次结构视图以结构树显示父类和类的属性和方法。选择“窗口”→“显示视图”→“层次结

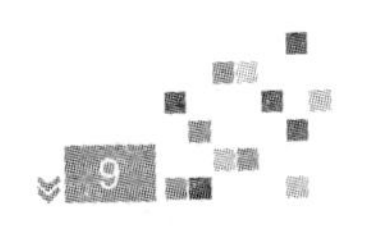

构”命令，或者按 Alt+Shift+Q 快捷键，再按 T 键显示层次结构视图。使用鼠标从包资源管理器中将 HelloFrame.java 拖放到层次结构视图中，结果如图 1.11 所示。

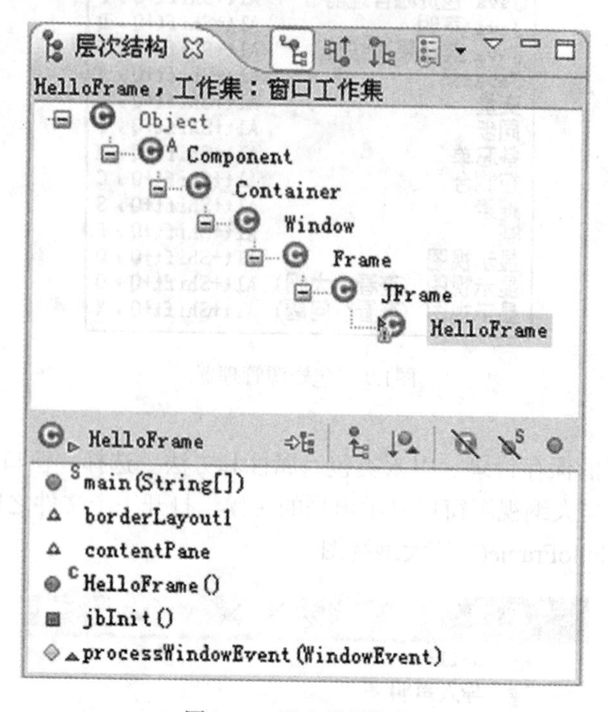

图1.11　层次结构视图

（1）视图的上半部分显示父类结构，如 HelloFrame 类的最顶层父类是 Object，HelloFrame 类继承 JFrame 类创建。

（2）视图的下半部分显示类的属性和方法。

5. 信息视图

Eclipse 提供各种信息视图显示程序的编译、运行和搜索信息。

（1）控制台视图。

控制台视图显示程序的运行情况，选择“窗口”→“显示视图”→“控制台”命令，或者按 Alt+Shift+Q 快捷键，再按 C 键显示控制台视图。

打开 hello.java 程序，按 Alt+Shift+X 快捷键，再按 J 键运行程序；也可以在包资源管理器中右击该程序，选择“运行方式”→“Java 应用程序”，程序运行后在控制台视图中显示的信息，如图 1.12 所示。

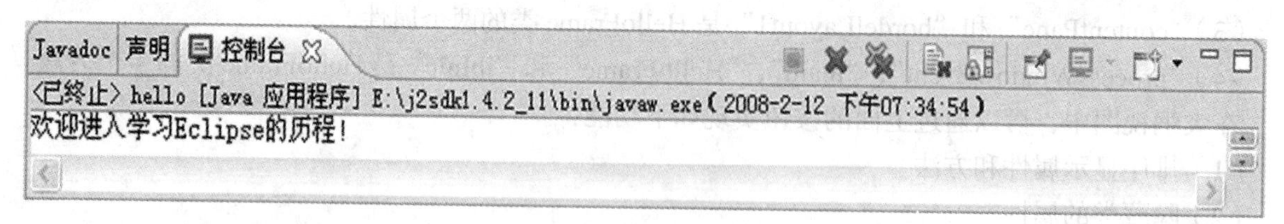

图1.12　控制台视图

①控制台的顶部信息栏显示运行程序的命令 javaw 和运行的时间。

②控制台的信息框显示程序的运行信息。

（2）编译信息视图。

编译信息视图显示程序编译或者运行时出现的错误信息和程序代码的提示更改信息。选择“窗口”→“显示视图”→“问题”命令，或者按 Alt+Shift+Q 快捷键，再按 X 键显示编译信息视图，如图 1.13 所示。

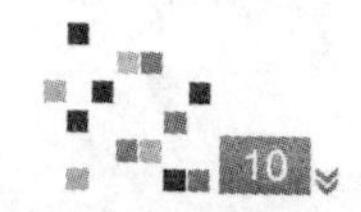

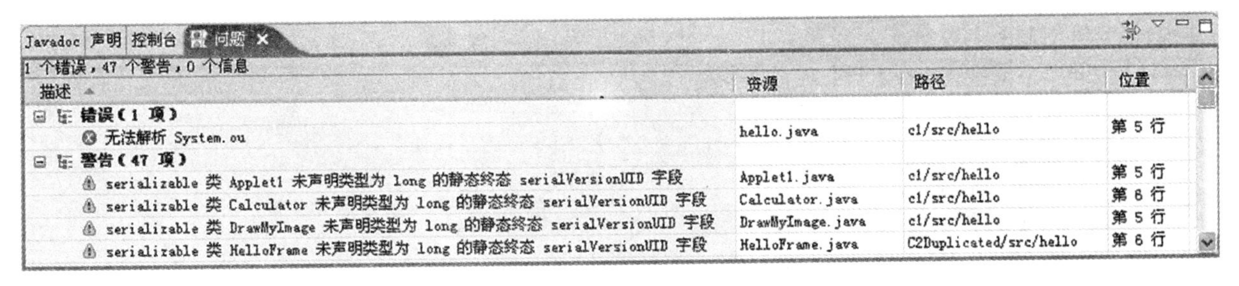

图1.13　编译信息视图

从图 1.13 可以看出，运行程序时，发现第 5 行有一个错误，即无法解析“System.ou”，应该是“System.out”。双击提示信息可直接定位到相应的出错行。“错误”使程序无法正常运行，所以必须要改正，而“警告”则是对代码编写提供建议，不改正程序也可以运行，并不一定会影响到程序的运行结果。

当前项目的所有程序中的“错误”和“警告”内容，经更正并存盘后将不再显示，否则一直出现在编译信息窗口中。

（3）搜索信息视图。

搜索信息视图显示搜索结果，选择“窗口”→“显示视图”→“搜索”命令，或者按 Alt+Shift+Q 快捷键，再按 S 键显示搜索信息视图，如图 1.14 所示。

选择“搜索”→“搜索”命令，或者按 Ctrl+H 快捷键打开“搜索”对话框，打开“搜索文件”选项卡，输入“hel*”字符串，搜索文件中包含该字符串的文件结果，如图 1.15 所示。

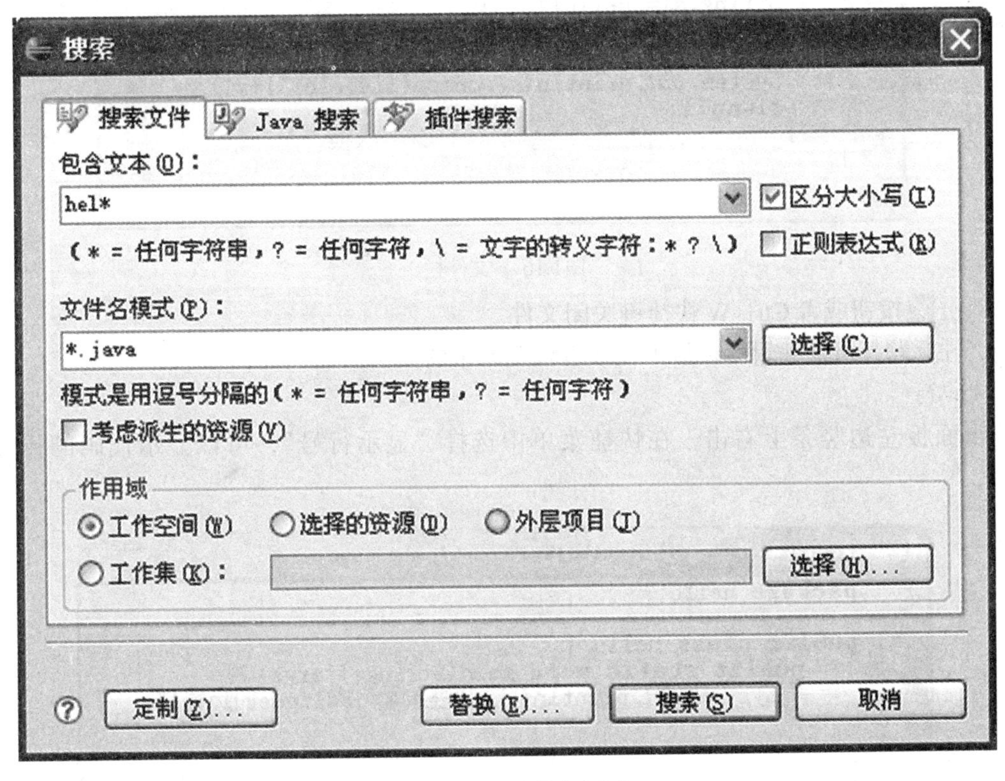

图1.14　搜索信息视图

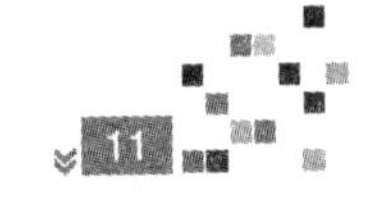

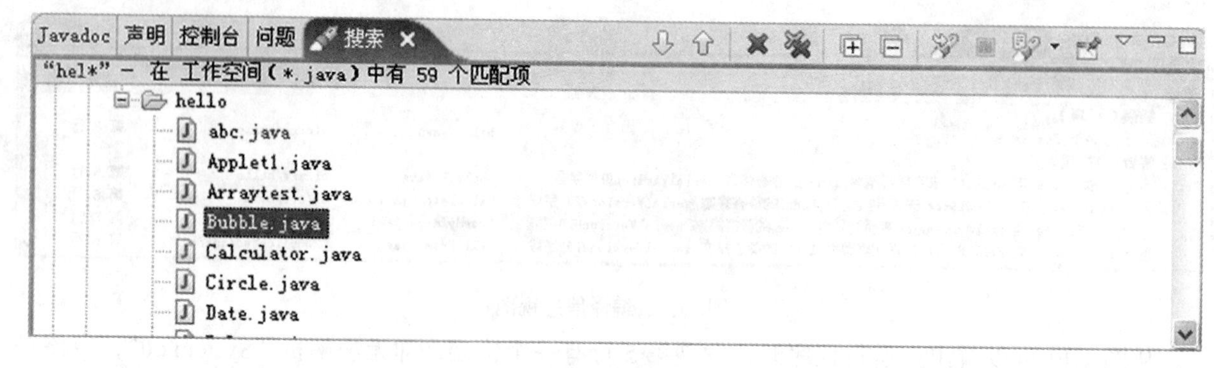

图1.15　搜索结果

6. 编辑面板

编辑面板的编写操作和在 Word 中编辑文字一样，如应用 Ctrl+A 快捷键选择所有代码，应用 Ctrl+C 快捷键复制代码，应用 Ctrl+X 快捷键剪切代码，应用 Ctrl+V 快捷键粘贴代码。

（1）文件栏。

当同时打开多个文档时，文件栏如图 1.16 所示。

```
hello.java   Circle.java   abc.java
package hello;
import java.io.*;
public class abc {
 public static void main(String[] args) {
     String s1="Hello!";
     String s2=new String("I like Java!");
     System.out.println(s1+" "+s2);
     System.out.println(s1.concat("World!")+s1);
     s1=null;
   }
}
```

图1.16　文件栏

可以单击 ☒ 按钮或者 Ctrl+W 快捷键关闭文件。

双击文件标题，可使编辑面板最大化或者恢复原来的大小。

（2）代码行号。

在编辑面板左边竖条上右击，在快捷菜单中选择“显示行号”，可以显示代码的行号，如图 1.17 所示。

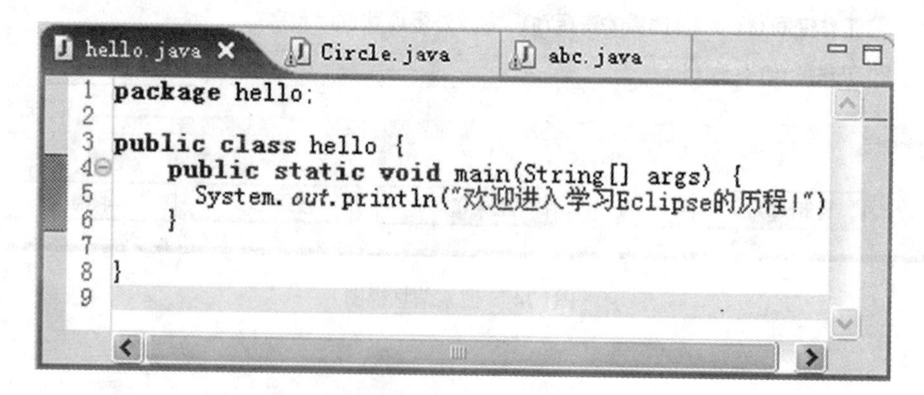

图1.17　显示代码行号

选择菜单“浏览”→“转至行”命令，或者按 Ctrl+L 快捷键可以将光标定位在指定的行。

（3）代码字体设置。

选择菜单“窗口”→“首选项”命令，打开“预设参数”窗口，选择“常规”→“外观”→“颜色和字体”选项，显示颜色与字体设置面板，展开“Java”选项，选择“Java 编辑器文本字体”选项，如图 1.18 所示，单击“更改”按钮，打开“字体选择”对话框，即可进行设置。

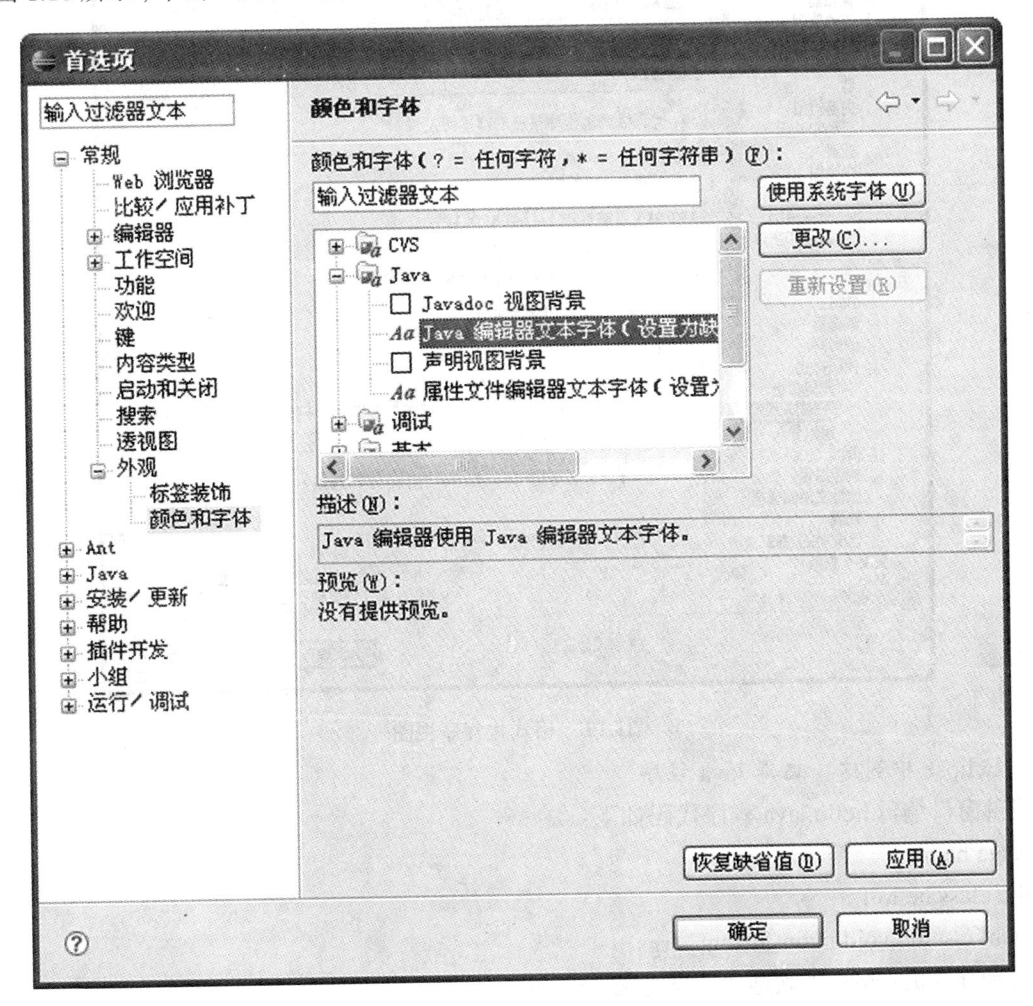

图1.18　在首选项对话框设置代码字体

（4）代码格式。

代码的常用格式如下：

①下一级代码比上一级代码缩进两格或者四格。

②符号的左右分别空一格。

选择菜单“窗口”→“首选项”命令，打开预设参数窗口，选择“Java”→“代码样式”→“格式化程序”选项，显示代码格式设置面板，如图 1.19 所示。

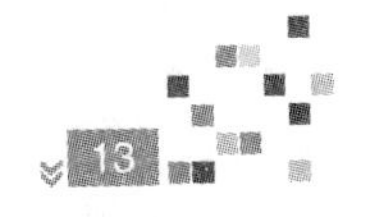

图1.19　格式化程序视图

7. 在 Eclipse 中创建、编辑 Java 程序

在编辑窗口编辑 hello.java 程序代码如下：

```
package hello;
public class hello {
    public static void main(String[] args) {
    System.out.println(" 欢迎进入学习 Eclipse 的历程 !");
    }
}
```

选中该程序右击鼠标，在弹出的快捷菜单中选择“运行方式”→“Java 应用程序”，如果程序成功运行，则在控制台显示“欢迎进入学习 Eclipse 的历程 !”，如果有错误，则进行调试，直至能够正确运行。

重点串联

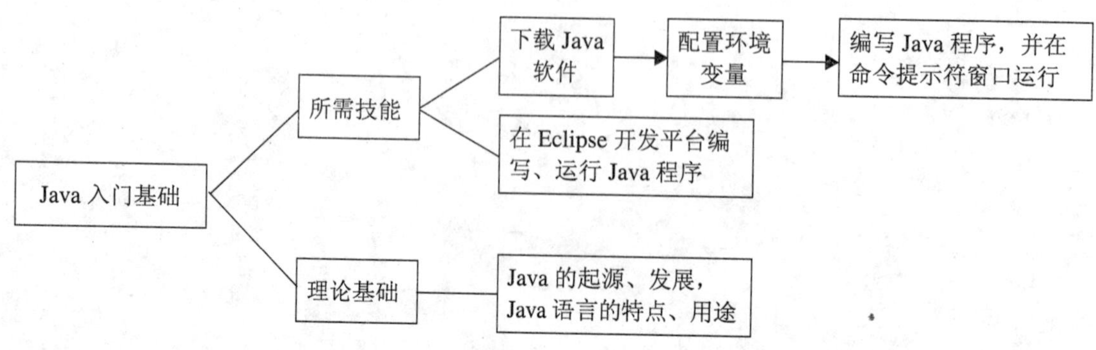

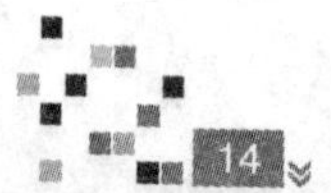

拓展与实训

技能实训

技能实训 1.1：编写第一个 Java 程序。

编写下面程序：

```
public class Demo
{
 public static void main(String[] args)
 {
  System.out.println("Good Luck!");
 }
}
```

将文件保存为 Demo.java，存放在 d:\java 目录下。打开“命令提示符”进入 DOS 窗口，进入到 d:\java 目录，输入 javac Demo.java，编译该程序。

如果编译不成功，则进行调试，直到没有错误，编译成功会生成 .class 文件。

输入 java Demo，运行该程序，运行成功，输出“Good Luck!”，如图 1.20 所示。

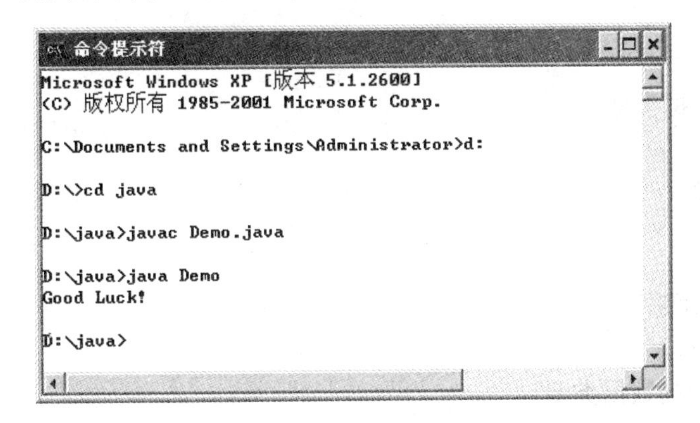

图1.20　输出结果

技能实训 1.2：开发平台 Eclipse 的应用。

打开 Eclipse 开发平台，新建 java 项目 p1，在项目中新建类 Myjava，在编辑窗口输入以下程序：

```
public class Myjava
{
 public static void main(String[] args)
 {
  System.out.println(" 欢迎学习 Eclipse 平台的使用 !");
 }
}
```

运行该程序，运行方式选择“Java 应用程序”，在控制台输出结果，如图 1.21 所示。

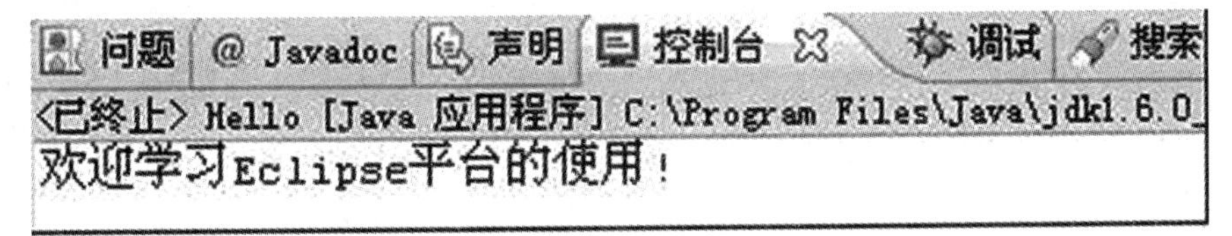

图1.21　输出结果

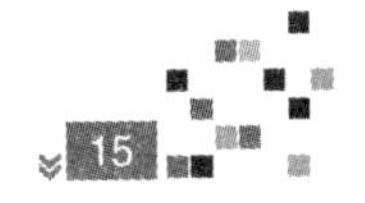

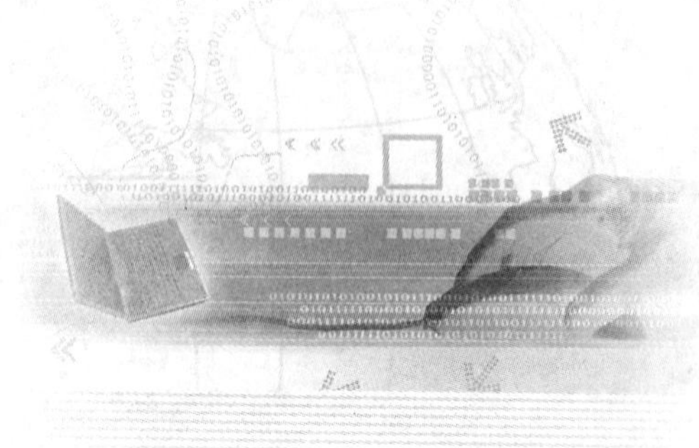

模块2 简单的Java程序

教学聚焦

◆ 标识符和关键字
◆ Java 所提供的数据类型
◆ 常量和变量
◆ 运算符和表达式

知识目标

◆ 熟悉标识符和关键字
◆ 学会调试 Java 程序
◆ 掌握 Java 所包含的数据类型
◆ 理解常量与变量的概念和定义方法
◆ 数据类型之间的转换
◆ 掌握各种运算符，能够定义与计算各种表达式

技能目标

◆ 正确定义、使用标识符
◆ 编写、编译、运行简单 Java 程序
◆ 在 Java 程序中正确使用常量、变量
◆ 在 Java 程序中正确使用各种表达式

课时建议

8 学时

项目 2.1 Java 程序解析

知识汇总

Java 程序是由类（Class）所组成，因此在完整的 Java 程序中，至少需要有一个类，每一个 Java 程序必须有一个 main() 方法，而且只能有一个。Java 程序的主要功能是对数据进行计算处理，Java 语言设计了常量这个元素来使用固定不变的数据，设计了变量这个元素来使用可以改变的数据。

2.1.1 类

Java 程序是由类组成，下面的程序片段即为定义类的范例：

```
public class myjava // 定义 public 类 myjava
{
…
}
```

public 是 Java 的关键字，指的是对于类的访问方式为公有的，由于 public 涉及大型程序设计的概念，我们将在后文中详细讲解，现在只需在编写程序时加上 public 即可。

由于 Java 程序是由类组成的，因此在完整的 Java 程序中，至少需要有一个类，此外，值得读者注意的是，Java 程序的文件名是不能随意命名的，必须和 public 类名称一致，因此在一个独立的 Java 程序中只能有一个 public 类，但可以有多个“非 public 类”（即 class 前面不加 public 关键字）。

如果在 Java 程序文件中，没有一个类是 public 的，那么该 Java 文件的文件名就不必和类名称相同。

2.1.2 大括号、块及主体

确定类名称后，即可开始编写类的内容。左大括号“{”为类主体的开始，而整个类的主体至右大括号“}”结束。每个指令语句结束时，必须以分号“；”作为结尾。当某个指令的语句不只是一行时，必须以一对大括号“{}”将这些语句括起来，形成一个区段（Cegment），或称为区块（Block）。

下面再以一个简单的程序为例说明什么是区块与主体。

在下面的程序中，我们看到 main() 的主体以左、右大括号括起来；因为在第 7~10 行的 for 循环中，其语句不只一行，所以使用左、右大括号将属于 for 循环的区块内容括起来；整个程序语句的内容又被第 2~12 行的左右大括号括起来，这个区块属于 public 类 app2_1 所有。此外，还可以注意到每个语句结束时，都是以分号结尾。

```
01  public class app_1
02  {
03    public static void main（String args[]）
04      {
05        int i ;
06        for（i=1 ; i<3 ; i++）
07          {
08            System.out.parint（"i"="*"+"i"）
09            System.out.parint（"="+i*i）;
```

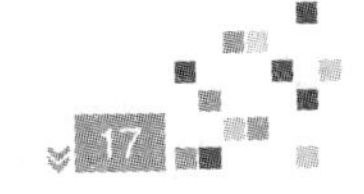

```
10            {
11          {
12       {
/*app2_1 output---
1*1=1
2*2=4
-----------------*/
```

2.1.3 程序执行的起始点——main()

Java 程序由一个或一个以上的类组合而成，其中程序执行的起点为 main() 方法，它必须编写在 public 类内。如果读者对 C 语言有些了解，Java 的 main () 方法类似于 C 语言中的主函数，没有它，程序无法启动，因此，每一个 Java 程序必须有一个 main() 方法，而且只能有一个。通常看到的 main() 语句为：

```
public static void main(String args[]) // 主程序的开始
{
…
}
```

2.1.4 常量、变量及其赋值

Java 程序的主要功能是对数据进行计算处理，Java 的数据是具体的数值，如整型数据 3，567，字符型数据 A，B 等。在编写 Java 程序代码时以及在 Java 程序运行时，如何使用这些反映具体事物的数据呢？ Java 语言设计了常量这个元素来使用固定不变的数据，设计了变量这个元素来使用可以改变的数据。

1. 常量

在编写 Java 程序代码时，常量在程序代码中作为一个标识符，用来保留一个固定的数值。在 Java 程序运行时，常量是计算机中存放固定不变数据的内存空间的代号。调用数据时，只要通过调用常量代号即可。

（1）声明常量的方式。

声明 Java 常量使用了关键字 final。常量具有 3 个元素：数据类型、常量名和数据值。

声明常量的语法格式：

final 数据类型 常量名 [，常量名] ＝数据值

（2）声明 Java 常量同时指定数据类型。

java 是严格区分数据类型的语言，代码中使用任一常量都必须声明数据类型。数据类型说明了 java 常量的性质。只有数据类型相同的常量，才可以进行运算。

（3）声明常量名与数据值。

在声明常量时，关键字 final 可以省略，但数据类型与常量名必须确定，常量名是程序运行中使用数据时的代号。常量名要符合标识符的命名规则，在命名的同时，要指定常量的数据值。Java 约定选取的常量名称要用大写字母。

（4）不同数据类型的常量。

①布尔常量。

布尔常量只有两个值，即 true 和 false，代表了两种状态——真和假，使用时直接书写 true 和 false 这两个英文单词，不能加引号。

②整型常量。

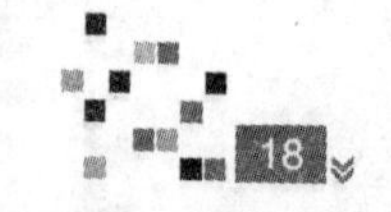

整型常量是不含小数的整数值，书写时可采用十进制、十六进制和八进制形式。十进制常量以非零开头，后跟多个 0~9 之间的数字；八进制常量以 O 开头，后跟多个 0~7 之间的数字；十六进制常量则以 OX 开头，后跟多个 0~9 之间的数字或 a~f 之间的小写字母或 A~F 之间的大写字母。

③浮点型常量。

Java 的浮点型常量有两种表示形式：

a. 十进制数形式，由数字和小数点组成，且必须有小数点，如：.123，123.56，0.123，123.0。

b. 科学计数法形式，如 123e3 或 123E-3，其中 e 或 E 之前必须有数，且 e 或 E 后面的指数必须为整数。

一个浮点数，加上 f 或 F 后缀，就是单精度浮点数；加上 d 或 D 后缀，就是双精度浮点数，不加后缀的浮点数被默认为双精度浮点数。

④字符常量。

字符常量为一对单引号（''）括起来的单个字符。它可以是 Unicode 字符集中的任意一个字符，如 'a'，'Z'。对无法通过键盘输入的字符，可用转义字符表示，见表 2.1。

表 2.1 转义字符

转义符号	Unicode 编码	功 能
'\b'	'\u0008'	退格
'\r'	'\u000d'	回车
'\n'	'\u000a'	换行
'\t'	'\u0009'	水平制表符
'\f'	'\u000c'	进纸
'\' '	'\u0027'	单引号
'\" '	'\u0022'	双引号
'\\'	'\u005c'	反斜杠

字符常量的另外一种表示就是直接写出字符编码，如字母 A 的八进制表示为 '\101'，十六进制表示为 '\u0041'。

⑤字符串常量。

字符常量为一对双引号（" "）括起来的字符序列，字符串常量的数据类型为复合类型，为 String 类。当字符串只包含一个字符时，不要把它和字符常量混淆，例如，'A'是字符常量，而 "A" 是字符串常量。字符串常量中可包含转义字符，例如，" Hello\nworld！" 在中间加入了一个换行符，输出时这两个单词将显示在两行上。

【例 2.1】 声明保存整型数据 567 的整型常量 I，保存字符数据 A 的字符型常量 J，保存字符串"字符串"的字符串常量 T。

```
public class app2_2{
    public static void main(String args[]) {
final int  I  =567;
final char  J  ='A';
final String  T =" 字符串 ";
System.out.println(" 本程序使用了整型常量 I ，其保存的数据为："+  I  );
System.out.println(" 本程序使用了字符常量 J ，其保存的数据为："+  J  );
System.out.println(" 本程序使用了字符串常量 T ，其保存的数据为："+  T  );
}
}
```

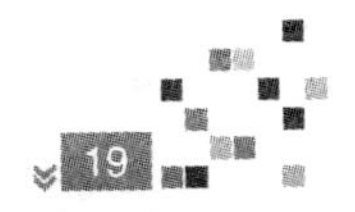

```
/*app2_2 output---
本程序使用了整型常量 I ，其保存的数据为：567
本程序使用了字符常量 J，其保存的数据为：A
本程序使用了字符串常量 T，其保存的数据为：字符串
-----------------*/
```

2．变量

与常量相同，在编写程序代码时，变量在程序代码中作为一个标识符；与常量不同的是，变量用来保存一个可以改变的数据。

（1）声明变量的方式。

声明变量就是定义一个变量，即确定变量的数据类型和名称。声明变量具有 3 个元素：数据类型、变量名和初值。

声明变量的语法格式为：

数据类型 变量名 [，变量名] ＝数据值

该语句告诉编译器以给定的数据类型和变量名建立一个变量。可以一次声明多个变量。与常量名为大写字母不同，变量名通常用小写字母或单词表示；可以根据个人喜好来定义变量的名称，但这些变量的名称不能使用 Java 的关键字，可以包含字母、数字、下划线；变量名不能包含空格，且第一个字符不能为数字；变量名还有大小写之分，因此 Num 和 num 被认为是两个不同的变量。

通常变量会以其所代表的意义来命名，如：num 代表数字。当然也可以使用 a，b，c 等简单的英文字母代表变量，但是当程序越大，所声明的变量数量越多时，这些简单的变量名称所代表的意义较容易混淆，会增加程序阅读、调试的难度。

（2）初始化变量。

初始化变量即给变量赋初值。

在声明变量时可以只定义变量的名称与数据类型，不赋初值，在具体使用时再根据需要进行初始化，也可以在声明变量时同时赋初值给变量，即初始化变量。例如：

```
byte b1,b2;
int v1=0,v2=10,v3=8;
```

第 1 条语句声明了 2 个字节型变量：b1，b2。

第 2 条语句声明了 3 个整型变量：v1，v2，v3，并进行了初始化，分别赋值 0，10，8。

【例 2.2】 在 Java 程序中定义不同类型的变量。

```
public class app2_3{
    public static void main(String args[]) {
byte b=0x55;
short s=0x55ff;
int i=1000000;
long l=0xffffL;
char c='c';
float f=0.23f;
double d=0.7e-3;
boolean B=true;
String S="This is a string";
System.out.println(" 字节型变量 b="+b);
System.out.println (" 短整型变量 s="+s);
System.out.println (" 整型变量 i="+i);
```

```
System.out.println (" 长整型变量 l="+l);
System.out.println (" 字符型变量 c="+c);
System.out.println (" 浮点型变量 f="+f);
System.out.println (" 双精度变量 d="+d);
System.out.println (" 布尔型变量 B="+B);
System.out.println (" 字符串类对象 S="+S);
S=" 改变的数据 ";
System.out.println (" 改变数据的 S="+S);
}
}
/*app2_2 output---
字节型变量 b=85
短整型变量 s=22015
整型变量 i=1000000
长整型变量 l=65535
字符型变量 c=c
浮点型变量 f=0.23
双精度变量 d=7.0e-4
布尔型变量 B=true
字符串类对象 S=This is a string
改变数据的 S= 改变的数据
-----------------*/
```

2.1.5 声明变量的原因

Java 语言为强类型语言，即变量必须先声明后使用，那么为什么要声明变量呢?

由于直译式语言（如 BASIC 等）不需要声明变量，常会因为不留意而将变量名称输入错误，编译时会直接把这个写错名称的变量视为新的变量，造成除错困难，而在 Java 语言中事先声明变量，即可方便地管理这些被声明的变量。

当声明变量后，在 Java 程序运行时，就会依据不同的数据类型变量在内存中分配一块相应大小的空间，它提供了一个临时存放数据的地方。在程序运行中，变量存放的数据是可以改变的，既可以不存放数据（为空），也可以存放数据，还可以更换保存在变量中的数据。

2.1.6 println() 方法

在上面的例题中多次出现 System.out.println() 语句，在本小节中我们先熟悉一下 println()，详细的使用方法参阅后续章节。

System.out 是指标准输出，通常与计算机的接口设备有关，如打印机、显示器等。其后所接的 println 文字由 print 与 line 组成，意义是将后面括号中的内容打印于标准输出设备——显示器上。左、右括号之间的内容即是欲打印到显示器中的参数，参数可以是字符、字符串、数值、常量或表达式，参数与参数之间以加号作为间隔。

在 println ( ) 中，若要打印一个字符串，则字符串必须用一对双引号（""）引起来，若是要打印变量的值，则直接填入变量的名称。

【例 2.3】 在屏幕上显示 "I have 2 dogs" 字符串，其中 2 以变量 num 代替。

```
public class app2_4{
```

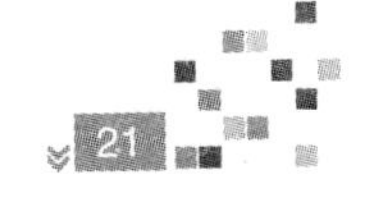

```
    public static void main(String args[]) {
   int num=2;
   System.out.println ("I have "+num+"dogs ");
   }
   }
   /*app2_4 output---
   I have 2 dogs
   -----------------*/
```

项目 2.2 Java 程序标识符、关键字及分隔符

知识汇总

在 Java 程序中需要使用大量的标识符，标识符就是变量、常量、类、方法与接口等使用的名称。关键字是 Java 语言自身使用的标识符，它有其特定的语法含义，主要用于修饰类、方法、变量。Java 语言还提供了分隔符用于区分 Java 程序中的基本成分，编译时能够识别分隔符，确认代码在何处分隔。

2.2.1 标识符

在 Java 程序中需要使用大量的标识符，标识符就是变量、常量、类、方法与接口等使用的名称。

Java 规定，标识符的命名必须以一个字母、下划线开头，后面的字符可以包含字母、数字、下划线。标识符不能使用 Java 的关键字，标识符有大小写之分，但没有长度限制。表 2.2 列出了 Java 中标识符的习惯命名原则。

表 2.2 标识符的习惯命名原则

标 识 符	命名原则	范 例
常 量	全部字符皆由英文大写字母及下划线组成	PI MAX_NUM
变 量	英文小写字母开始，若由数个英文单词组成，则后面的英文单词由大写开头，其余为小写	Radius circleArea myPhoneNumber
方 法	英文小写字母开始，若由数个英文单词组成，则后面的英文单词由大写开头，其余为小写	Show addNum mouseClick

```
public class app2_5
{
 public static void main(String args[])
{
int i=2;
int _c=5;
System.out.println ("i+_c="+ (i+_c));
```

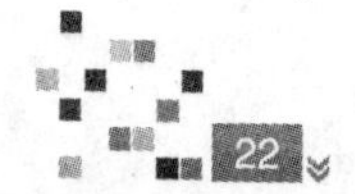

```
    }
    }
    /*app2_5 output---
    i+_c=7
    -----------------*/
```

2.2.2 关键字

关键字是 Java 语言自身使用的标识符，它有其特定的语法含义，主要用于修饰类、方法、变量，如通过关键字 public 定义公有类，使用关键字 static 定义一个方法为静态的。表 2.3 列出了一些常见的 Java 关键字。

表 2.3 常见的 Java 关键字

abstract	continue	goto	null	switch
assert	default	if	package	synchronized
boolean	do	implements	private	this
break	double	import	protected	throw
byte	else	instanceof	public	throws
case	extends	int	return	transient
catch	final	interface	short	try
char	finally	long	static	void
class	float	Native	strictfp	volatile
const	for	new	super	while

```
public class app2_6{
  public static void main(String args[]) {
   System.out.println (" 本程序使用了如下关键字：");
   System.out.println ("public class static void main String");
   }
}
/*app2_6 output---
本程序使用了如下关键字：
public class static void main String
-----------------*/
```

2.2.3 分隔符

在 Java 程序中有标识符、关键字，如何分隔这些 Java 程序中的基本成分呢？ Java 语言提供了分隔符用于区分 Java 程序中的基本成分，编译时能够识别分隔符，确认代码在何处分隔。

Java 语言提供了 3 种分隔符：注释符、空白符和普通分隔符。

1. 注释符

注释是程序员为提高程序的可读性和可理解性，在源程序的开始或中间对程序的功能、作者、使用方法等所写的注解。注释仅用于阅读源程序，编译程序时，会忽略其中所有注释。注释有以下两

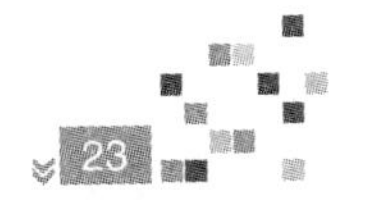

种类型。

（1）注释一行。

以“//”开始，以回车键结束，一般用作单行注释使用，也可放在某个语句的后面。

（2）注释一行或多行。

以“/*”开始，以“*/”结束，中间可写多行。

2. 空白符

空白符包括空格、回车、换行、制表符（Tab 键）等符号，用来分隔程序中各种基本成分。各基本成分之间可以有一个或多个空白符，其作用相同。

3. 普通分隔符

普通分隔符和空白符作用相同，用来区分程序中的各种基本成分，但它在程序中有确定的含义，不能忽略。Java 有以下普通分隔符：

① .（点号）：用于分隔包、类或分隔引用变量中的变量和方法。

② ;（分号）：是 Java 语句结束的标记。

③ ,（逗号）：分隔方法的参数和变量参数等。

④ :（冒号）：说明语句标号。

⑤ {}（大括号）：用来定义复合语句、方法体、类体及数组的初始化。

⑥ []（方括号）：用来定义数组类型。

⑦ ()（小括号）：用于在方法定义和变量访问中将参数表括起来，或者在表达式中定义运算的先后次序。

```
public class app2_7{
   public static void main(String args[]) {
    System.out.println (" 本程序使用了如下分隔符：");
   System.out.println (" 注释符 "//"，空白符 ");
   System.out.println (" 普通分隔符 .,;[]{}()");
   }
}
/*app2_7 output---
本程序使用了如下分隔符：
注释符 "//"，空白符
普通分隔符 .,;[]{}()
-----------------*/
```

项目 2.3 Java 程序调试

知识汇总

Java 语言的错误通常分为语法错误和语义错误，经由编译器编译之后，便可把语法错误找出来。当程序本身没有语法错误，但是执行结果却不符合我们的要求时，可能犯了语义错误，也就是程序逻辑上的错误。

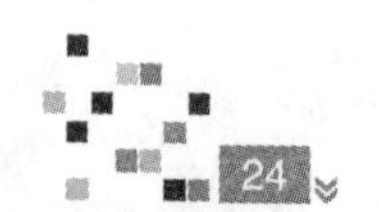

2.3.1 语法错误

在下面的程序中看看能否找出错误。

```
// 有错误的程序
public class app2_8{
   public static void main(String args[]) {
     int num1=2; // 声明整数变量 num1，并赋值为 2
     int num2=3;  声明整数变量 num2，并赋值为 3
    System.out.println ("I have "+num1+"dogs ");
    System.out.println ("You have "+num2+"dogs ")
    )
}
```

以上程序在语法上犯了几个错误，经由编译器编译之后，便可把这些错误找出来。首先，在第 2 行 main() 方法的主体以左大括号开始，所以应以右大括号结束。由于括号的出现都是成双成对的，因此第 7 行 main() 方法的主体结束时应以右大括号"}"结束，而在程序中是以")"结束的。其次，注释的符号以"//"开始，但是在第 4 行的注释中没有加上"//"。最后，还可以看到第 8 行的语句结束时少了分号作为结束。

以上 3 个错误均属于语法错误，当编译器发现程序语法有错误时，会把这些错误的位置指出，并告知错误类型，用户便可以根据编译器所给的信息加以更正。程序修改后重新编译，若还有错误，再依照上述方式重复查错，直到没有错误为止。上面的程序经过调试、查错之后执行的结果如下：

```
/*app2_8 output 除错后的结果 ---
I have 2 dogs
You have 3 dogs
-----------------*/
```

2.3.2 提高程序可读性

能够写出一个简洁的程序是令人高兴的，但如果这个程序除了编写者本人能看懂外，其他人皆难以阅读就不算是一个好的程序。所以每个程序设计人员在编写程序时，要学习提高程序的可读性。

如何提高程序的可读性呢？前面提到的在程序中加上注释以及为变量取个有意义的名字都是很好的方法。此外，保持每一行只有一个语句及适当的空行，也会提高程序的可读性。在程序中，还可以利用空格键或 Tab 键将程序语句缩排，同一个层级的语句对齐在同一行中，属于层级内的语句就使用空格键或 Tab 键将语句向内排整齐。

1. 将程序代码缩排

可以比较一下，app2_10 和 app2_11 这两个程序内容皆相同，一个利用了上述可以提高程序可读性的方法，另一个则没有用到这些方法。app2_10 经过缩排、空行、加上注释等方式，程序的行数虽然较长，但是却容易理解程序的内容。

```
// 有缩排的程序代码
public class app2_10{
   public static void main(String args[]) {
     int i;
     for(i=1;i<=3;i++){  // 调用 for 循环
          System.out.print("i="+i+",");
```

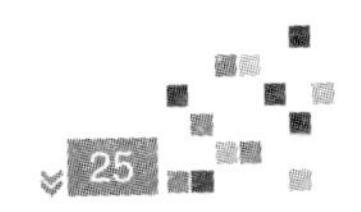

```
            System.out.println("i*i="+(i*i));
        }
      }
  }
```

app2_11 程序虽然简短，而且语法都没有错误，但是因编写风格的关系，阅读起来较为困难。

```
// 没有缩排的程序代码
public class app2_11{
public static void main(String args[]) {
int i; for(i=1;i<=3;i++){
System.out.print("i="+i+",");
System.out.println("i*i="+(i*i));}}}
```

虽然这两个例题的输出结果都是一样的，但是经过比较之后，就能更容易地知道这些程序的内容，使用缩排及适当的空行等小技巧，可以提升程序的可读性。app2_10 和 app2_11 程序的运行结果如下：

```
/*app2_10, app2_11 output---
i=1,i*i=1
i=2,i*i=4
i=3,i*i=9
-----------------*/
```

java 是依据分号与大括号来判断语句到何处结束，因此甚至可以将 app2_10 所有的程序语句全挤在一行，编译时也不会有错误信息产生，但多半没有人这么做，因为一个令人赏心悦目的程序，对于程序设计工作而言是很重要的一件事。

2. 将程序代码加上注释

注释有助于程序的阅读与调试，因此可提高程序的可读性。java 是以“//”开始，至该行结束来表示注释的文字。如果注释的文字有好几行时，可以用“/*”与“*/”将注释文字括起来，在这两个符号之间的文字，java 编译器均不做任何处理。例如，下面的范例均是合法的注释方式：

```
// app2_9,examples        }  以 // 符号注释
// create by weihong      }

/*This is paragraph demonstrate the capability   }  用于 "/*" 和 "*/" 符号之间的文字均是注释
of comments used by java */                      }
```

注释也不是全给他人看的，许多时候，适当的注释也方便自己日后重新阅读程序内容。因此在编写大型程序时，请记得加上适当注释，以便维持程序代码的可读性。当然，过多或冗长的注释也是没有必要的，会影响到程序代码的阅读，使程序看起来显得杂乱无章。

项目 2.4 Java 程序的基本数据类型

知识汇总

Java 程序的主要功能是对数据进行计算处理，对数据进行处理前需要先定义数据的类型，因为只有相同的数据类型才能进行运算。那么 Java 语言定义了哪些数据类型呢？Java 基本数据类型见表 2.4。

表 2.4　Java 基本数据类型

数据类型	名称	位长	默认值	取值范围
布尔型	boolean	1	false	true,false
字节型	byte	8	0	-128~127
字符型	char	16	\u0000	\u0000~\uffff
短整型	short	16	0	-32 768~32 767
整型	int	32	0	-2 147 483 648~2 147 483 647
长整型	long	64	0	-9 223 372 036 854 775 808~9 223 372 036 854 775 807
浮点型	float	32	0.0	± 1.4E-5~ ± 3.402 823 5E+38
双精度型	double	64	0.0	± 4.9E-324~ ± 1.797 693 134 862 315 7E+308

2.4.1　整数类型

当数据不带有小数或是分数时，即可以声明为整型变量，如 3，-14 等为整型。在 Java 中，整数数据类型分为 byte，short，int 及 long 4 种：byte 型占 8 位（bits），也就是 1 个字节（bytes）；short 型占 16 位（bits），也就是 2 个字节（bytes）；int 型占 32 位（bits），也就是 4 个字节（bytes）；long 型占 64 位（bits），也就是 8 个字节（bytes）。若是数据值的范围较小（介于 -32 768~32 767 之间）时，可以声明为 short（短整型）；若是数据值更小（介于 -128~127 之间）时，可以声明为 byte（短整型），以节省内存空间。整型各种数据类型所占内存及范围见表 2.5。

表 2.5　整型各种数据类型所占内存及范围

数据类型	所占位数 / bits	字节数	数的范围
byte	8	1	-27~27-1
short	16	2	-215~215-1
int	32	4	-231~231-1
long	64	8	-263~263-1

例如，声明一个短整型变量 sum 时，可以在程序中做出如下声明：

short sum; // 声明 sum 为短整型

经过声明之后，Java 即会在内存空间中寻找一个占有 2 个字节的区块供 sum 变量使用，同时这个变量的范围只能在 -32 768~32 767 之间。

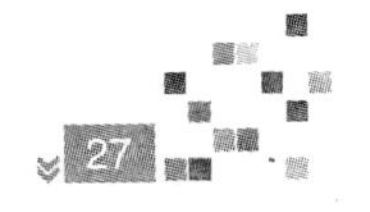

1. 常量的数据类型

有趣的是，java 把整型常量的类型均视为 int，因此如果使用超过 2 147 483 647 的常量，编译时将发生错误，如下面的范例：

```
// 整型常量的使用——错误范例
public class app2_11{
  public static void main(String args[]) {
     long num=32967359818;
    System.out.println ("num="+num);
  }
}
```

如果编译上面的程序代码，将会得到下列错误信息：

```
C:\java\ app2_11.java:6:Integer number too large: 32967359818
long num=32967359818;
```

这是因为 Java 将整型常量看成是 int 类型，但 32 967 359 818 已经超出了 int 类型所能表示的范围，因此虽然把 num 的类型设为 long，但编译时依然会发生错误。

要解决这个问题，只要在整型常量后面加上一个大写的 L 即可（小写的英文字母 l 也可以，但容易和数字 1 混淆，因此不建议使用），表示该常量是 long 类型的整型常量。所以只要把第 3 行的语句改为：

```
long num=32967359818L;
```

即可成功编译与执行。

2. 简单易记的代码

java 提供了 byte，short，int 及 long 4 种整形类型的最大值、最小值的代码，以方便使用它们。最大值的代码是 MAX_VALUE, 最小值的代码是 MIN_VALUE。如果程序中要用到某个类型的最大值或是最小值，只要在这些代码前加上它们所属的类别全名即可。举例来说，如果程序代码中需要用到长整型的最大值，可以用图 2.1 所示的语法来表示。

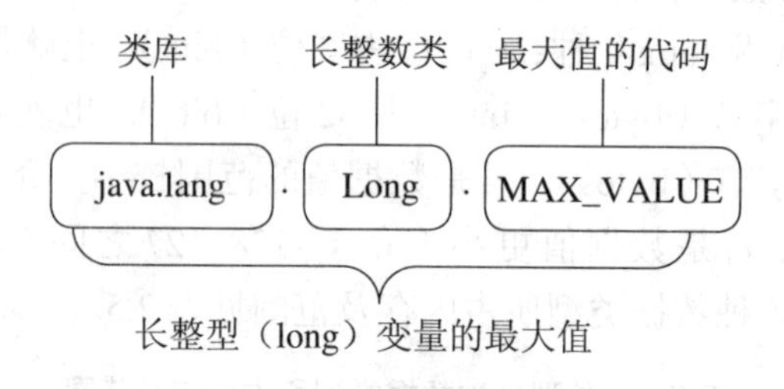

图2.1　代码的表示法

由上面的语法可知，如果要使用某个类型的代码，则必须先指定该类型所在的类库，以及该类型所属的类，但由于 java.lang 这个类库实在太常用了，所以默认的 Java 程序会自动加载它，因此在使用时可以直接省略它。

Java 所提供的整型的最大值与最小值的标识符及常量值，可以在表 2.6 中查阅。

表 2.6　整型常量的特殊值代码

	byte	short	int	long
所属类	java.lang.Byte	java.lang.Short	java.lang.Integer	java.lang.Long
最大值代码	MAX_VALUE	MAX_VALUE	MAX_VALUE	MAX_VALUE

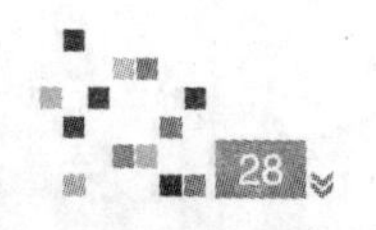

续表 2.6

最大值常量	127	32 767	2 147 483 647	9 223 372 036 854 775 807
最小值代码	MIN_VALUE	MIN_VALUE	MIN_VALUE	MIN_VALUE
最小值常量	-128	-32 768	-2 147 483 648	-9 223 372 036 854 775 808

下面的程序是利用整型常量的特殊值代码来打印 4 种数据类型的最大值范例，读者可以将程序的输出结果与表 2.6 进行对照。

```
//app2_12, 打印 Java 定义的整型常量的最大值
public class app2_12{
  public static void main(String args[]) {
      long lmax= java.lang.Long.MAX_VALUE;
      int imax= java.lang.Integer.MAX_VALUE;
      short smax=Short.MAX_VALUE; // 省略类库 java.lang
      byte bmax=Byte.MAX_VALUE;  // 省略类库 java.lang
      System.out.println ("Max value of long:"+lmax);
      System.out.println ("Max value of int:"+imax);
      System.out.println ("Max value of short:"+smax);
      System.out.println ("Max value of byte:"+bmax);
  }
}
/* app2_12 output----------------------
 Max value of long: 9223372036854775807
Max value of int: 2147483647
Max value of short: 32767
Max value of byte:127
----------------------------------*/
```

虽然程序 app2_12 只列出了各种整数类型的最大值，但由它的执行，也可以了解 Java 对于整型的最大值、最小值的规定。在编写程序时，不妨加以参考与注意。此外，读者可以注意到第 6，7 行虽然没有指定 java.lang 类库，但仍然可以得到正确答案。

3. 溢出的发生

当整型的大小超过可以表示的范围，而程序中又没有做数值范围的检查时，这个整型变量所输出的值将发生紊乱，且不是预期中的执行结果，这种情形就称为“溢出”（Overflow）。

在下面的程序范例中，我们声明了一个整型，并把它赋值为可表示范围的最大值，然后分别加上 1 及加 2。

```
//app2_13，整型数据类型的溢出
public class app2_13{
  public static void main(String args[]) {
      int i= java.lang.Integer.MAX_VALUE; // 设 i 为整型变量的最大值
      System.out.println ("i="+i);
      System.out.println ("i+1="+(i+1));
      System.out.println ("i+2="+(i+2));
```


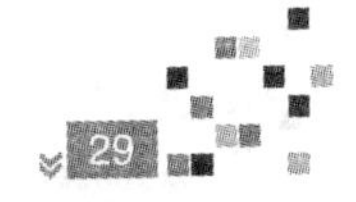

```
    }
}
/* app2_13 output----------------------
i= 2147483647
i+1=-2147483648
i+2=-2147483647
---------------------------------*/
```

当最大值加上 1 时，结果反而变成了表示范围中的最小值；当最大值加上 2 时，结果变成表示范围中次小值，这就是数据类的溢出。该情形就像是计数器的值到最大值时，会自动归零（零在计数器中是最小值）一样，而在整型中最小值为 -2 147 483 648，所以当整型 i 的值最大时，加上 1 就会变成最小值 -2 147 483 648，这就是溢出。可以参考图 2.2 了解数据类型的溢出问题。

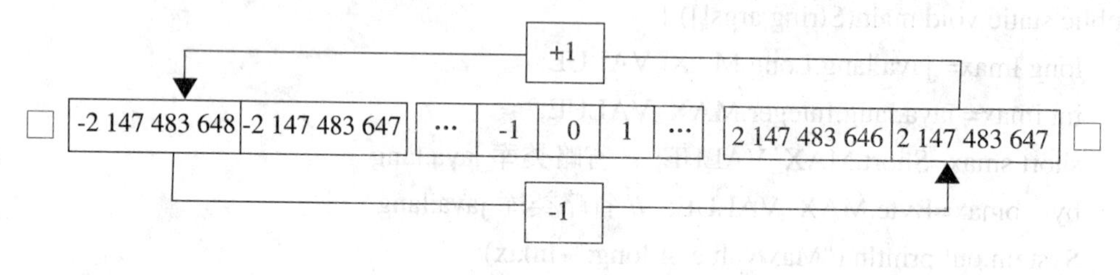

图2.2　数据类型的溢出

若是想避免发生这种情况，在程序中就必须加上数值范围的检查功能，或者使用数据范围较大的数据类型，如长整型。例如，为了避免 int 类型的溢出，可以在该表达式中的任一常量后加上大写的 L，或是在变量前面加上 long，进行强制类型转换。以 app2_13 为例，在下面的程序中加上防止溢出的处理，为了方便比较，特地保留一个整型溢出语句的部分。

```
//app2_14，int 类型的溢出处理
public class app2_14{
  public static void main(String args[]) {
      int i= java.lang.Integer.MAX_VALUE; // 设 i 为整型变量的最大值
      System.out.println ("i="+i);
      System.out.println ("i+1="+(i+1));
      System.out.println ("i+2="+(i+2L));
      System.out.println ("i+3="+((long)i+3));
  }
}
/* app2_14 output---------------------
i= 2147483647
i+1=-2147483648
i+2=2147483649
i+3=2147483650
---------------------------------*/
```

在 app2_14 中，第 3 行声明了 int 类型的整型变量 i，并赋值为整型最大值，即 2 147 483 647，第 4 行打印 i 的值，即 2 147 483 647。第 5 行打印 i+1 的值，此时发生溢出，执行结果变成 -2 147 483 648。

为了避免溢出的发生，第 6 行计算 i+2 时，在常量 2 的后面加上 L，如此编译器便会自动将整型 i 转换成长整型，再与长整型 2 相加，因此执行结果变成 2 147 483 649。相同的第 7 行计算 i+3 的值，在整型 i 之前加上 long，将它强制转换成长整型，如此编译器便会自动将整型 i 转换成长整型，再与

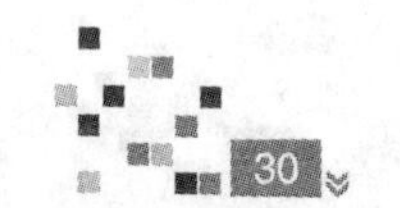

常量 3 相加。关于数据类型转换的部分，在稍后的内容中会有更详细的论述。

2.4.2 字符类型

字符类型占有 1 个字节，可以用来存储英文字母等字符。计算机处理字符类型时，是将这些字符当作不同的整型来看待，因此严格来说，字符类型也算是一种整型类型。

在计算机的世界中，所有的文字、数值都只是一连串的 0 与 1。这些 0 与 1 对于我们来说实在过于晦涩，于是产生了各种编码方式，它们指定一个数值来代表某个字符，如常用的字符码（Character code）系统 ASCII。

虽然各类编码系统有数百种，却没有一种可以包括足够的字符、标点符号及常用的专业技术符号。这些编码系统还用可能会发生相互冲突的情形，也就是说，不同的编码系统可能会使用相同的数值来表示不同的字符，因此在跨平台的时候就会发生错误。

Java 所使用的 Unicode（国际标准编码）就是为了避免上述情况发生而产生的，它为每个字符制定了一个唯一的数值，因此在任何的语言、平台、程序中都可以放心地使用。

例如，Unicode 中的大写“G”的编码是 71，在下面的程序中，将尝试利用不同的方法来打印字符“G”。

```
 //app2_15，字符类型的打印
public class app2_15{
   public static void main(String args[]) {
        char ch1=71;// 设定字符变量 ch1 等于编码为 71 的字符
        char ch2='G'; // 设定字符变量 ch2 等于 'G'
        char ch3='\u0047'; // 以十六进制设定字符变量 ch3
       System.out.println ("ch1="+ch1);
       System.out.println ("ch2="+ch2);
       System.out.println ("ch3="+ch3);
        }
 }
/* app2_15 output----------------------
ch1=G
ch2=G
ch3=G
-----------------------------------*/
```

在本例中，读者可看出字符变量在赋值时可以是 Unicode 的编码数值、字符，或者是以“\u”开头的十六进制数值（必须为 4 个数字，或由 A~F 与 a~f 所组成）。需要注意的是，在设定变量为某个字符时，字符要以一对单引号（'）括起来；而以“\u”开头的十六进制，除了可以打印一般的字符外，也可打印无法用键盘输入的字符，这些字符可能代表着某些动作，如换页、退格等，在屏幕上可能看不出有任何变化，但是这些字符所代表的动作仍会执行。

除此之外，对于某些无法显示或是不能用单一个符号表示的字符，可以利用转义字符序列的方式为字符变量赋值，也就是说，在特定的英文字母前，加上反斜杠“\”，即为转义序列；其中，反斜杠“\”称为转义字符。

如果想在程序中打印一个包括双引号的字符串时，可把字符变量赋值为转义字符，再将它打印出来，也就是说，在程序中声明一个字符型变量 ch, 然后将 ch 赋值为“\”，再进行打印。常用的转义字符见表 2.7。

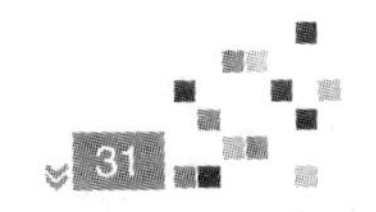

表 2.7 常用的转义字符

转义字符	所代表的意义	转义字符	所代表的意义
\f	换页	\\	反斜线
\b	倒退一格	\'	单引号
\n	换行	\"	双引号
\r	归位	\uxxxx	十六进制的 Unicode 的字符
\t	跳格	\ddd	八进制的 Unicode 的字符

以下面的程序为例，将 ch 赋值为 '\"', 并将字符变量 ch 打印在屏幕上，同时在将要打印的字符串中直接加入转义字符。

```
//app2_16，转义字符
public class app2_16{
  public static void main(String args[]) {
      char ch1='\"';// 将 ch1 赋值为 '\"'
      char ch2='\74'; // 以八进制设定字符变量 ch 2
      char ch3='\u003e'; // 以十六进制设定字符变量 ch3
     System.out.println (ch1+"Times flies."+ch1);
     System.out.println ("\"+"Time is money!\"");
     System.out.println (ch3+ "Tomorrow never comes"+ch3);
     }
}
/* app2_16 output----------------------
"Times flies."
"Time is money!"
< Tomorrow never comes >
----------------------------------*/
```

程序第 4 行，将八进制赋值给字符变量，只需要在单引号内以“\”开头即可输入八进制值；而在第 5 行是以十六进制赋值给 ch3。值得注意的是，也可以将第 4，5 行改写成下面的语句：

```
char ch2=074; // 以八进制设定字符变量 ch 2
char ch3=0x3e; // 以十六进制设定字符变量 ch3
```

为变量赋值时，若是在数值前加上数字 0，表示该变量是以八进制值赋值；若是在数值前加上 0 与英文字母 x 或 X，则该变量是以十六进制值赋值。用 0x 表示的十六进制值，没有限制一定要以 4 个数值方式写出。

2.4.3 浮点数类型与双精度浮点数类型

在日常生活中经常会用到小数类型的数值，如身高、体重等需要精确的数值时，整型的存储方式就不方便使用了。在数学中，这些带有小数点的数值称为实数（Real Numbers）。在 Java 中，这种数据类型称为浮点数类型（Foating Point），其长度为 4 个字节，有效范围为 $-3.4 \times 10^{38} \sim 3.4 \times 10^{38}$。当浮点数的表示范围不够大时，还有一种双精度（Double Precision）浮点数类型可供使用。双精度浮点数类型的长度为 8 个字节，有效范围为 $-17 \times 10^{308} \sim 17 \times 10^{308}$。

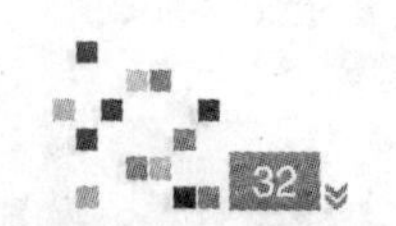

举例来说，想声明一个 double 类的变量 num 与一个 float 类型的变量 sum，并同时设定 sum 的值为 2.0，可以在程序中做出如下声明及赋值：

double num;// 声明 num 为双精度浮点数变量

float sum=2.0f; // 声明 sum 为浮点数变量，并设初值为 2.0

经过声明之后，Java 即会在可使用的内存空间中，分别分配 8 个字节与 4 个字节的内存空间以供 num 与 sum 变量使用。若浮点数需要以指数形式来表示时，可用字母 E 或 e 来代表 10 的幂。

值得一提的是，浮点数常量的默认类型是 double，在数值后面可加上 D 或 d，作为 double 类型的识别，在 Java 中，D 或 d 是可有可无的。如果在常量后面加上 F 或 f，则作为 float 类型的识别。

下面的范例声明了一个 float 类型的变量 num, 并设定初值为 5.0f，最后将它的平方值打印在屏幕上。

```
//app2_17，浮点数的使用
public class app2_17
{
  public static void main(String args[])
    {
      Float num=5.0f;// 将 ch1 赋值为 '\"'
      System.out.println (num+"*"+num+"="+(num*num));
    }
}
/* app2_17 output----------------------
 5.0*5.0=25.0
---------------------------------*/
```

Java 也提供了浮点数类型的最大值与最小值的代码，其所属类别与所代表的值的范围可以在表 2.8 中查阅。

表 2.8 浮点型常量的特殊值

类型	float	double
所属类	java.lang.Float	java.lang.Double
最大值代码	MAX_VALUE	MAX_VALUE
最大值常量	3.402 823 5E+38	1.797 693 134 862 315 7E+308
最小值代码	MIN_VALUE	MIN_VALUE
最小值常量	1.4E-45	4.9E-324

在使用表 2.8 中的代码时，也可以省去 java.lang 类库，直接用类的名字即可。下面的程序是打印 float 与 double 两种浮点数类型的最大值与最小值，可以将程序的输出结果与表 2.8 进行比较。

```
//app2_18，浮点数的常量值
public class app2_18{
    public static void main(String args[]) {
        System.out.println ("fmax="+Float.MAX_VALUE);
        System.out.println ("fmin="+Float.MIN_VALUE);
        System.out.println ("dmax="+Double.MAX_VALUE);
        System.out.println ("dmin="+Double. MIN_VALUE);
      }
  }
```

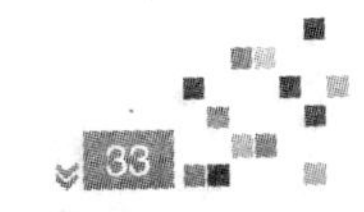

```
/* app2_18 output-----------------------
   fmax=3.4028235E+38
   fmin=1.4E-45
   dmax=1.7976931348623157E+308
   dmin=4.9E-324
-----------------------------------*/
```

2.4.4 布尔类型

布尔 (Boolean) 类型的变量只有 true(真) 和 false（假）两种。也就是说，将一个变量定义成布尔类型时，它的值只能是 true 或 false，除此之外，没有其他值可以设定给这个变量。举例来说，想声明变量名称为 status 的布尔变量，并赋值为 true，可以写出如下语句：

```
boolean status=true; // 声明布尔变量 status，并赋值为 true
```

经过声明之后，布尔变量 status 的初值为 true。若是想在程序中更改 status 的值，也可以在程序代码中更改。请看下面的范例：

```
//app2_19，打印布尔值
public class app2_19{
   public static void main(String args[]) {
       boolean status=false;
      System.out.println ("status="+status);
      }
 }
/* app2_19 output-----------------------
   status=false
-----------------------------------*/
```

布尔值通常用来控制程序的流程，在此读者可能会觉得有点抽象，在后面的章节中会陆续介绍布尔值在程序流程中所扮演的角色。

2.4.5 基本数据类型的默认值

Java 在变量的声明时，若没有赋初值，系统则会自动为它设定默认值。表 2.9 列出了各种类型的默认值。

表 2.9　基本数据类型的默认值

数据类型	默认值	数据类型	默认值
byte	(byte)0	float	0.0f
short	(short)0	double	0.0d
int	0	char	\u0000
long	0L	boolean	false

Java 为没有赋初值的变量设定一个确切的默认值，这种方式虽然便利，但是过于依赖系统给予变量初值，反而不容易监测到是否已经给予变量应有的值，这是程序员要特别注意的地方。

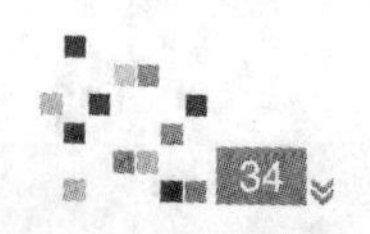

2.4.6 数据类型的转换

Java 的数据类型在定义时就已经决定，因此不能随意转换成其他的数据类型，但 Java 也允许使用者有限度地作类型转换处理。数据类型的转换可分为自动类型转换及强制类型转换两种。

1. 自动类型转换

在程序中已经定义好数据类型的变量，若想以另一种类型表示时，Java 会在下列条件皆成立时，自动进行数据类型转换。

（1）转换前的数据类型与转换后的类型兼容。

（2）转换后的数据类型的表示范围比转换前的类型大。

举例来说，若是将 short 类型的变量 a 转换成 int 类型，由于 short 与 int 皆为整数类型，符合条件（1），而 int 的表示范围比 short 大，也符合条件（2），因此 Java 会自动将原为 short 类型的变量 a 转换为 int 类型。

值得注意的是，类型的转换只限于该行语句，并不会影响原变量的类型定义，而且通过自动类型转换，可以保证数据的精确度（Precision），它不会因为转换而损失数据内容，这种类型的转换方式也称为扩大转换（Augmented Conversion）。

前面曾经提到过，若是整数的类型为 short 或 byte，为了避免溢出，Java 会将表达式中的 short 和 byte 类型自动转换成 int 类型，可保证其运算结果的正确性，也体现了 Java 所提供的“扩大转换”功能。

以“扩大转换”来看，字符与整型是可使用自动类型转换的；整型与浮点型也是相容的；但是由于布尔类型只能存放 true 和 false，与整型及字符型不兼容，因此不能进行类型转换。下面看看在四则运算中，当两个数中有一个为浮点型，另一个为整型时，其运算结果会如何？

```
 //app2_20，自动类型转换
public class app2_20{
   public static void main(String args[]) {
        int a=45;
        float b=2.3f;
       System.out.println ("a="+a+",b="+b);
       System.out.println ("a/b="+(a/b));
     }
  }
/* app2_20 output----------------------
 a=45,b=2.3
 a/b=19.565218
-----------------------------------*/
```

从运算的结果可以看到，当两个数中有一个为浮点型时，其运算结果会直接转换为浮点型。当表达式中变量的类型不同时，Java 会自动将较小的表示范围的类型转换成较大的表示范围的类型后，再进行运算。也就是说，假设有一个整型和双精度浮点型做运算时，Java 会把整型转换成双精度浮点型后再运算，运算结果也会变成双精度浮点型。关于表达式的数据类型转换我们稍后会作详细介绍。

2. 强制类型转换

当两个整型数据进行运算时，其运算结果也会是整型。举例来说，当进行整型除法 5/3 的运算时，其运算结果为整型数据 1，并不是实际的 1.666 66…，因此在 Java 中，若想计算的结果是浮点型时，就必须将数据类型进行强制类型转换，转换的语法如下：

（要转换的数据类型）变量名称；

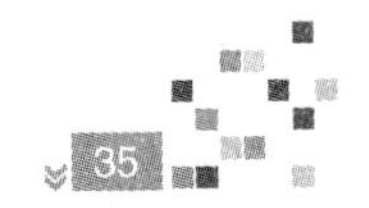

因为强制类型转换的语句是直接编写在程序代码中的，所以也称为显性转换（Explicitcast）。下面的程序说明了在 Java 中，整型与浮点型是如何强制类型转换的。

```
//app2_21，强制类型转换
public class app2_21{
    public static void main(String args[]) {
        int a=36;
        int b=7;
        System.out.println ("a="+a+",b="+b);
        System.out.println ("a/b="+(a/b));
        System.out.println ("(float)a/b="+(float) a/b);
    }                                   将 a 转换成浮点型之后，再除以 b
}
/* app2_21 output----------------------
 a=36,b=7
 a/b=5
 (float)a/b=5.142857
-----------------------------------*/
```

在本例中，当两个整数相除时，小数点以后的数字会被舍去，使得运算的结果保持为整型，如果希望运算的结果为浮点型，就必须将两个整型中的其中一个（或是两个）强制转换为浮点型。下面的两种写法也成立：

a/(float)b // 将整型 b 转换成浮点型，再用整型 a 除以它

(float)a/(float)b // 将整型 a 与 b 同时转换成浮点型

需要注意的是，将变量强制类型转换成另一种类型，变量原先的类型并不会改变，例如在程序 app2_21 中，虽然在第 7 行将整型 a 转换成浮点型，但这只是取出变量 a 的值再进行转换，变量 a 的整数类型并不会改变。

此外，若是将一个能表示较大范围的数据类型的变量赋值给范围较小的数据类型的变量时，由于在缩小转换的过程中可能会漏失数据的精确度，Java 并不会自动进行这类转换，此时就必须要由程序设计师自行进行强制性转换，也就是说，程序设计师必须担负起数据精确度可能不准的责任。

项目 2.5 Java 程序的运算符

知识汇总

Java 提供了许多运算符，这些运算符除了可以处理一般的数学运算外，还可以进行赋值与逻辑等运算。根据运算符所使用的类别，可分为赋值、算术、关系、逻辑、递增与递减、条件与逗号运算符等。

2.5.1 赋值运算符

为各种不同数据类型的变量赋值，可使用赋值运算符（=），表 2.10 所列出的赋值运算符虽然只有一个，但它可是编写 Java 不可或缺的好伙伴。

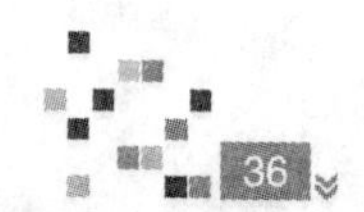

表 2.10　赋值运算符说明

赋值运算符	意　义
=	赋值

等号“=”在 Java 中并不是“等于”，而是“赋值”的意思，范例如图 2.3 所示。

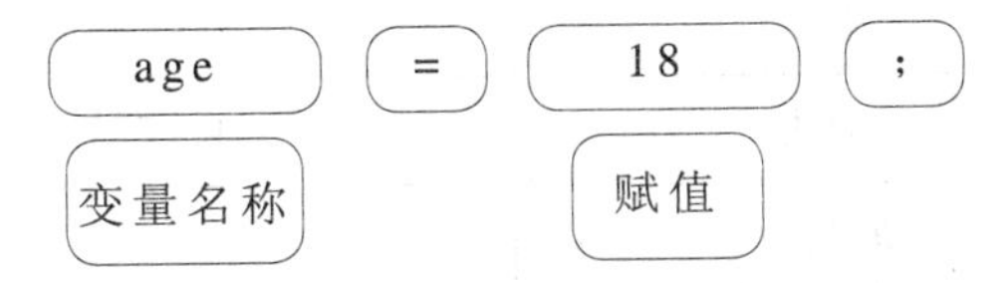

图2.3 赋值的范例

图 2.3 所示是将整数 18 赋给 age 变量。再看看下面这个语句：

age=age+1; // 将 age+1 的值运算之后再赋给变量 age

若将上面语句中的等号“=”当成“等于”，这在数学上是行不通的。如果将它看成是“赋值”时，语句的意思就很容易解释了，也就是将 age+1 运算之后的值再赋给变量 age, 由于之前已经将变量 age 的值设为 18，所以执行这个语句时，Java 会先处理等号后面的部分 age+1(其结果为 19)，再赋值给等号前面的 age 变量，执行后，存放在 age 变量的值就变成了 19。将上面语句编写成下面这个程序：

```
//app2_22，赋值运算符 "="
   public class app2_22{
     public static void main(String args[]) {
         int age=18;  // 声明整数变量 age, 并赋值为 18
        System.out.println ("before computr ,age="+age);
        age=age+1;
        System.out.println ("after computr ,age="+age);
       }
     }
     /* app2_22 output----------------------
       before computr ,age=18
       after computr ,age=19
     ---------------------------------*/
```

2.5.2　一元运算符

对于大多数的表达式而言，运算符的前后都会有操作符。但是有一种运算符很特别，它只需要一个操作数，这种运算符称为一元运算符。如下面的语句，均是由一个运算符与单一个操作数组成。

```
+6 ;     // 表示正 6
~a ;   // 表示取 a 的补码
x=-y ;  // 表示负 y 的值赋给变量 x
!a ;   //a 的非运算，若 a 为 0，则 !a 为 1，若 a 不为 0，则 !a 为 0
```

表 2.11 列出了一元运算符的成员。

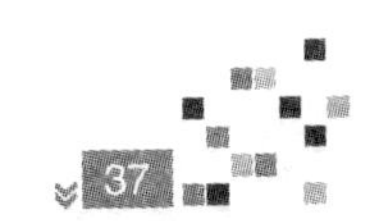

表 2.11 一元运算符

算术运算符	意 义	一元运算符	意 义
+	加法	+	正号
-	减法	-	负号
*	乘法	~	取补码
/	除法	!	NOT, 非
%	取余数		

```
//app2_23，一元运算符 "~" 与 "!"
 public class app2_23{
    public static void main(String args[]) {
        byte a=Byte.MIN_VALUE;
        boolean b=true;
System.out.println ("a="+a+",~a="+(~a));
              System.out.println ("b="+b+",!b="+(!b));
      }
    }
   /* app2_23 output----------------------
     a=-128, ~a=127
   b=true, !b=false
---------------------------------*/
```

在 app2_23 程序中，第 3 行声明了 byte 变量 a, 并赋值为该类型的最小值，即 a 的值为 -128；程序第 4 行，声明 boolean 变量 b，赋值为 true；第 5 行打印 a 与 ~a 的运算结果。a 的值为 -128，其二进制为 10000000，最高位为符号位，0 代表正数，1 代表负数，经过“~”运算后，会变成 01111111，即十进制中的 127；最后，第 6 行打印 b 与 !b 的运算结果，b 的值为 true，经过！（NOT，否定）运算后，b 的值会变成 false。

2.5.3 算术运算符

算术运算符在数学上经常使用，表 2.12 列出它们的成员。

表 2.12 算术运算符

算术运算符	意 义	算术运算符	意 义
+	加法	/	除法
-	减法	%	取余数
*	乘法		

1. 加法运算符“+”

加法运算符“+”可将前后两个操作数做加法运算。如下面的语句：

6+2; // 计算 6+2

b=a+15; // 将 a 的值加 15 之后，再赋值给变量 b

sum=a+b+c; // 将 a，b 与 c 的值相加之后，再赋值给 sum

2. 减法运算符“-”

减法运算符“-”可将前后两个操作数做减法运算。如下面的语句：

age=age-1; // 计算 age-1 后，再将其结果赋值给 age

c=b-a; // 计算 b-a 之后，再赋值给变量 c

54-12; // 计算 54-12

3. 乘法运算符“*”

乘法运算符“*”可将前后两个操作数做乘法运算。如下面的语句：

b=c*3; // 计算 c*3 后，再将其结果赋值给 b

a=a*a; // 计算 a*a 之后，再赋值给变量 a

17*5; // 计算 17*5

4. 除法运算符“/”

除法运算符“/”可将前面的操作数除以后面的操作数。如下面的语句：

b=a/6; // 计算 a/6 后，再将其结果赋值给 b

d=c/d; // 计算 c/d 之后，再赋值给变量 d

8/3; // 计算 8/3

使用除法运算符时要特别注意一点，就是数据类型的问题。在 java 运算中，整型除以整型的结果还是整型。如果希望将整型相除的结果改为浮点数类型，只要利用强制类型转换的技巧即可实现。

5. 余数运算符“%”

余数运算符“%”用来将前面的操作数除以后面的操作数，然后取其所得到的余数。如下面的语句：

b=a%6; // 计算 a/6 的余数后，再将其结果赋值给 b

a=c%d; // 计算 c/d 的余数后，再将其结果赋值给变量 a

47%3; // 计算 47/3 的余数

以下面的程序为例。

```
//app2_24，算术运算符
 public class app2_24{
    public static void main(String args[]) {
        int x=10+8;
        System.out.println (" 加法运算结果 x="+x);
        int x=10-8;
        System.out.println (" 减法运算结果 x="+x);
        int x=10*8;
        System.out.println (" 乘法运算结果 x="+x);
        int x=10/5;
        System.out.println (" 除法运算结果 x="+x);
        int x=10%8;
        System.out.println (" 求余运算结果 x="+x);
        }
  }
 /* app2_24 output----------------------
   加法运算结果 x=18
   减法运算结果 x=2
   乘法运算结果 x=80
   除法运算结果 x=2
```

求余运算结果 x=2
----------------------------------*/

在程序 app2_24 中，由于在 java 运算中，整型除以整型的结果还是整型，所以在第 9 行，由于 10 和 5 都是整型，运算结果为 2，第 11 行求 10 除以 8 的余数，所以结果为 2。

2.5.4 关系运算符

表 2.13 列出了关系运算符的成员，这些运算符在数学上也经常会使用。

表 2.13 关系运算符

关系运算符	意 义	关系运算符	意 义
>	大于	<=	小于等于
<	小于	==	等于
>=	大于等于	!=	不等于

Java 是由两个连续的等号“==”来代表关系运算符“等于”；而关系运算符“不等于”以“！ =”代表，这是因为通过键盘输入数学上的不等于符号“≠”较为困难，所以就使用“！ =”表示不等于，若是将“！ =”中的“！”写得离“=”近些，是不是和“≠”很像呢？ Java 初学者通常较容易忘记这两个运算符，因此特别提出来加深记忆。

关系运算符用来进行数据的比较运算，其运算结果为 true 或 false。以下面的程序为例。

```
//app2_25，关系运算符
 public class app2_25{
      public static void main(String args[]) {
           boolean x='A'>'a';
            System.out.println (" 大于运算结果 x="+x);
           x='A'<'a';
            System.out.println (" 小于运算结果 x="+x);
           x=5>=3;
            System.out.println (" 大于等于运算结果 x="+x);
           x=5<=3;
            System.out.println (" 小于等于运算结果 x="+x);
           x=5==3;
            System.out.println (" 等于运算结果 x="+x);
           x=(3+3)!=5;
           System.out.println (" 不等于运算结果 x="+x);
      }
 }
/* app2_25 output----------------------
   大于运算结果 x=false
   小于运算结果 x=true
   大于等于运算结果 x=true
   小于等于运算结果 x=false
   等于运算结果 x=false
   不等于运算结果 x=true
```

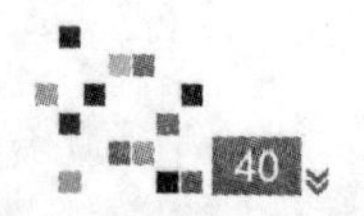

```
-----------------------------------*/
```

在程序 app2_25 中，由于 'A' 的编码值小于 'a', 所以 'A'>'a' 运行结果为 false, 而 'A'<'a' 运行结果为 true；由于 5 并不大于等于和小于等于 3，所以 5>=3 和 5<=3 的运算结果都为 false；由于 5 不等于 3，所以 5==3，所以运行结果为 false；而（3+3）运算结果为 6，也不等于 5，所以运行结果为 true。

2.5.5 自增与自减运算符

自增与自减运算符在 C/C++ 中已经存在，Java 保留了它们，是因为使用它们很便利。表 2.14 列出了自增与自减运算符的含义，最终将会按照汉语拼音字母的升序或者是降序进行排序。

表 2.14 递增与递减运算符

自增与自减运算符	意　义
++	自增，变量值加 1
--	自减，变量值减 1

善用自增与自减运算符可使程序简洁。例如，我们声明了一个 int 变量 a，在程序执行中想让它加上 1，程序的语句如下：

```
a=a+1;  //a 加上 1 后再赋给 a
```

上面的语句是将 a 的值加 1 后再赋值给 a 存放。也可以利用自增运算符"++"写出更简洁的语句，下面的语句与上面的语句完全相同：

```
a++;  //a 加上 1 后再赋给 a, a++ 为简捷写法
```

还可以将自增运算符"++"放在变量的前面，如 ++a，这与 a++ 所代表的意义是不一样的。a++ 会先执行整个语句后再将 a 的值加 1，而 ++a 则先将 a 的值加 1 后，再执行整个语句。

以下面的程序为例，将 a 与 b 的值均设为 5，再分别以 a++ 及 ++b 打印，读者可以比较容易地区分出两者的不同。

```
//app2_26，自增与自减运算符
public class app2_26{
    public static void main(String args[]) {
        int a=5,b=5;
        System.out.println ("a="+a);
        System.out.println (",a++ ="+(a++)+",a="+a);
        System.out.println ("b="+b);
        System.out.println (",++b ="+(++b)+",b="+b);
    }
}
/* app2_26 output----------------------
a=5,a++=5,a=6
b=5,++b=6,b=6
-----------------------------------*/
```

在程序 app2_26 中，第 5 行打印 a++ 及运算后 a 的值，执行完 a++ 后，a 的值才会加 1，变成 6。第 7 行打印 ++b 及运算后 b 的值，执行 ++b 之前，b 的值即先加 1，变成 6。

同样，自减运算符"--"的使用方式和自增运算符"++"是相同的。自增运算符"++"用来将变量加 1，而自减运算符"--"则是将变量值减 1。此外，自增与自减运算符只能将变量加 1 或减 1，若是想将变量加减非 1 的数时，还是得用原来的老方法，如 a=a+5。

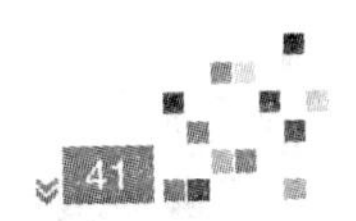

2.5.6 逻辑运算符

Java 还提供了逻辑运算符，逻辑运算符用来进行关系表达式的比较运算，其运算结果也为 true 或 false。表 2.15 列出了逻辑运算符的含义。

表 2.15 逻辑运算符

逻辑运算符	意 义
&&	AND，且
||	OR，或

使用逻辑运算符"&&"时，运算符前后的两个操作数的返回值皆为真，运算的结果才会为真；使用逻辑运算符"||"时，运算符前后两个操作数的返回值只要有一个为真，运算的结果就会为真。如下面的语句：

```
int a=3,b=4;
a>0&&b>0 // 两个操作数的结果皆为真，运算结果也为真
a>0||b>0 // 两个操作数只要有一个为真，运算的结果就为真
```

在第 2 条语句中，当 a>0 且 b>0 时，表达式的返回值为 true，即表示这两个条件都必须成立，运算的结果才会是 true；在第 3 个语句中，只要当 a>0 或者 b>0 时，表达式的返回值才为 true，这两个条件仅需一个成立即可。表 2.16 所示为 AND 与 OR 的真值表。

表 2.16 AND 和 OR 真值表

AND	T	F
T	T	F
F	F	F

OR	T	F
T	T	T
F	T	F

在真值表中 T 代表真（True），F 代表假（False）。在 AND 的情况下，两者都要为 T，其运算结果才会为 T；在 OR 的情况下，只要其中一个为 T，其运算结果就会为 T。

```
//app2_27，逻辑运算符
public class app2_27{
    public static void main(String args[]) {
        boolean x=!(3>=5);
        System.out.println (" 逻辑非运算结果 x="+x);
        x=（3<5）&&(6>4);
        System.out.println (" 逻辑与运算结果 x="+x);
        x=（3>5）||(6<4);
        System.out.println (" 逻辑或运算结果 x="+x);
        }
}
/* app2_27 output----------------------
   逻辑非运算结果 x=true
   逻辑与运算结果 x=true
   逻辑或运算结果 x=false
---------------------------------*/
```

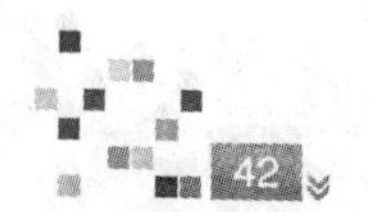

在程序 app2_27 中，3>=5 的逻辑值为 false，而 x 经过逻辑非运算后结果为 true；3<5 和 6>4 两者的逻辑值都为 true，经过逻辑与运算后运算结果才会为 true；3>5 和 6<4 两者的逻辑值都为 false，经过逻辑与运算后运算结果才会为 false。

2.5.7 括号运算符

除了前面所述的内容外，括号“( )”也是 Java 的运算符，表 2.17 所示为括号运算符的含义。

表 2.17 括号运算符

括号运算符	意　义
( )	提高括号中表达式的优先级

括号运算符“( )”用来处理表达式的优先级。以一个简单的加减乘除式子为例：

8-3*6/4+1 // 未加括号的表达式

根据四则运算的优先级（“*”和“/”的优先级大于“+”和“-”）来计算，这个式子的答案为 4.5。但是如果想分别计算 8-3*6 及 4+1 之后再将两数相除，就必须将 8-3*6 及 4+1 分别加上括号，而成为下面的式子：

（8-3*6）/（4+1）// 加上加括号的表达式

经过括号运算符“( )”的运算后，计算结果为 -2，因此括号运算符“( )”可以提高括号内表达式的优先处理顺序。

2.5.8 运算符的优先级

表 2.18 列出了各种运算符优先级的排列，数字越小的表示优先级越高。

表 2.18 运算符优先级

优先级	运算符	类　别	结合性
1	()	括号运算符	由左至右
1	[]	方括号运算符	由左至右
2	!、+（正号）、-（负号）	一元运算符	由右至左
2	~	位逻辑运算符	由右至左
2	++、--	递增与递减运算符	由右至左
3	*、/、%	算术运算符	由左至右
4	+、-	算术运算符	由左至右
5	<<、>>	位左移、右移运算符	由左至右
6	<、<=、>、>=	关系运算符	由左至右
7	==、!=	关系运算符	由左至右
8	&	位逻辑运算符	由左至右
9	^	位逻辑运算符	由左至右
10			位逻辑运算符	由左至右
11	&&	逻辑运算符	由左至右

续表 2.18

优先级	运算符	类　别	结合性
12	||	逻辑运算符	由左至右
13	?:	条件运算符	由右至左
14	=	赋值运算符	由右至左

表 2.18 的最后一列是运算符的结合性。结合性可以让我们了解到运算符与操作数的相对位置及其关系。举例来说，当使用同一优先级的运算符时，结合性就非常重要了，它决定先处理什么，可以看下面例子：

a=b+d/3*6; // 结合性可以决定运算符的处理顺序

这个表达式有不同的运算符，优先级是“*”和“/”高于“+”又高于“=”，但是读者会发现，“*”和“/”的优先级是相同的，到底 d 先除以 3 再乘以 6 呢？还是 3 乘以 6 后 d 再除以这个结果呢？

经过结合性的定义后，就不会有这方面的困扰了。算术运算符的结合性为“由左至右”，就是在相同优先级的运算符中，先由运算符左边的操作数开始处理，再处理右边的操作数。在上面的式子中，由于“*”和“/”的优先级相同，因此 d 会先除以 3 再乘以 6，得到的结果加上 b 后，再将整个值赋值给 a。

项目 2.6　表达式

知识汇总

表达式可以是由常量、变量或是其他操作数与运算符所组合而成的语句，当 java 程序发现程序的表达式中操作数类型不相同时，会依据相应的规则来处理类型的转换。

2.6.1　表达式

表达式可以是由常量、变量或是其他操作数与运算符所组合而成的语句，如下面的例子均为表达式：

-18　// 表达式由一元运算符"-"与常量 18 组成

sum+6　// 表达式由变量 sum、算术运算符与常量 6 组成

a+b-c/(d*3-9) // 由变量、常量与运算符组成的表达式

此外，Java 还有一些写法简洁的方式，将算术运算符和赋值运算符结合，成为新的运算符。表 2.19 列出了这些相结合的运算符。

表 2.19　简洁的表达式

运算符	范例用法	说　明	意　义
+=	a+=b	a+b 的值存放到 a 中	a=a+b
-=	a-=b	a-b 的值存放到 a 中	a=a-b
*=	a*=b	a*b 的值存放到 a 中	a=a*b

续表 2.19

运算符	范例用法	说　明	意　义
/=	a/=b	a/b 的值存放到 a 中	a=a/b
%=	a%=b	a%b 的值存放到 a 中	a=a%b

下面来练习一个这种简洁用法的程序：

```
//app2_28，简洁表达式
public class app2_28{
    public static void main(String args[]) {
        int a=3,b=9;
        System.out.println ("before computer,a="+a+",b="+b);
        a+=b;
        System.out.println ("after computer,a="+a+",b="+b);
    }
}
/* app2_28 output----------------------
before computer,a=3,b=9
after computer,a=12,b=9
----------------------------------*/
```

在程序 app2_28 中，第 3 行分别为变量 a，b 赋值为 3 和 9。第 4 行在运算之前先打印变量 a，b 的值，a 为 3，b 为 9。在第 5 行计算 a+=b，该语句相当于 a=a+b，将 a+b 的值存放到 a 中。计算 3+9 的结果后赋给 a。最后，程序第 6 行打印运算之后 a，b 的值。此时 a 的值变为 12，而 b 的值仍为 9。

2.6.2　表达式的类型转换变量

在本小节中，我们来讨论表达式类型的转换。Java 是一个很有弹性的程序设计语言，它允许数据类型暂时转换成其他类型的情况发生，但有个原则——以不丢失数据为前提，即可进行不同数据类型转换。当 Java 程序发现程序的表达式中操作数类型不相同时，会依据下列规则来处理类型的转换：

（1）占用字节较少的转换成字节较多的类型。

（2）字符类型会转换成 short 类型（字符会取其 Unicode 编码）。

（3）short 类型 (2 bytes) 遇上 int 类型 (4 bytes)，会转换成 int 类型。

（4）int 类型会转成 float 类型。

（5）在表达式中，若某个操作数的类型为 double，则另一个操作数也会转换成 double 类型。

（6）布尔类型不能转换成其他类型。

以程序 app2_29 为例，分别声明数个不同类型的变量，并加以运算：

```
//app2_29，简洁表达式
public class app2_29{
    public static void main(String args[]) {
        char ch='X';
        short s=-5;
        int i=6;
        float f=9.7f;
        double d=1.76;
        System.out.print("(s*ch)-(d/f)*(i+f)=");
```

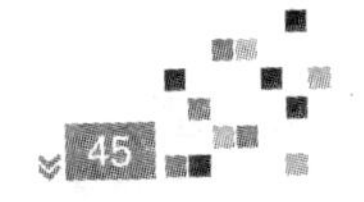

```
            System.out.println("(s*ch)-(d/f)*(i+f)");
        }
    }
    /* app2_29 output---------------------
    (s*ch)-(d/f)*(i+f)=-442.8486598152212
    -----------------------------------*/
```

表达式 (s*ch)-(d/f)*(i+f) 最后的输出类型是什么？它又如何将不同的数据类型转换成相同的呢？图 2.4 所示列出了数据类型的转换过程。

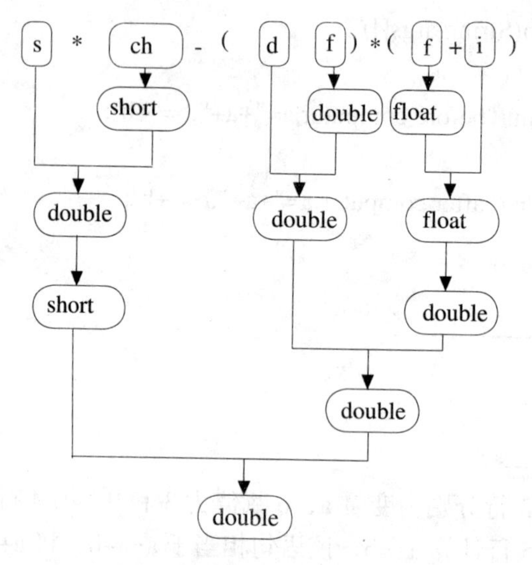

图2.4 数据类型的转换过程

根据数据类型的转换规则，了解数据类型转换的过程后，图 2.5 所示列出了表达式的运算过程。

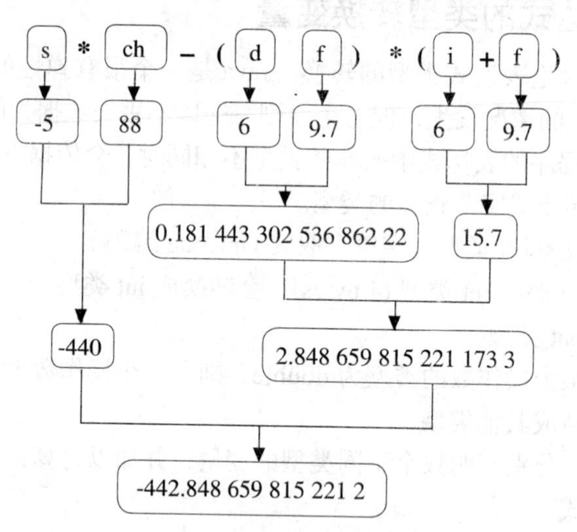

图2.5 数据的运算过程

此后，当 Java 程序中使用到类型转换时，若不清楚表达式的类型是什么，就可以利用上面绘制图表的方式进行类型的追踪。

重点串联

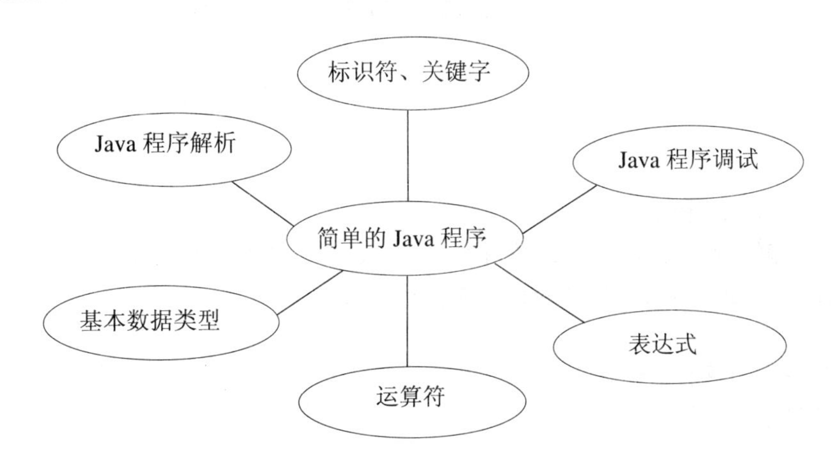

拓展与实训

技能实训

技能训练 2.1：Java 程序调试。

任务：逐行并理解下面的程序代码，并用程序缩排、为语句加注释的方式提高程序的可读性，然后编译、执行，看看是否有语法、语义错误，并进行改正。

技能目标：

（1）学会修改语法、语义错误。

（2）学会提高程序可读性。

实现代码：

```
public class ex2_1
 {
  public static void main(String args[])
   {
     int i;
     i=6;
    System.out.println(i+"+"+i+"="+i+i);
    System.out.println(i+"*"+i++"="+i*i);
  }
}
```

技能训练 2.2：输出员工信息。

任务：输出某公司工资最高的员工信息。

技能目标：

（1）掌握常用的数据类型。

（2）理解常量和变量。

任务分析：

某公司工资最高的员工信息：姓名："李丽"，性别："女"，年龄："40 岁"，婚否："是"，工资"3 656.85 元"。要输出该员工信息，首先要为每一个数据找到合适的数据类型。将姓名、性别定义为字符串类型，年龄定义为整型，婚否定义为布尔型，工资定义为双精度型。

公司里每个员工的工资并不是一成不变的，李丽不可能一直都是公司里工资最高的人。因此，使用变量来存储工资最高的员工的相关信息，如用 name 存放"李丽"，age 存放"40"等，当员工信息发生变化时，只需要修改变量的值即可。

实现代码：

```
public class ex2_2
 {
  public static void main(String args[])
   {
     String name=" 李丽 ";
     char sex=' 女 ';
    int age=40;
    boolean mar=true;
```

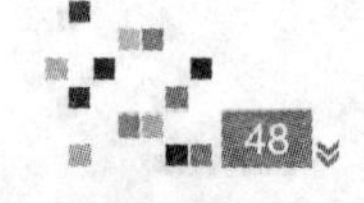

```
    double wage=3656.85;
   System.out.println("** 本公司工资最高的员工 **");
   System.out.println(" 姓名： "+name);
   System.out.println(" 性别： "+sex);
   System.out.println(" 年龄： "+age+" 岁 ");
   System.out.println(" 婚否： "+mar);
   System.out.println(" 工资： "+wage+" 元" );
   }
}
/* ex2_2 output---------------------
 ** 本公司工资最高的员工 **
 姓名：李丽
 性别：女
 年龄：40 岁
 婚否：true
 工资：3656.85 元
----------------------------------*/
```

技能训练 2.3：计算学生成绩。

任务：给出王竹同学语文、数学、英语的三门课成绩，计算该学生这三门课程的平均分，要求平均分为整数。

技能目标：

掌握运算符与表达式的用法。

任务分析：

得到王竹同学语文、数学、英语的三门课成绩，计算该学生这三门课程的平均分，并且要求平均分为整数。

实现代码：

```
public class ex2_3
 {
  public static void main(String args[])
   {
     int avg;
    double math=89.5;
    double chinese=92.0;
    double english=96.5;
    avg=(int)(math+chinese+english)/3;
   System.out.println(" 王竹的平均分： "+avg);
   }
 }
 /* ex2_3 output----------------------
 王竹的平均分：92
 ---------------------------------*/
```

模块3 Java流程控制

教学聚焦

- ◆ 顺序结构编程
- ◆ Java 中分支结构的选择思路
- ◆ 3 种循环结构的区别和选用
- ◆ 跳转语句的区别

知识目标

- ◆ 了解 java 分支语句
- ◆ 循环语句的 3 种形式
- ◆ 循环语句的结构和组成部分
- ◆ 了解跳转语句 break，continue

技能目标

- ◆ 熟练掌握 Java 程序格式
- ◆ 各种运算符的用法
- ◆ 几种分支语句的使用
- ◆ 从键盘输入数据
- ◆ 产生指定范围的随机数
- ◆ 语法错误的调试
- ◆ 熟练使用 3 种循环语句进行编程
- ◆ 能应用嵌套循环语句解决较为复杂的问题
- ◆ 会使用 break，continue 语句编程，正确定义、使用标识符

课时建议

16 学时

项目 3.1 结构化程序设计的基本概念

知识汇总

计算机之所以成为当代最重要的信息处理工具，就是因为它具有能记忆、能进行逻辑判断、计算速度快等特点。计算机实现的所有功能都是在指令的指挥下进行的，而指令的集合就是程序。

对初学者而言，最困难的就是编程思维的形成。我们要知道，计算机是强大的，同时它又是没有判断力的，它的强大依附于编程者，编程者的思维决定计算机的能力。所以我们首先要知道的是"编程者指挥计算机一步一步地完成工作"，这每一步的指令总体按从上向下的顺序依次执行，这就是程序。

比如，此时我们要求一个圆的面积，已知求圆面积的公式是 $S = \pi \times R \times R$（其中 π 表示圆周率，R 为圆的半径）。分析题意，我们需要完成以下几步工作：

（1）预估可能用的变量并先申明，java 要求变量先申明后使用。本题可能有的应当是 S（面积，double 型）、PI（圆周率，double 型）、R（半径，double 型）。语句形式如：double S，PI，R；

（2）给应当知道值的变量赋值，如 R 和 PI。语句形式如 :R = 4.0；PI = 3.14；

（3）利用公式计算结果。语句形式如 :S=PI*R*R；

（4）输出结果。语句形式为：

System.out.println(S)；

最后我们加上 java 必须的类名和主入口程序就能形成一个顺序程序。

```
public class a1{                        // 类名
    public static void main(String []args){       // 主程序入口
    double S,R,PI;
    PI=3.14;
    R=4;
    S=PI*R*R;
    System.out.println(S);
}}
```

顺序结构能完成很多工作，任何程序在总体上都是顺序的，但某些时候局部有分支或局部有语句需要重复，就要引进分支和循环的结构。

程序有 3 种基本结构，即顺序结构、分支结构和循环结构。

顺序结构就是按照指令的先后顺序依次执行。

为实现分支结构程序设计，Java 语言提供了条件分支语句 if 和多重分支语句 switch，根据它们所包含的逻辑表达式的值决定程序执行的方向。

循环结构的程序可以对反复执行的程序段进行精减，用较少的语句执行大量重复的工作。Java 提供了 for，while 和 do-while 3 种循环语句。

重点提示：语句是用来向计算机系统发出操作指令。程序由一系列语句组成。

① 表达式语句。表达式；如：total=math+phys+chem ;

② 空语句。

③ 复合语句。用"{}"将多条语句括起来，在语法上作为 1 条语句使用。如：{z=x+y;　t=z/10;}。

④ 方法调用语句。方法名（参数）；如：System.out.println("Java Language");

⑤ 控制语句。完成一定的控制功能，包括选择语句、循环语句和转移语句。如：break。

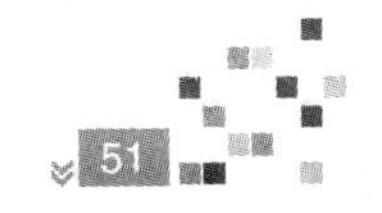

项目 3.2 顺序结构

知识汇总

顺序结构是最简单的一种程序结构，程序按照语句的书写次序顺序执行。程序编写能力的提高没有其他捷径可走，只有一句话说明“无他，唯手熟尔”，多做多练吧！

【例 3.1】 计算太阳和地球之间的万有引力。

分析：万有引力的计算方法是引力常量乘以两物体质量的乘积，再除以它们距离的平方。需要声明 5 个变量：引力常量、太阳质量、地球质量、距离和最后的引力。

```
public class app3_1{
  public static void main(String args[]) {
    double g, mSun, mEarth, f;                          // 变量声明时最好见名知意
    g=6.66667E-8 ;                                      // 引力常量
    mSun = 1.987E33 ;
    mEarth = 5.975E27 ;
    f = g* mSun* mEarth /(1.495E13*1.495E13);           // 距离用科学计数法表示
    System.out.println(" 它们间的引力是 "+f);
    }
}
```

【例 3.2】 输入一美元数，将它转换成人民币的数目。

分析：可以假定 100 美元＝ 642.28 元人民币，需要声明两个变量：美元为 my，此变量需要从键盘输入，相应人民币为 rmb。

```
public class app3_2{
  public static void main(String args[]) {
    double my,rmb;
    my=Double.parseDouble(args[0]);  // 在执行时需要输入一数值
    rmb=my/100*642.28;
   System.out.println(my+"$="+rmb+" ￥");
  }
}
```

编译后执行时需要命令为：java cc 100。100 为美元的值可以作相应的改变，运行结果为：

```
/*app3_2 output---
    100.0$=642.28 ￥
---------------*/
```

重点提示：main() 方法中事先申明一个可用的字符串数组 args[]，程序编写过程中可直接使用，但要注意数值类型。上题中 my 变量是 double 型，字符串转变成 double 型的方法就是 Double.parseDouble()。常用的还有 Integer.parseInt() 转换成整数、Float.parseFloat() 转换成浮点数等。用此数组需要在执行时带入相应的变量值。

【例 3.3】 求解方程 ax+b=0 的根 x。

分析：需要声明三个变量：a，b，x。其中 a，b 可以从键盘输入；x 可以通过 x=-b/a 来计算。

```
public class app3_3{
```

```
    public static void main(String args[]) {
      float a, b, x;
      a=Float.parseFloat (args[0]);
      b=Float.parseFloat (args[1]);
      x=-b/a;
     System.out.println("a="+a);
     System.out.println("b="+b);
     System.out.println("x="+x);
    }
}
```

执行时需要输入命令为：java root 4 3，表示 a 值为 4，b 值为 3。

```
/*app3_3 output---
  a=4
  b=3
  x=-0.75
-----------------*/
```

项目 3.3 选择性语句

知识汇总

程序中有些语句的执行需要条件，选择性语句用于判断给定的条件，根据判断的结果来控制程序的流程。Java 中提供了 if 和 switch 两种语句。

3.3.1 if 语句

if 语句是最常用的条件判断语句，根据 if 语句逻辑表达式的取值，决定程序的执行路线。if 单分支流程如图 3.1 所示。

if 语句格式如下：

```
if（表达式）
{
    执行（语句块 1)
}
  ......
```

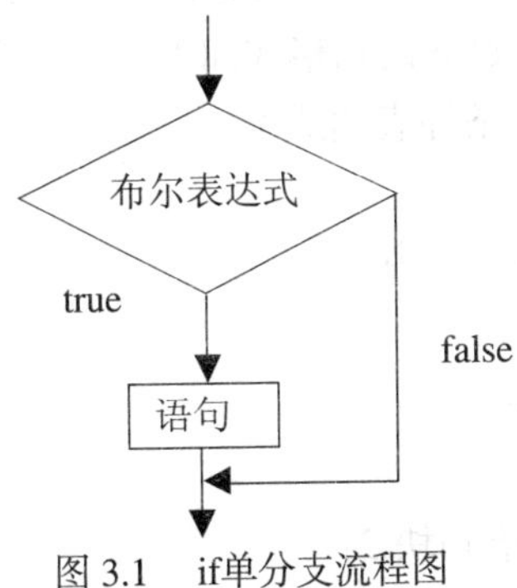

图 3.1 if单分支流程图

括号中的条件是逻辑表达式，其值若为 true 执行语句块 1，否则直接执行 if 语句的下一条语句。花括号中的多个语句被看成是一条复合语句（花括号缺省时只执行 if 下面的第一条语句）。

【例 3.4】 本程序从命令行输入一个整数作判断，若为奇数，则输出结果。

分析：判断数的奇偶性可以用本数除 2 取余的方法进行，余数为 1 是奇数，否则为偶数。

```
public class app3_4 {
```

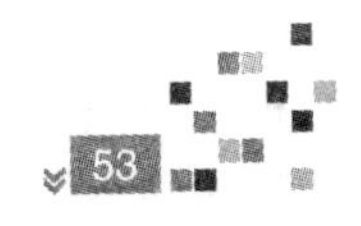

```
    public static void main(String args[])
     {
      int  x;
      x=Integer.parseInt(args[0]);
      if(x%2= =1)
     System.out.println(x+" 是奇数 "); // 此处没加 {}，因为判断后只执行一条语句
     }
}
```

【例 3.5】 从命令行输入两个数据与给定的值 50 进行比较，若大于 50，则输出结果。

注意：本题中的条件判断后一定要加 { }，以便将两条语句视为一条复合语句，如缺省，则会因 y 初始化问题出错。

```
public class app3_5
 {
   public static void main(String args[])
    {
     int  x,serial,y;
     // 执行该程序时不要忘记在命令行中给出两个参量值
    x=Integer.parseInt(args[0]);
    serial=Integer.parseInt(args[1]);
    if(x>50){
      y=x*serial;
     System.out.println("y="+y);
     }
   }
}
```

3.3.2 if-else 语句

if－else 语句则对条件进行分析，如（ ）中表达式的值为 true，则执行语句块 1，否则执行语句块 2 。if-else 语句流程如图 3.2 所示。

if-else 语句格式如下：

```
if( 条件表达式 )
{
  ( 语句块 1 )
}
else
{
 ( 语句块 2)
                    }
......
```

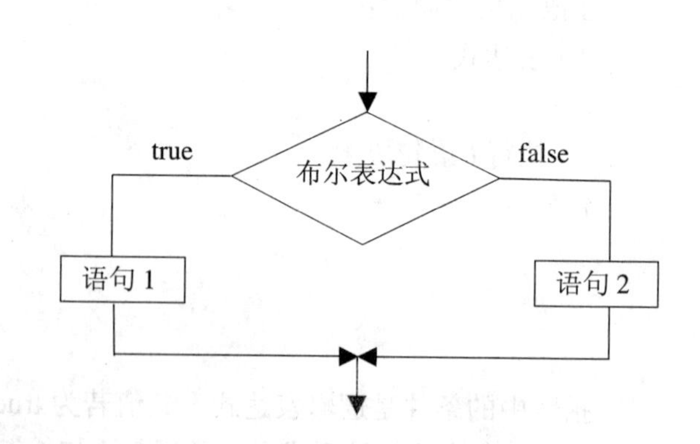

图 3.2 if-else语句流程图

括号中的条件是逻辑表达式，其值若为 true，则执行语句块 1，其值若为 false，则执行语句块 2。两种情况在完成各自的任务之后，与 if 的下一条语句汇合。

【例 3.6】 从命令行输入一个 0 到 100 的数据作为成绩，若大于 60 分，则显示通过，若小于 60，

则定为不合格。

```
public class app3_6 {
  public static void main(String args[])
   {
     float score;
     score=Float.parseFloat(args[0]);
     if(score>=60.0)
       System.out.println(" 祝贺您的考试成绩通过了！ ");
     else
        System.out.println(" 很遗憾，您的考试成绩没有通过 ");
   }
}
```

【例 3.7】 随机产生两个整数，输出其中较大的数。

分析：随机数可以使用核心包中的 Math 函数下的 random 方法，需要注意的是，此方法产生的数在 0 ~ 1 之间。

```
public class app3_7 {
    public static void main(String args[]) {
      int  x,y;
      x=(int)(Math.random()*100);
     y=(int)(Math.random()*100);
     if(x>=y)
       System.out.println("Max="+x);
     else
       System.out.println("Max="+y);
    }
}
```

3.3.3 嵌套 if 语句

所谓嵌套是指程序中存在多个 if 语句。如果一条 if 语句之后还有 if 语句，或 else 语句之后还有 if 语句，就构成了 if 条件语句的嵌套。嵌套 if 语句流程图如图 3.3 所示。

嵌套 if 语句格式如下：

```
if( 条件 )
  语句块 1
else  if( 条件 )
  语句块 2
else  if( 条件 )
  语句块 3
else  if( 条件 )
  语句块 4
 ……
else
      语句块
```

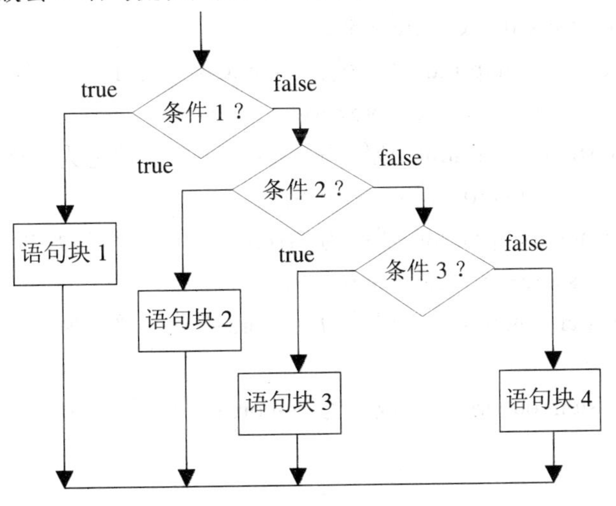

图3.3 嵌套if语句流程图

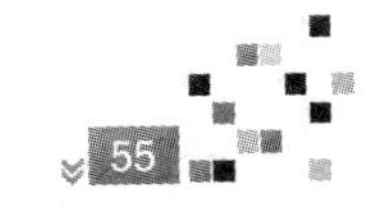

【例 3.7】 给出任意 3 个数，通过使用 if 语句嵌套，求出最大值。

分析：本次编程利用 import 调用了一个文本提示框组件，以便有输入提示。

```
import javax.swing.JOptionPane;      // 调用图形组件包
 public class app3_7{
   public static void main(String args[]){
    String str;
    double x,y,z,max;
    str=JOptionPane.showInputDialog(" 请输入第一个数 ");
    x=Double.parseDouble(str);
    str=JOptionPane.showInputDialog(" 请输入第二个数 ");
    y=Double.parseDouble(str);
    str=JOptionPane.showInputDialog(" 请输入第三个数 ");
    z=Double.parseDouble(str);
    if(x>=y & x>=z)
      max=x;
   else if(y>=x & y>=z)
      max=y;
   else
      max=z;
  System.out.println(" 最大值＝ "+max);
  System.out.exit(0);
 } }
```

【例 3.8】 给定一个 0~100 内的分数，按照下列标准评定等级并输出：0~59 为不及格，60~69 为及格，70~79 为中等，80~89 为良好，90~100 为优秀。

分析：这是一个典型的多路分支，假定成绩用 score 存储，只要判断 score 属于哪个分数段就可以了。唯一的难点是如何判断 score 属于哪个分数段。比如 92 分应当这样想，score>=90 && score<=100。

```
public class app3_8{
  public static void main(String args[]){
   int score=(int)(Math.random()*100);// 产生一个 100 以内的随机整数
   if(score>=0 && score<=59)
     System.out.println(" 成绩为 "+score+" 分，评定为不及格 ");
  else if(score>=60 && score<=69)
    System.out.println(" 成绩为 "+score+" 分，评定为合格 ");
  else if(score>=70 && score<=79)
    System.out.println(" 成绩为 "+score+" 分，评定为中等 ");
  else if(score>=80 && score<=89)
    System.out.println(" 成绩为 "+score+" 分，评定为良好 ");
  else
    System.out.println(" 成绩为 "+score+" 分，评定为优秀 ");
  }
}
```

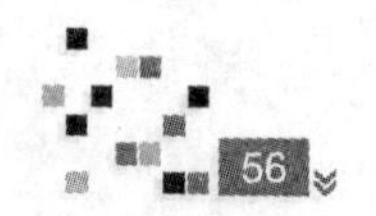

3.3.4 条件运算符

有时候分支结构也可以简化为一条语句，这就是条件运算符。格式如下：

表达式 1？表达式 2：表达式 3；

“？、：”称为条件运算符，它是三目运算符。如果“表达式 1”的值是 true，“表达式 2”的值是最终表达式的值；如果“表达式 1”的值是 false，“表达式 3”的值是最终表达式的值。

例如：

```
int min , x=4, y=20;
min=(x<y)? x : y;
```

结果是 min 取 x 和 y 中的较小值，即 min 的值是 4。

3.3.5 switch 语句

switch 关键字的中文意思是开关、转换的意思，switch 语句在条件语句中特别适合做一组变量相等的判断，在结构上比 if 语句要清晰很多。

```
Switch( 表达式 )
{  case 值 1：语句块 1；break；
   case 值 2：语句块 2；break；
   case 值 3：语句块 3；break；
……
   case 值 n：语句块 n；break；
   default:
        语句块 n+1;
}
```

switch 语句流程图如图 3.4 所示。

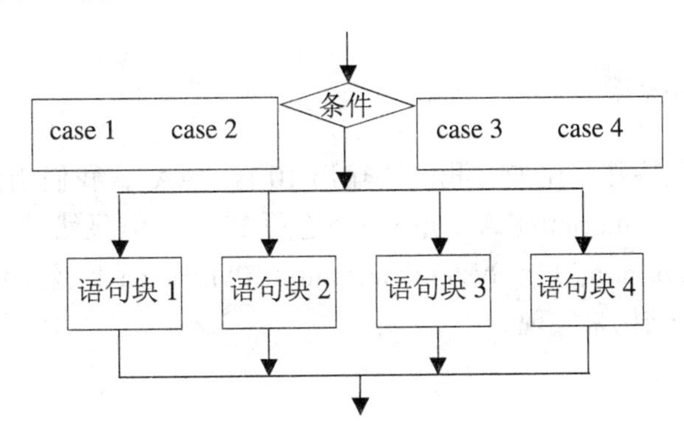

图3.4　switch语句流程图

重点提示：

（1）switch 语句中的表达式的数据类型可以是 byte，char，short，int 类型，不允许是浮点型和 long 型。

（2）根据表达式值与 case 语句后面的匹配情况决定程序执行的分支。

（3）每个 case 语句都要有 break 语句。

（4）不匹配的情况执行 default 语句。

switch 的难点是如何构建这个表达式。如题计算 |x| (x<0),x!((0<=x<20),ln(x) (x>=20) 的值，看起来很复杂，但是考虑一下此式就可以了：m=(x<0)?1:((x<20)?2:3); 很自然的就可判断出 m 的值。

【例 3.8】　通过键盘输入 1~12 整数表示月份，输出相应月份的英文单词。注意月份是在命令行中给出的。

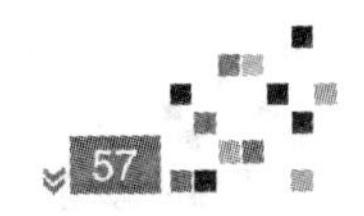

```
public class app3_8 {
    public static void main(String args[])  {
        int month=5;
        switch(month){
            case 1: System.out.println("January");break;
            case 2: System.out.println("February");break;
            case 3: System.out.println("March");break;
            case 4: System.out.println("April");break;
            case 5: System.out.println("May");break;
            case 6: System.out.println("June");break;
            case 7: System.out.println("July");break;
            case 8: System.out.println("August");break;
            case 9: System.out.println("September");break;
            case 10: System.out.println("October");break;
            case 11: System.out.println("Novenber");break;
            case 12: System.out.println("December");break;
            default: System.out.println(" 输入错误 ");
            }
    }
}
```

项目 3.4 循环语句

知识汇总

有一种编程情况很特殊，比如，我们要输出 10 行“AA”，我们当然也可以输出：System.out.println("AA");System.out.println("AA");…… ；连写 10 次，但显然没有必要；又如，分 10 行输出 1~10，System.out.println("1"); System.out.println("2");…… ；像这类结构相同或极相似的语句，我们均可以用循环结构来实现。

循环结构控制可以由 3 种循环语句实现，循环语句由循环体和循环条件两部分组成。Java 中提供了 for，do–while 和 while 3 种结构来实现。循环结构流程图如图 3.5 所示。

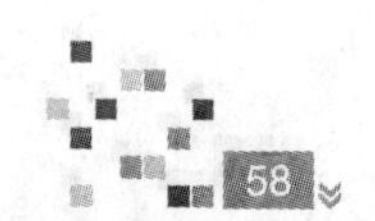

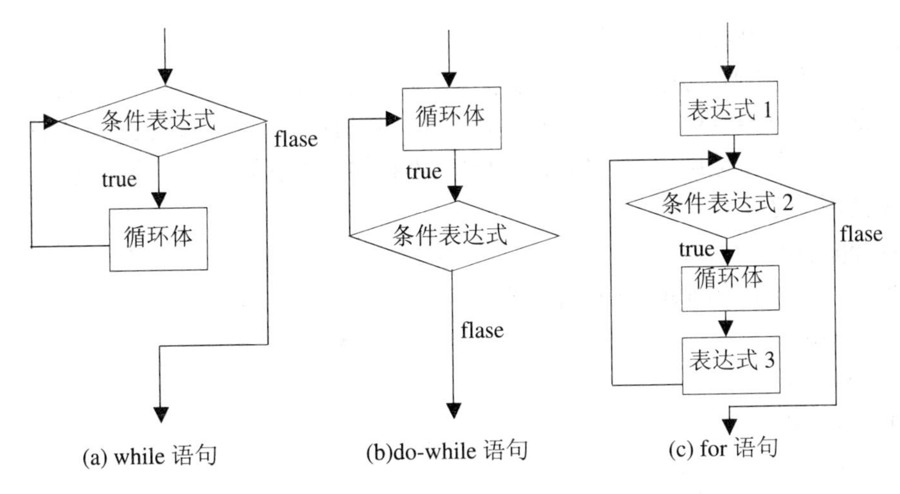

图3.5　循环结构流程图

3.4.1　for 循环

for 语句的一般形式：

```
for( 设定初值; 循环条件; 修改表达式 )
 {
  循环体
 }
```

for 语句流程图如图 3.5（c）所示。

for 语句使用时需注意以下几点：

（1）括号中的任何一个表达式都可以省略，但分号不能省略。

（2）循环体中可以有空语句。

（3）初值和修改表达式可用 {} 号得到多重表达式。

（4）for 循环最合适的是已知执行次数的循环体。

【例 3.9】　计算 1+2+3+…+100。

分析：这一题是编程中最简单的循环，但也是最有代表性的题目之一。我们要了解到 1~100 本身需要一个变量能从 1~100 变化，而 for 循环体本身恰好有这样的一个变量：循环条件。体会到这点很重要，后面的两个循环与 for 循环的主要区别也在此。在使用循环语句求和时，注意要先在循环外将求和的变量赋初值为 0。

```
public class app3_9
 {
  public static void main(String args[])
    {
     int i,sum=0;        // sum 是个初始化的变量，主要是作为求和的结果存放
     for( i=1;i<=100;i++)  // 特别提示：i 是循环条件，同时也可以作为变量使用
        sum+=i;         // 与 sum=sum+i  等价
         System.out.println("sum="+sum);
    }
 }
```

注意：充分利用 for 所自带的循环变量，就是 for 循环的最大优势。每一次循环变量 i 都会自加 1, 直到超出 100，所以一共从 1 到 100 执行了 100 次。

【例 3.10】 计算 1~100 以内的奇数和。

分析：此题和上题很相似，方法有多种。编程往往可以通过多种方法实现，学习者要加以体会。这里我们可以这样想，1+3+5+7+9+11+…+97+99，即变量 i 的值两个一变，修改表达式可以为 i=i+2，或者也可以这样想，如果是奇数则相加，如果是偶数则不相加（重点就变成了奇偶判断）。仔细看下面的两种方法，体会不同之处。

```
public class app3_10a{
    public static void main(String args[ ] ) {
     int  i, evensum;
     i=1; evensum=0;
     for(i=1;i<=100;i++){
       if(i%2!=0)
         evensum+=i;        }
      System.out.println(" 奇数和＝ "+ evensum);
       } }
public class app3_10b{
    public static void main(String args[ ] ) {
     int  i,evensum;
     i=1;oddsum=0;evensum=0;
     for(i=1;i<=100;i=i+2){
      evensum+=i;}
      System.out.println(" 奇数和＝ "+ evensum);
      }
 }
```

【例 3.11】 输入一个整数 I，并求 I 的阶乘。

分析：某个整数的阶乘是指从 1 一直乘到这个整数，如 5！＝5*4*3*2*1；所以可以用一个变量从 1 变到 5，每变一次向存储变量作一个乘法。需要注意的是，存储变量作为乘积的初始化要设置为 1。

```
import javax.swing.JOptionPane;
 public class app3_11{
  public static void main(String args[]){
    String str;
     int i,m=1;
     str=JOptionPane.showInputDialog(" 请输入 10 以内整数 I 的值 ");
     i=Integer.parseInt(str);
     for(int j=1;j<=i;j++)
             m*=j;
 System.out.println(i+"!="+m);
  }
}
```

3.4.2 while 循环和 do－while 循环

这两个结构体非常相似，都是用 while 判断条件是否满足，若条件成立，则再一次执行循环体，若条件不满足，则退出循环。while 循环语句流程图如图 3.6（a）所示。

while 语句的一般形式如下：

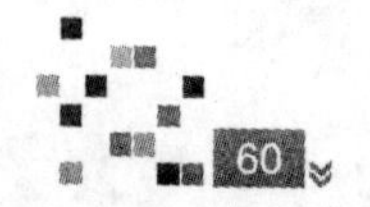

```
while(条件)
{
 循环体
}
```

do-while 循环语句流程图如图 3.6（b）所示。

do-while 语句的一般形式如下：

```
do
{
 循环体
} while(条件)
```

do-while 语句 与 while 语句的区别是：do-while 语句不管条件是否满足都先进入循环体，即先进循环体后再判断条件是否满足，最少执行一次；而 while 语句是先判断，根据条件表达式的值决定是否进入循环体，可能一次都不执行循环体。

【例 3.12】 给定一个循环变量，采用 while 语句输出循环变量的值。两种结构分别实现，当 m=4 开始时基本一样，结果也一样。

```
public class app3_12a{
    public static void main(String args[ ] ) {
     int  m=4;
     do{
       m=m-1;
      System.out.println("m = "+m);
     } while(m>0);
    } }
public class app3_12b{
    public static void main(String args[ ] ) {
     int  m=4;
     while(m>0){
        m=m-1;
      System.out.println("m = "+m); }
    } }
```

读者会发现两种结果完全一样，均输出 4 行，结果如下：

```
m=3
m=2
m=1
m=0
```

考虑初值为 m=0 时，两种循环语句执行结果有何变化？

【例 3.13】 打印正整数 1~50 中的奇数之和与偶数之和。

分析：此题和例 3.10 基本相同，思路也相同。但不同点主要在于 for 本身有一自动增加的循环变量，而 while 条件判断的两种结构均没有，必须编程者自己增加这一条语句。

```
public class app3_13{
    public static void main(String args[ ] ) {
     int  i,oddsum,evensum;
     i=1;oddsum=0;evensum=0;
```

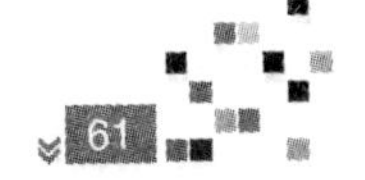

```
        do{
          if(i%2==0)
            evensum+=i;
          else
            oddsum+=i;
          }while(++i<=50);
//此句就是在判断的同时增加变量的值，相当于两句 i=i+1;i<=50
      System.out.println(" 奇数和＝ "+oddsum);
      System.out.println(" 偶数和＝ "+evensum);
      }    }
```

【例 3.14】 输入一个整数 I，并求 I 的阶乘。

分析：体会与例 3.11 的不同点，这同时也是 while 与 for 的主要区别。

```
import javax.swing.JOptionPane;
 public class app3_14{
  public static void main(String args[]){
    String str;
     int i,j=1,m=1;
     str=JOptionPane.showInputDialog(" 请输入 10 以内整数 I 的值 ");
     i=Integer.parseInt(str);
    while(j<=i)
    {
     m=m*j;
     j=j+1;        //循环变量的变化要编程者自己来写出
    }
    System.out.println(i+"!="+m);
    }
}
```

3.4.3 嵌套循环

循环嵌套是指在循环体中包含有循环语句的情况。3 种循环语句即可以自身进行嵌套，也可以相互进行嵌套构成多重循环。多重循环自内向外展开，即先执行内循环，后执行外循环。多重循环不允许相互交叉。

【例 3.15】 分别输出 1!，2!，3!，…，6!。

分析：多重循环其实不难掌握，读者可以先求内循环形成算法，再在外面加一层循环。比如例 3.11 中，已知阶乘的求法，直接在外层再加一个 1~6 的变化就可以了。

```
public class app3_15{
  public static void main(String args[]) {
       for(int i=1;i<=6;i++) {
          long m=1;// 初始化一个变量，作为阶乘的存放单位
         //下面 3 句就是求 I 的阶乘并输出
          for(int j=1;j<=i;j++)
            m*=j;
```

```
                System.out.println(i+"!="+m);
            }
        }
    }
```

【例 3.16】 输出九九乘法表。

分析：本题是多重循环的一道经典例题。我们首先要知道乘法表的格式是 1*1 = 1，1*2 = 2 等，所以格式的输出应当是 : i+"*"+j+"="+(i*j)+" "；其次可以 1 为例，当 i=1 时从 1 乘到 9，程序如下：

```
i=1;
for(int j=1;j<=9;++j){
   System.out.print(i+"*"+j+"="+(i*j)+"  ");}
```

再考虑到 i 从 1 变化到 9，也就是再加一层循环体；最后想到下三角的输出，控制一下 j<=i 和换行即可。

```
public class app3_16{
   public static void main(String args[]){
      String output="";
     for(int i=1;i<=9;++i){   //设置九九乘法表的行
       for(int j=1;j<=i;++j)  //设置九九乘法表的列
         output+=i+"*"+j+"="+(i*j)+"  ";
      output+="\n";}
   System.out.println(output);// 输出九九乘法表
   System.exit(0);
  }
}
```

项目 3.5 跳转语句

知识汇总

跳转语句即强行改变程序执行顺序的语句，其中 break 语句在 switch 语句中已得到应用。只使用 break 就只能退出内循环；要想达到从内循环体中直接跳转出外循环的目的，必需与 label 标号语句连用 。

3.5.1 break 语句

【例 3.17】 计算 1+2+3+… 直到所加和大于 1 000 为止。

分析：此处 for 的 3 个条件少了一个截止语句，如果不加以控制会形成死循环，所以在程序中可以使用 break 作跳出的控制，当 m>1 000 时程序结束。

```
public class app3_17 {
  public static void main(String args[])
  {
      int i,m=0;
```

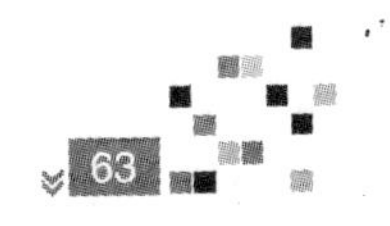

```
      for( i=1;;i++) // 少一语句，但 ";" 不能省略
      {
        m+=i;
        if(m>1000) break;
      }
    System.out.println("i="+i+" 结果 ="+m);
   }
  }
```

【例 3.18】 求解 2~100 之间的素数（素数是指除了能被 1 和自身整除外，不能被其他数所整除的数）。

分析：素数的判断可以这样想，比如 37，我们从 2 开始一个个地除，一直到 37 的一半，如果均不能整除，也就是所有的余数均不等于 0，就表示 37 是素数，否则只要有一个数能被整除，就用 break 跳出，从而进入下一个数的判断。

在循环体中，如果自然数 n 能够被指定范围的数整除，那么这个数就不是素数，使用 break 语句从循环体退出，再试下一个。

```
public class app3_18
 {
  public static void main(String args[])
    {
     int i,j,half,n;
     for( i=2;i<100;i++)
      {
        n=i;
        half=n/2;
        for(j=2;j<=half;j++)
          if(n%j==0 ) break;
        if(j>half)
       System.out.println(" 素数 ="+i);
      }
  } }
```

3.5.2 continue 语句

break 语句在程序还没有执行完循环时，强行退出循环，执行循环体后面的语句。而 continue 语句只结束本次循环，即本次循环不再执行 continue 语句后面的语句，继续执行下一次循环语句或循环判定。

【例 3.19】 输出 1~5 除了 3 以外的数。

```
public class app3_19{
   public static void main(String args[]){
     for(int i=1;i<=5;i++){
       if(i==3)
         continue;
      else
       System.out.println("i="+i);
```

```
      }
    }
  }
```

【例 3.20】 求当0<n<20时，n! 大于100而小于2 000的n值。

```
public class app3_20{
    public static void main(String args[]){
      int n=1,m=1;
      for(n=1; n<20; n++){
       m*=n;
       if(m<=100) continue;
       else
         if(m>2000) break;
           System.out.println(n-1);
      }
    }
  }
```

重点串联

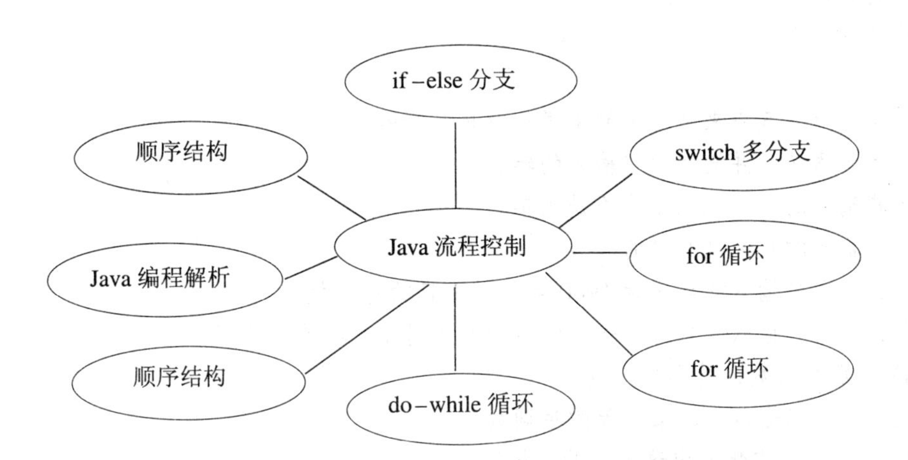

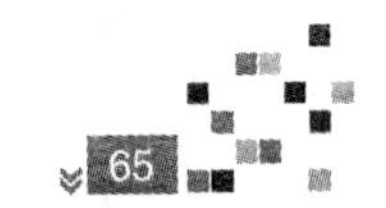

拓展与实训

技能实训

技能训练 3.1：制作电子万年历。

任务：完成如下所示的万年历系统。

************* 欢 迎 使 用 万 年 历 ********************

请选择年份：2012

请选择月份：5

2012 年是闰年　5 月共 31 天

星期日	星期一	星期二	星期三	星期四	星期五	星期六
		1	2	3	4	5
6	7	8	9	10	11	12
13	14	15	16	17	18	19
20	21	22	23	24	25	26
27	28	29	30	31		

技能目标：

1. 掌握闰年的算法。
2. 掌握每月天数的判断。
3. 掌握格式的输出。

实现代码：

万年历其实可分为 5 步来做，下面来详细分析其步骤：

①先输出提示语句，并接受用户输入的年、月。

②根据用户输入的年，先判断是否是闰年。

③根据用户输入的月来判断月的天数。

④用循环计算用户输入的年份距 1900 年 1 月 1 日的总天数。

⑤用循环计算用户输入的月份距输入的年份的 1 月 1 日共有多少天。

⑥相加 D 与 E 的天数，得到总天数。

⑦用总天数来计算输入月的第一天的星期数。

⑧根据 G 的值，格式化输出这个月的日历！

```
import java.util.*;
public class Calendar{
public static void main(String[] args)
{
    Scanner input = new Scanner(System.in);
     int year,month;   // 声名变量年，月，日
     System.out.println("************* 欢 迎 使 用 万 年 历 ********************\n");
    System.out.print(" 请选择年份：");
    year = input.nextInt();
    System.out.print("\n");
    System.out.print(" 请选择月份：");
```

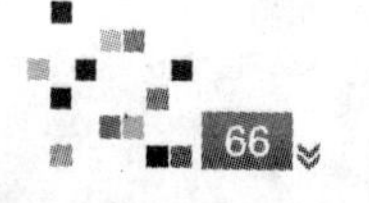

```
month = input.nextInt();
System.out.print("\n");


if((year%4 == 0 && year%100 != 0) ||year%400 == 0)  // 判断年份是闰年还是平年开始
{
  System.out.print(year + " 是闰年 \t");
}else{
  System.out.print(year + " 是平年 \t");
}                              // 判断年份是闰年还是平年结束

switch(month)          // 判断输入的月份的天数开始
{
case 1:
 System.out.print(month + " 月共 31 天 ");
 break;
case 3:
 System.out.print(month + " 月共 31 天 ");
 break;
case 5:
 System.out.print(month + " 月共 31 天 ");
 break;
case 7:
 System.out.print(month + " 月共 31 天 ");
 break;
case 8:
 System.out.print(month + " 月共 31 天 ");
 break;
case 10:
 System.out.print(month + " 月共 31 天 ");
 break;
case 12:
 System.out.print(month + " 月共 31 天 ");
 break;
case 4:
 System.out.print(month + " 月共 30 天 ");
 break;
case 6:
 System.out.print(month + " 月共 30 天 ");
 break;
case 9:
 System.out.print(month + " 月共 30 天 ");
 break;
```

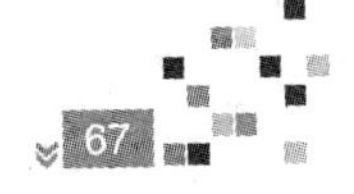

```
        case 11:
         System.out.print(month + " 月共 30 天 ");
         break;
        case 2:
         if((year%4 == 0 && year%100 != 0) ||year%400 == 0)
         {
          System.out.print(month + " 月共 29 天 ");
         }else{
          System.out.print(month + " 月共 28 天 ");
         }
         break;
        }           // 判断输入的月份的天数结束

        int tianshuN = 0,tianshuY = 0,tianshu;  /*tianshuN 表示输入年份到 1900 年经过 // 的天数;
tianshuY 表示当年 1 月 1 号到输入月份的天数（不包括当月）*/

       for (int n=1900;n<year;n++)  // 输入年份到 1900 年经过的天数和计算开始
       {
        if((n%4 == 0 && n%100 != 0) ||n%400 == 0)
        {
         tianshuN = tianshuN + 366;
        }else
         {
          tianshuN = tianshuN + 365;
         }
       }          // 输入年份到 1900 年经过的天数和计算结束


       for (int y=1;y<month;y++) // 当年 1 月 1 号到输入月份经过的天数（不包含当月）和计算开始
       {
        switch(y)
        {
        case 1:
         tianshuY = tianshuY +31;
         break;
        case 3:
         tianshuY = tianshuY +31;
         break;
        case 5:
         tianshuY = tianshuY +31;
         break;
        case 7:
         tianshuY = tianshuY +31;
```

```
    break;
  case 8:
    tianshuY = tianshuY +31;
    break;
  case 10:
    tianshuY = tianshuY +31;
    break;
  case 12:
    tianshuY = tianshuY +31;
    break;
  case 4:
    tianshuY = tianshuY +30;
    break;
  case 6:
    tianshuY = tianshuY +30;
    break;
  case 9:
    tianshuY = tianshuY +30;
    break;
  case 11:
    tianshuY = tianshuY +30;
    break;
  case 2:
    if((year%4 == 0 && year%100 != 0) ||year%400 == 0)
    {
     tianshuY = tianshuY + 29;
   }else{
     tianshuY = tianshuY + 28;
   }
  break;
 }

  } //当年 1 月 1 号到输入月份经过的天数（不包含当月）和计算结束

  tianshu =tianshuN + tianshuY; /* 输入年份和月份到 1900 年 1 月 1 号经过的天数（不包含当月）
和计算 */

  System.out.println("\n");
  System.out.println(" 星期日 \t 星期一 \t 星期二 \t 星期三 \t 星期四 \t 星期五 \t 星期六 ");
  System.out.print("\n");
   int xingqiji = 1 + tianshu%7;       // 判断并在当月 1 号星期几
    if(month==1||month==3||month==5||month==7||month==8||month==10||month==12)/* 判断输入的
月份是不是大月 */
```

```
{
for(int j = 0 ;j < xingqiji;j++) // 判断并在当月 1 号前输出空格开始
{
 if(xingqiji==7)               // 如果当月 1 号是星期天就不在前面打空格
 {
  System.out.print("");
 }else{
  System.out.print("\t");
 }
}                              // 判断并在当月 1 号前输出空格结束

for(int t=1;t<=31;t++)         // 输出当月的日历表开始
{
 if((tianshu+t)%7==6)          // 判断哪天是星期六，输出并换行
 {
  System.out.print(t + "\n");
  continue;
 }
 System.out.print(t + "\t");
}
}
if(month==4||month==6||month==9||month==11)  // 判断输入的月份是不是小月（不包含 2 月）
{
for(int j = 0 ;j < xingqiji;j++) // 判断并在当月 1 号前输出空格开始
{
 if(xingqiji==7)               // 如果当月 1 号是星期天就不在前面打空格
 {
 System.out.print("");
 }else{
 System.out.print("\t");
 }
}                              // 判断并在当月 1 号前输出空格结束


for(int t=1;t<=30;t++)         // 输出当月的日历表开始

 if((tianshu+t)%7==6)          // 判断哪天是星期六，输出并换行
 {
 System.out.print(t + "\n");
 continue;
 }
System.out.print(t + "\t");
}
```

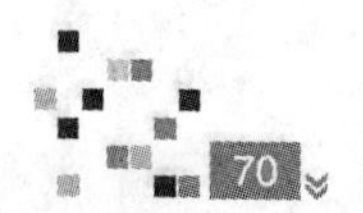

```
    }

    if(month==2)
    {
     for(int j = 0 ;j < xingqiji;j++)  // 判断 2 月 1 号星期几，并在前面输出相应的空格
     {
      if(xingqiji==7)
      {
       System.out.print("");
      }else{
       System.out.print("\t");
      }
     }

     if((year%4 == 0 && year%100 != 0) ||year%400 == 0) /* 判断 2 月份的天数，并输出当月的日历
表开始 */
     {
      for(int t=1;t<=29;t++)
      {
       if((tianshu+t)%7==6)
       {
        System.out.print(t + "\n");
        continue;
      }
     System.out.print(t + "\t");
      }
    }else{
     for(int t=1;t<=28;t++)
     {
      if((tianshu+t)%7==6)
      {
       System.out.print(t + "\n");
       continue;
       }
       System.out.print(t + "\t");
     }
    } }
   }
   }
```

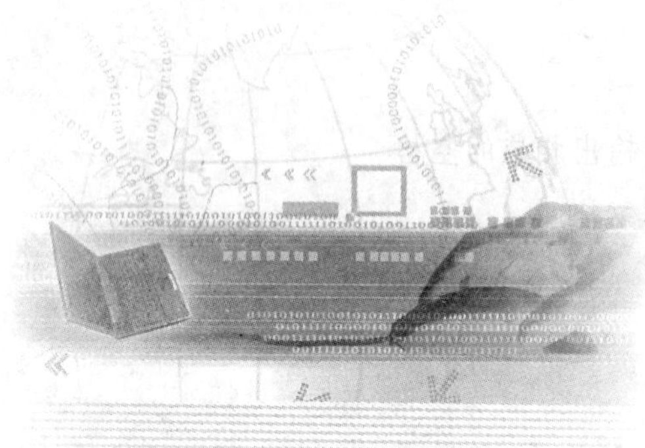

模块4 数组及函数

教学聚焦

- ◆ 一维数组
- ◆ 二维数组
- ◆ 函数的基本概念
- ◆ 函数的重载

知识目标

- ◆ 掌握数组变量的声明
- ◆ 重点掌握数组对象的创建及初始化
- ◆ 熟悉数组元素的赋值
- ◆ 数组排序
- ◆ 数组元素的搜索
- ◆ 数组元素的比较
- ◆ 熟悉简单函数的使用
- ◆ 掌握函数的递归调用

技能目标

- ◆ 能使用数组处理元素的排序、比较、搜索等问题
- ◆ 能进行函数的定义
- ◆ 会使用递归方法调用函数

课时建议

20 学时

项目 4.1 一维数组

知识汇总

数组是一个变量，是存储相同数据类型的一组数据；数组是有序数据的集合，数组中的每个元素具有相同的类型，数组名和下标唯一地确定数组中的元素。数组有一维数组和多维数组，使用时要先声明后创建。当数组的下标为一维时，就是一维数组，一维数组能解决同一类型数据的输入、元素大小的比较与排序等问题。

4.1.1 一维数组的声明与内存分配

（1）声明数组。其实质是告诉计算机数据类型是什么？

（2）声明格式。

格式 1：数据类型　数组名 [ ]；

格式 2：数据类型 [ ]　数组名；

（3）实例。

```
int[ ] score1;        //Java 成绩
int score2[ ];        //C# 成绩
String[ ] name;       // 学生姓名
……
```

（4）分配空间。告诉计算机分配几个内存空间。

数组属于引用数据类型。

例如：

```
score = new int[30];
avgAge = new int[6];
name = new String[30];
```

4.1.2 数组总元素的表示方法

声明数组并分配空间：

数据类型 [ ] 数组名 = new 数据类型 [大小];

例如：String name=new String[30];

4.1.3 数组初值的设定

数组初值的设定，即向分配的格子里放数据。

```
score[0] = 89;
score[1] = 79;
score[2] = 76;
……
```

问题：这样太麻烦了，能不能一起赋值呢？

解决方法 1: 边声明边赋值。例如：

```
int[ ] score = {89, 79, 76};
```

或 int[ ] score = new int[ ]{89, 79, 76};

解决方法 2：动态地从键盘录入信息并赋值。

```
Scanner input = new Scanner(System.in);
for(int i = 0; i < 30; i ++){
score[i] = input.nextInt();
}
```

例如编写程序，从命令行读入 10 个整数，找出其最大的数并输出。我们用 if-else 语句编写了实现从 3 个数中找最大的数的程序，现在要从 10 个数中找出最大数，再用 if-else 语句的嵌套编写则显得很复杂。把这些数保存在数组中，便于用循环来访问，程序可以写得很简单。

```
/* 文件名: Maxof10.java
 * Copyright (C): 2012
* 功能: 找出 10 个数中最大的数
*/
public class Maxof10{
   public static void main(String args[]){
        int arr[] = new int[10];
        int i,max;
        for (i=0;i<10;i++)// 读入 10 个数并保存
           arr[i] = Integer.parseInt(args[i]);
           // 假设一个最大数
          max = arr[0];
           // 找最大数
         for (i=0;i<10;i++)
             if (max<arr[i])
               max = arr[i];
            // 输出最大数
  System.out.print(" 最大数是：" + max);
  }
}
```

程序运行结果如图 4.1 所示。

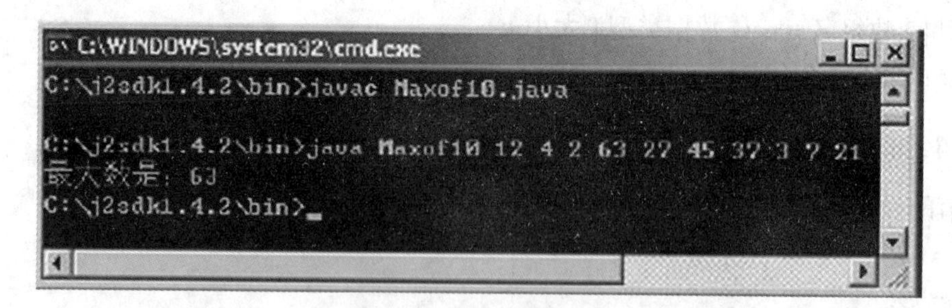

图 4.1　运行结果

项目 4.2 二维数组

知识汇总

Java 将多维数组看作数组的数组。例如，二维数组就是一个特殊的一维数组，它的每个元素是一个一维数组。可以用二维数组来表示一个矩阵，即

$$\begin{bmatrix} 1 & 2 & 3 \\ 4 & 5 & 6 \\ 7 & 8 & 9 \end{bmatrix}$$

在通常情况下，用二维数组的第一维代表行，第二维代表列。如果定义了一个二维数组 a，矩阵的第一行可用 a[0][0]，a[0][1]，a[0][2] 保存。同样，a[1][0]，a[1][1]，a[1][2] 保存第二行，a[2][0]，a[2][1]，a[2][2] 保存第三行。

二维数组可以继续延伸到三维，甚至更多维数，即多维数组。二维数组也是多维数组的一种。

4.2.1 二维数组的声明与内存分配

1. 二维数组声明

（1）格式。

type[][] arrayName; 或 type arrayName[][];

（2）说明。

其中，type 表示数据类型；arrayName 表示数组名称。同理，声明三维数组时需要 3 对中括号，中括号的位置可以在数据类型的后面，也可以在数组名称的后面，其他的依此类推。

（3）实例。

int[][] map;char c[][];

和一维数组一样，数组声明以后在内存中没有分配具体的存储空间，也没有设定数组的长度。需要用 new 为数组申请内存空间，以二维数组为例。

（4）语法格式。

arrayName = new type[第一维的长度][第二维的长度];

示例代码：

```
byte[][] b = new byte[2][3];
int m[][];
m = new int[4][4];
```

和一维数组一样，内存的申请可以和数组的声明分开，申请内存时需要指定数组的长度。在默认情况下，使用这种方法的第二维的长度都是相同的。Java 允许第二维的长度不同，如果需要第二维长度不一样的二维数组，可以使用以下格式：

```
int n[][];
n = new int[2][]; // 只初始化第一维的长度
// 分别初始化后续的元素
n[0] = new int[4];n[1] = new int[3];
```

在定义第一维的长度时，把数组 n 看成一个一维数组，定义其长度为 2，则数组 n 中包含的两个

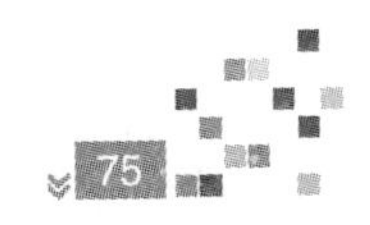

元素分别是 n[0] 和 n[1]，这两个元素分别是一个一维数组。后面使用一维数组分别定义 n[0] 和 n[1]。

4.2.2 二维数组的引用与访问

1. 多维数组初始化

以二维数组的初始化为例，说明多维数组初始化的语法格式。示例代码如下：

```
int[][] m = {{1,2,3},{4,5,6},{7,8,9}} ;
```

在二维数组初始化时，使用大括号嵌套实现。在最里层的大括号内部书写数字的值。数值和数值之间使用逗号分隔，内部的大括号之间也使用逗号分隔。由该语法可以看出，内部的大括号其实就是一个一维数组的初始化，二维数组只是把多个一维数组的初始化组合起来。

2. 二维数组的引用

对于二维数组来说，由于它有两个下标，所以引用数组元素值的语法格式为：

数组名 [第一维下标][第二维下标]

该表达式的类型和声明数组时的数据类型相同。例如，引用二维数组 m 中的元素时，使用 m[0][0] 引用数组中第一维下标是 0，第二维下标也是 0 的元素。这里第一维下标的区间是 0 到第一维的长度减 1，第二维下标的区间是 0 到第二维的长度减 1。

多维数组也可以获得数组的长度，但是使用数组名 .length 获得的是数组第一维的长度。

如果需要获得二维数组中总的元素个数，可以使用以下代码：

```
int[][] m = {{1,2,3,1},{1,3},{3,4,2}};
int sum = 0;
for(int i = 0;i < m.length;i++) // 循环第一维下标
 sum += m[i].length; // 第二维的长度相加
```

在代码中，m.length 代表 m 数组第一维的长度，内部的 m[i] 指每个一维数组元素，m[i].length 是 m[i] 数组的长度，把这些长度相加就是数组 m 中总的元素个数。

例如，使用二维数组描述多个学生的信息。

```
public class MultiArray{
  public static void main(String[] args){
     String[][] stus=new String[3][3];
     stus[0]=new String[]{"01"," 张三 ", "18"};
     stus[1]=new String[]{"02"," 李四 ", "19"};
     stus[2]=new String[]{"03"," 王五 ", "20"};
    System.out.println(" 学号 \t 姓名 \t 年龄 ") ;
    for(int j=0;j<stus.length;j++)
     { for(int i=0;i<stus[j].length;i++)
         System.out.print(stus[j][i]+" \t" );
      System.out.println();
    }
  }
}
/* app4_2 output---------------------
   学号  姓名  年龄
   01   张三  18
   02   李四  19
   03   王五  20
   ------------------------------*/
```

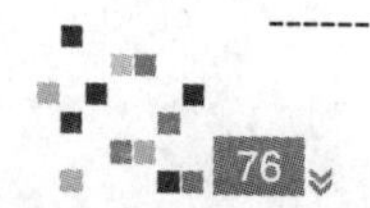

项目 4.3 函数的基本概念

知识汇总

1. 函数的的定义与声明

Java 函数就是定义在 Java 类中的具有特定功能的一段独立程序，也称为方法。 注意：函数是定义在类中，而不能在函数中定义函数。函数定义的格式如下：

```
修饰符 返回值类型 函数名（参数类型 形式参数 1，参数类型 形式参数 2，…）{
    执行语句；
    return 返回值；
}
```

2. 函数的特点

定义函数可以将功能代码进行封装；便于对功能代码进行复用；函数只有被调用才会被执行；函数的出现提高了代码的复用性；对于函数运算后，没有具体的返回值时，返回值类型用关键字 void 表示，而且如果函数中的 return 语句如果在最后一行，则可以省略不写。

3. 注意

函数中只能调用函数，不可以在函数内部定义函数。也就是说，函数之间是平级的，没有包含关系，只有调用动作；定义函数时，函数的结果应该返回给调用者，交由调用者处理。

4. 函数的应用

函数体现的是一个独立的功能，所以在定义函数之前要有“两个明确”：

（1）明确该功能的运算结果，目的是为了明确参数的返回值类型。

（2）明确在定义该功能的过程中是否有未知的内容参与运算。也就是说，函数的具体内容我们是否能完全独立实现，还是要依赖调用者给我们的一些值才能具体实现。其目的是为了明确函数的参数列表（参数的类型和参数的个数）。

4.3.1 简单的例题

例如：

```
public void setName(String name){
this. name=name ;
}
```

此例中，定义了方法 setName()。

4.3.2 方法的参数与返回值

在方法调用时，需要根据方法声明传入适当的参数，通过每次调用方法时传入适当的参数，极大地增强了方法的统一性，避免了方法内部功能代码的重复。

方法的返回值，要注意在程序的任何一个分支中都必须有返回值。若方法无返回值时，在方法中也必须写上 void。

4.3.3 参数的传递

在参数传递时，一般存在两种参数传递的规则，在 Java 语言中也是这样，这两种方式依次如下。

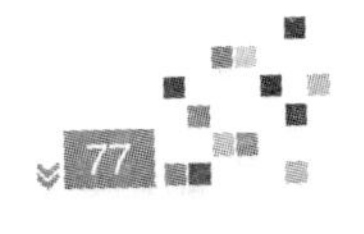

1. 按值传递

按值传递 (By Value) 指每次传递参数时，把参数的原始数值拷贝一份新的，把新拷贝出来的数值传递到方法内部，在方法内部修改时，则修改的是拷贝出来的值，而原始的值不发生改变。

说明：使用该方式传递的参数，参数原始的值不发生改变。

2. 按址传递

按址传递 (By Address) 指每次传递参数时，把参数在内存中的存储地址传递到方法内部，在方法内部通过存储地址改变对应存储区域的内容。由于在内存中固定地址的值只有一个，所以当方法内部修改了参数的值以后，参数原始的值发生改变。

说明：使用该方式传递的参数，在方法内部修改参数的值时，参数原始的值也发生改变。

在 Java 语言中，对于哪些数据类型是按值传递，哪些数据类型是按址传递都作出了硬性规定，如下所示：

（1）按值传递的数据类型：8 种基本数据类型和 String。

（2）按址传递的数据类型：除 String 以外的所有复合数据类型，包括数组、类和接口。按照这里的语法规则，则下面的代码中变量 m 的类型是 int，属于按值传递，所以在方法内部修改参数的值时，m 的值不发生改变，而 a 的类型是数组，属于按址传递，所以在方法内部修改参数的值时，原始的值发生改变。

按值传递和按址传递在实际使用时需要小心使用，特别是在方法内部需要修改参数的值时。有些时候，对于按值传递的参数需要修改参数的值，或者按址传递时，不想修改参数的值。下面是实现这两种方式时的示例代码。

按值传递时通过返回值修改参数的值：

```
/**
 * 按值传递的类型通过返回值修改参数的值
 */
public class TransferValueDemo1 {
    public static void main(String[] args) {
        int m = 10;
        m = test1(m);   // 手动赋值
        System.out.println(m);
    }
    public static int test1(int n){
         n = 15;
    return n;
    }
}
```

运行结果如下：

```
/* app4_3 output----------------------
15
-----------------------------------*/
```

在该示例代码中，通过把修改以后的参数 n 的值返回来为变量 m 赋值，强制修改按值传递参数的值，从而达到修正参数值的目的。

按址传递时通过重新生成变量避免修改参数的值：

```
/**
 * 按址传递时通过重新生成变量避免修改参数的值
```

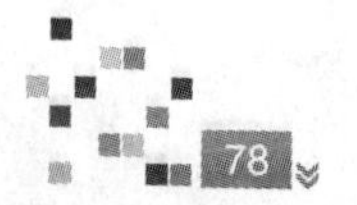

```
*/
public class TransferValueDemo2 {
    public static void main(String[] args) {
        int[] a = {1,2,3};
        test2(a);
        System.out.println(a[0]);
    }
  public static void test2(int[] m){
      int[] n = new int[m.length];
      for(int i = 0;i < m.length;i++){
       n[i] = m[i];
      }
     n[0] = 10;
  }
}
```

运行结果如下：

```
/*app4_4 output----------------------
   1
----------------------------------*/
```

在该示例代码中，通过在方法内部创新创建一个数组，并且把传入数组中每个参数的值都赋值给新创建的数组，从而实现复制数组内容，然后再修改复制后数组中的值时，原来的参数内容就不发生改变了。

这里系统地介绍了 Java 语言中参数传递的规则，深刻理解这些规则将可以更加灵活地进行程序设计。例如，使用复合数据类型按址传递的特性可以很方便地实现多参数的返回，代码示例如下：

```
public int test3(int[] m,int[] n){ … }
```

在该方法中，实际上返回了 3 个值，一个是 int 的返回值，一个是数组 m 的值，还有一个是数组 n 的值，这只是参数传递的一种基本使用方法，在 JDK 提供的 API 文档中也可以使用该方法。

4.3.4 递归

递归解决逻辑问题的基本思想是：把规模大的、较难解决的问题变成规模较小的、易解决的同一问题。规模较小的问题又变成规模更小的问题，并且小到一定程度可以直接得出它的解，从而得到原来问题的解。

项目 4.4 函数的重载

知识汇总

重载指在同一个类中，允许存在一个以上的同名函数，只要这些同名函数的参数个数或者参数类型不同即可。

重载的特点：与返回值类型无关，只和参数列表有关，即 JVM 是通过参数列表来区分函数的。而参数列表相同，但返回值类型不同的同名函数不能同时存在与一个类中。

重载既方便了于阅读，又优化了程序设计。

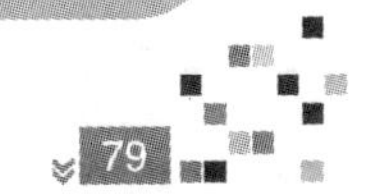

4.4.1 重载的概念

方法重载 (Overload) 是一种语法现象，Java 中的方法重载，是指在类中可以创建多个方法，它们具有相同的名字，但参数的个数不同或参数的类型不同。调用方法时通过传递给它们的不同个数和类型的参数来决定具体使用哪个方法。例如，以下是定义了一个方法名为 method，但有不带参数的、带一个整型参数和带两个参数的方法，它们属于方法重载。

以下是方法重载的示例：

```
public void method(int a){}
public int    a(){}
public String a(int a,String s){}
```

在以上示例方法中，方法的名称都是 method，而参数列表却各不相同，这些方法实现了重载的概念。但是仔细观察可以发现，这些重载方法的返回值不尽相同，因为返回值类型和方法的重载无关。

4.4.2 使用重载时常犯的错误

在通常情况下，重载的方法在访问控制符、修饰符和返回值类型上都保持相同，这不是语法的要求，只是将这些制作成一致以后，便于实际使用。

但要注意方法名相同，但方法的返回值类型不同不是方法重载；方法的参数个数不同是方法重载；方法的参数个数相同但参数类型不同也属于方法重载。

4.4.3 程序执行的起始点——main()

Java 程序由一个或一个以上的类组合而成，其中程序执行的起点为 main() 方法，它必须编写在 public 类内。如果读者对 C 语言有些了解，Java 的 main () 方法类似于 C 语言中的主函数，没有它，程序无法启动，因此，每一个 Java 程序必须有一个 main() 方法，而且只能有一个。通常看到的 main() 语句如下：

```
public static void main(String args[]) // 主程序的开始
{
……
}
```

4.4.4 函数重载的实例

```
public class OverloadDemo1{
  // 定义一个带有一个参数的方法
  public void out(int i)  {
      System.out.println(" 这是调用带一个参数的方法的输出结果 :"+i);
  }
  // 定义一个带有两个参数的方法
 public void out(int i,int j){
     System.out.println(" 这是调用带两个参数的方法的输出结果 :"+ (i+j));
 }
 public static void main(String args[]){
      OverloadDemo1 dem=new OverloadDemo1();// 实例化一个对象
      dem.out(10);// 调用带有一个参数的方法
      dem.out(5,9);// 调用带有两个参数的方法
```

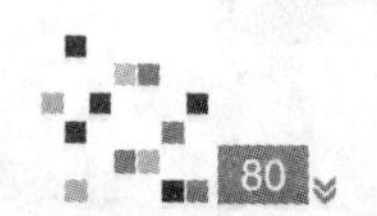

```
  }
}
```

程序运行结果：

```
/* app4_5 output----------------------
这是调用带一个参数的方法的输出结果：10
这是调用带两个参数的方法的输出结果：14
----------------------------------*/
```

从上面的例子可以看到，一个类里面有两个名字相同的方法，但是参数数量却不一样，这种情况就称为方法的重载。重载不仅仅只涉及参数数量不同，还有参数的类型。例如：

```
public class OverloadDemo2{
  // 字符串的连接的函数
  public void add(String str1,String str2){
      System.out.println(" 调用字符串连接的方法 :"+(str1+str2));
  }
   // 重载成两个整数相加的函数
public void add(int i,int j){
   System.out.println(" 调用两个整数相加的函数 :"+ (i+j));
 }
public static void main(String args[])
  {
   OverloadDemo2 dem=new OverloadDemo2();
   dem.add("hello"," 你好 ");
   dem.add(5,9);
  }
}
```

程序的运行结果如下：

```
/* app4_6 output----------------------
调用字符串连接的方法：hello 你好
调用两个整数相加的函数：14
----------------------------------*/
```

方法重载的注意事项：

（1）方法名一定要相同。

（2）方法的参数表必须不同，包括参数的类型或个数，以此区分不同的方法体。

（3）如果参数个数不同，就不管它的参数类型了！

（4）如果参数个数相同，那么参数的类型或者参数的顺序必须不同。

（5）方法的返回类型、修饰符可以相同，也可不同。

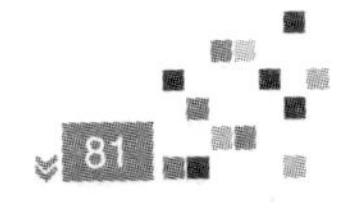

重点串联

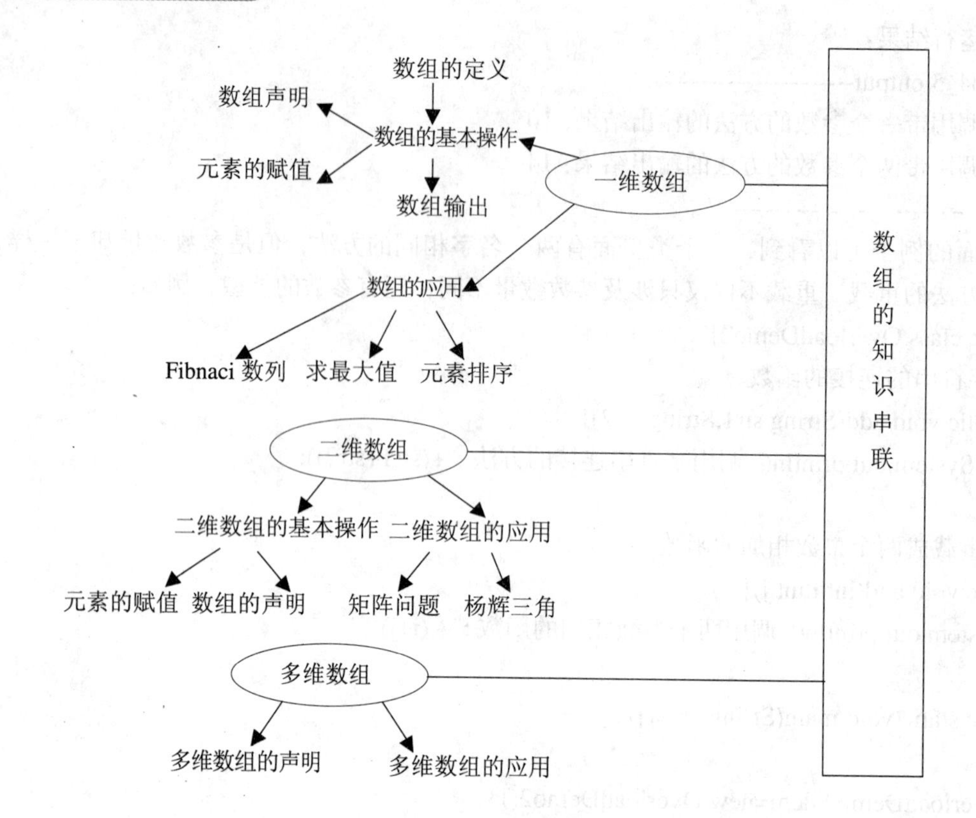

数组的定义
数组声明
数组的基本操作
元素的赋值
数组输出
一维数组
数组的应用
Fibnaci 数列
求最大值
元素排序
二维数组
二维数组的基本操作
二维数组的应用
元素的赋值
数组的声明
矩阵问题
杨辉三角
多维数组
多维数组的声明
多维数组的应用
数组的知识串联

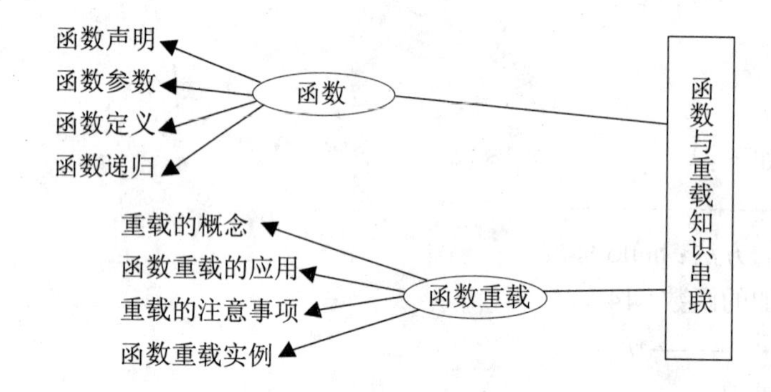

函数声明
函数参数
函数定义
函数递归
函数
重载的概念
函数重载的应用
重载的注意事项
函数重载实例
函数重载
函数与重载知识串联

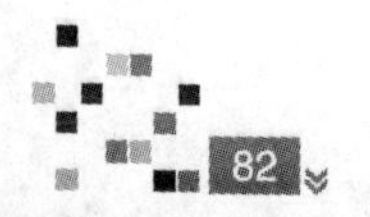

拓展与实训

技能实训

技能训练 4.1：斐波那契数列的输出

任务：斐波那契数列的输出。

斐波纳契数列（Fibonacci Sequence），又称黄金分割数列，指的是这样一个数列：1，1，2，3，5，8，13，21，…在数学上，斐波纳契数列以如下被以递归的方法定义：F0=0，F1=1，Fn=F(n-1)+F(n-2)（n>=2，n ∈ N*）。

技能目标：

将变量、一维数组、递归函数等方法应用到此任务中，对比 3 种方法各自的优越性及不足。

实现代码：

方法 1：用 do-while 输出 Fibonacci 数列。

```
public class Fib{
    public static void main(String args[]){
        short i=0,j=1;
        do{
            System.out.print(""+i+""+j);
            i=(short)(i+j);
            j=(short)(i+j);
        }while(i>0);
        System.out.println();
    }
}
```

方法 2：用一位数组保存 Fibonacci 序列值。

```
public class Fib_array{
    public static void main(String args[]){
        int n=25,i;
        int fib[]=new int[n];
        fib[0]=0;
        fib[1]=1;
        for(i=2;i<n;i++)
        fib[i]=fib[i-1]+fib[i-2];
        for(i=0;i<fib.length;i++)
        System.out.print(""+fib[i]);
        System.out.println();
    }
}
```

方法 3：Fibonacci 数列的递归算法。

```
public class Fib_ra{
    public static int fibonacci(int n){
```

```
            if(n>=0)
                if(n==0||n==1)
                    return n;
                else
                    return fibonacci(n-2)+fibonacci(n-1);
            return -1;
        }
        public static void main(String args[]){
            int m=25,n;
            int fib[]=new int[m];
            for(n=0;n<m;n++)
            fib[n]=fibonacci(n);
            for(n=0;n<fib.length;n++)
            System.out.print("  "+fib[n]);
            System.out.println();
        }
    }
```

程序运行结果如下：

```
/* ex4_1 output----------------------
0  1 1 2 3 5 8 13 21 34 55 89 144
233         377 610 987 1597 2584 4181 6765 10946
17711 28657
---------------------------------*/
```

技能训练 4.2：矩阵的乘法

任务：编写矩阵相乘的方法。可以用二维数组来表示一个矩阵，即

$$\begin{bmatrix} 1 & 2 & 3 \\ 4 & 5 & 6 \\ 7 & 8 & 9 \end{bmatrix}$$

在通常情况下，用二维数组的第一维代表行，第二维代表列。如果定义了一个二维数组 a，矩阵的第一行可用 a[0][0]，a[0][1]，a[0][2] 保存。同样，a[1][0]，a[1][1]，a[1][2] 保存第二行，a[2][0]，a[2][1]，a[2][2] 保存第三行。

技能目标：学会用二维数组处理矩阵的问题。

实现代码：

1. 用二维数组实现矩阵。

```
/* 文件名：Matrix.java
 * Copyright (C): 2012
 * 功能：建立一个矩阵并输出
 */
class Matrix{
  public static void main(String args[]) {
    int [][] a={{1,2,3},{4,5,6},{7,8,9}};
    for (int i=0;i<a.length ;i++ ) {
```

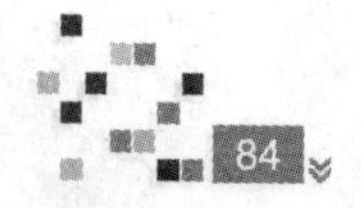

```
        for (int j=0;j<a[i].length ;j++ ) {
            System.out.print(a[i][j]+" ");
        }
        System.out.println();
      }
    }
}
/* ex4_2 output---------------------
      1 2 3
      4 5 6
      7 8 9
 ---------------------------------*/
```

2. 编写矩阵相乘的方法。

(1)主程序。

```
public class Matrix {
    public static final int M1=5;
    public static final int N1=4;
    public static final int M2=4;
    public static final int N2=6;
    public static void main(String[] args) {
        int[][] a=new int[M1][N1];
        int[][] b=new int[M2][N2];
        enterMatrix(a,5,4);enterMatrix(b,4,6);
        printMatrix(a,5,4);printMatrix(b,4,6);
        if(N1==M2){
            int[][] c=new int[M1][N2];
          c=multiplyMatrix(a,b);
          printMatrix(c,M1,N2);
        }
    }
    public static void enterMatrix(int[][] m,int row,int col){
        for(int i=0;i<row;i++){
          for(int j=0;j<col;j++){
              m[i][j]=(int)Math.round(Math.random()*10);
          }
        }
    }
```

(2)自定义输出矩阵的方法。

```
public static void printMatrix(int[][]m,int row,int col){
        System.out.println();
        for(int i=0;i<row;i++){
            for(int j=0;j<col;j++){
```

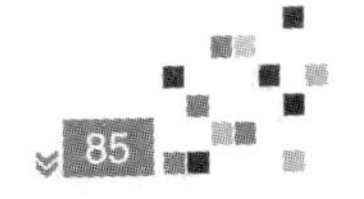

```
                System.out.printf("%4d", m[i][j]);
            }
            System.out.println();
        }
        System.out.println();
    }
```

（3）自定义矩阵相乘的方法。

```
    public static int[][] multiplyMatrix(int[][]a,int[][]b){
        int[][] d=new int[M1][N2];
        for(int i=0;i<M1;i++){
            for(int j=0;j<N2;j++){
                d[i][j]=0;
                for(int k=0;k<N1;k++){
                    d[i][j]+=a[i][k]*b[k][j];
                }
            }
        }
        return d;
}
```

最终程序的运行结果是:

```
/* ex4_2 output---------------------
  9 8 4 4
  5 6 10 9
  2 5 3 6
  7 6 5 3
  7 5 6 5 7 5
  4 10 9 6 7 1
  7 2 1 9 9 1
  9 10 3 8 2 3

  159 173 142 161 163 69
  210 195 121 223 185 68
  148 124 55  151 102 45
  109 126 78  115 88  36
  135 135 110 140 142 55
---------------------------------*/
```

技能训练 4.3：学生成绩排序

任务：学生成绩排序。

技能目标：掌握一维数组的定义及常用的排序算法。

实现代码：

方法 1：用 java.util.Arrays 自带的排序方法来实现。

```
import java.util.Arrays;
import java.util.Scanner;
```

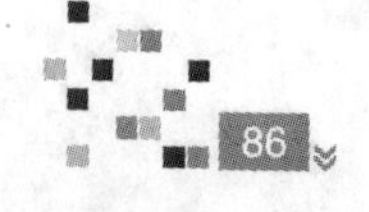

```
public class SortCj {
    public static void main(String[] args) {
    int[] score = new int[10];
    Scanner input = new Scanner(System.in);
    System.out.println(" 请输入 10 位学员的成绩：");
    for (int i = 0; i < 10; i++) {
        score[i] = input.nextInt(); // 依次录入 10 位学员的成绩
    }
    Arrays.sort(score); // 对数组进行升序排列
    System.out.println(" 学员成绩按升序排列：");
    for (int index = 0; index < score.length; index++) {
    System.out.println(score[index]); // 顺序输出目前数组中的元素
    }
    }
}
/* ex4_3 output----------------------
请输入 10 为学员的成绩：
23
90
66
87
55
78
77
44
76
84
学员成绩按升序排列：
23
44
55
66
76
77
78
84
87
90
----------------------------------*/
```

方法 2：用选择排序方法，并用方法调用来实现。

（1）主类及 main 方法

```
public class SelectSort {
   public static void main(String[] args) {
```

```
        int[] arr = {65,89,45,65,90,87};
        sort1(arr);// 调用自定义的排序方法
        for (int i = 0; i < arr.length; i++) {
            System.out.println(arr[i]);
        }
    }
```

（2）自定义排序方法。

```
public static void sort1(int[] arr) {
    for(int i=0;i<arr.length;i++) {
        int index = i;
        for(int j=i;j<arr.length;j++) {
            if(arr[index]>arr[j]) {
                index = j;
            }
        }
        swap(arr,i, index);// 调用自定义的交换两个数组元素的方法。
    }
}
```

（3）自定义一个交换两个数组元素的方法。

```
public static void swap(int[] arr, int i, int j) {
    int tmp = arr[i];
    arr[i] = arr[j];
    arr[j] = tmp;
  }
}
    /* ex4_4 output----------------------
排序前数组元素的值如下：
65  89  45  65  90  87
用选择排序后各元素值如下：
45  65  65  87  89  90
----------------------------------*/
```

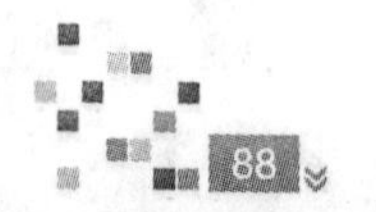

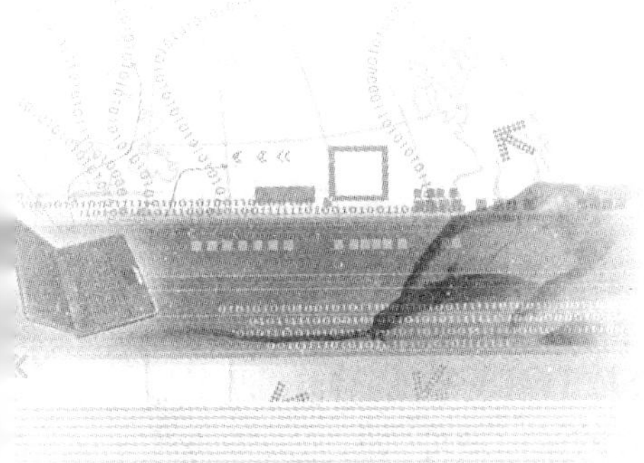

模块5 面向对象程序设计

教学聚焦

- 类和对象的创建
- 公有成员和私有成员
- 构造函数
- 类变量和类函数、实例变量和实例函数
- 类的继承
- 接口、抽象类和内部类

知识目标

- 掌握类定义的方法
- 掌握对象的创建和使用
- 掌握成员函数及成员变量的调用方法
- 掌握构造函数的重载和使用
- 掌握实例成员和静态成员的相关知识
- 掌握继承的概念
- 掌握成员变量的隐藏、成员方法的重载与覆盖
- 掌握接口的相关知识

技能目标

- 掌握类的声明方法
- 掌握对象的创建和使用
- 掌握实例成员和静态成员的区别及使用
- 掌握成员的隐藏、重载与覆盖的知识
- 掌握接口的声明与实现方法

课时建议

16 学时

项目 5.1 类的基本概念

知识汇总

Java 语言是面向对象的编程语言。类与对象是面向对象程序设计的核心。对象就是人们要进行研究的事物，类就是对象的一张软件图纸、模板和原型。类是 Java 的核心，Java 程序都由类组成，类分为系统定义的类和自定义类。一旦定义好了所需要的类，就可以创建该类的对象。我们就可以使用类的对象。

5.1.1 类的概念

Java 语言是面向对象的编程语言。类与对象是面向对象程序设计的核心。要了解类的基本概念，首先从了解对象的概念开始。

1. 对象

在现实世界中，对象就是人们要进行研究的任何事物。对象随处可见，一盏台灯、一把椅子、一只小鸟，它们都可以认为是对象。简单地说，对象对应的就是我们日常生活中的“东西”。对象是状态和行为的结合体，例如，小鸟有状态（名字、颜色、品种）和行为（飞翔、休息、觅食）。

面向对象的程序设计方法就是把现实世界中的对象抽象为程序设计语言中的对象，达到二者的统一。信息世界中用数据来描述对象的状态，用方法来实现对象的行为。而在信息世界中，数据又是通过变量来表述的，变量是一种有名称的数据实体。方法对应的则是和对象有关的函数或过程。

2. 类

现实世界中有很多的同类对象。类是组成 Java 程序的基本元素，类是对一个或者几个相似对象的描述，类把不同对象具有的共性抽象出来，定义某类对象共有的变量和方法，从而使程序员实现代码的复用，所以说，类是同一类的对象的原型。

例如，自行车种类很多：公路自行车、山地自行车、场地自行车、小轮车、技巧车等。我们从这些不同种类的自行车中抽象出它们的共同特征：车轮、轮胎、变速器、刹车器、如何驱动、如何变速等，然后把这些共同特征设计成一个类——自行车类。车轮、轮胎、变速器、刹车器是自行车类的状态，如何驱动、如何变速是自行车类的行为。然后用这个共同特征，可以生成一个确定的对象：我们在状态（变量）和行为（方法）中对自行车类的轮胎（窄而薄的）、车身（轻便的）、档位（灵活准确的）定义，这样就可以实例化为一辆公路自行车轮胎；我们在状态（变量）和行为（方法）中对自行车类的车身（结实的）、刹车（灵活的）、减震性好等进行定义，这样就可以实例化为一辆山地自行车。这两个确定的对象，就称为实例对象。跟实例对象相关的变量称为实例变量，相关的方法称为实例方法。

所以说类就是对象的一张软件图纸、模板和原型，这张图纸上定义了同类对象的共有的状体（变量）和行为（方法）。用这张图纸我们可以生成实例对象。

3. 对象和类的关系

对象和类的描述尽管非常相似，但是它们之间还是有区别的。

类是组成 Java 程序的基本要素。类封装了一类对象的状态和方法。类是用来定义对象的模板。

类是具体的抽象，而对象是类的具体完成。类与对象的关系就好像图纸和实体一样。利用 Java 编程时先定义一个类，然后按照类的模式建造对象，最后用对象来完成程序功能。

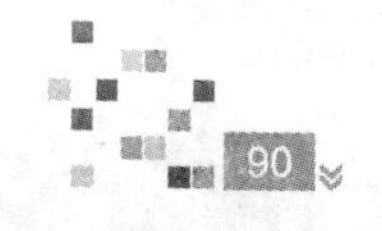

5.1.2 类的定义格式

类是 Java 的核心，Java 程序都由类组成，一个程序至少要包含一个类，也可以同时包含多个类，当包含多个类时，只有一个是主类。

Java 的类分为两种：系统定义的类和用户自定义的类。Java 的类库是系统定义的类，它是系统提供的已实现的标准类的集合，提供了 Java 程序与运行它的系统软件之间的接口。Java 类库是一组由其他开发人员或软件供应商编写好的 Java 程序模块，每个模块对应一种特定的基本功能和任务，当用户编写自己的 Java 程序需要完成其中某一功能时，就可以直接使用这些现有的类库，而不需要一切从头编写。Java 的类库大部分是由 Sun 公司提供的，这些类库称为基础类库，也有少量类库是由其他软件开发商以商品的形式提供的。由于 Java 语言诞生的时间不长，还处于不断发展和完善阶段，所以 Java 的类库还在不断地扩充和修改中。

创建类时可以从父类继承，就是从系统定义的类库继承，也可以自己创建。用户自己创建自定义类的格式如下：

```
类声明
        {
            <类体(成员变量和成员方法);>
        }
```

1. 类的声明格式

[类的修饰符] class <类名> [extend 父类名] [implements 接口 1，接口 2,…]

其中，[ ] 表示可选项；<> 表示必选项。

在类的声明格式中，体现了面向对象程序设计语言的 3 大特性：封装性、继承性和多态性。这 3 大特性是构成面向对象程序设计思想的基石，实现了软件的可重用性，增强了软件的可扩充能力，提高了软件的可维护性。

（1）类的修饰符。

给类加上修饰符，就能对类的使用做一些限定。类的修饰符体现了类的封装性。类的封装性是指为类的成员提供公有、缺省、保护和私有等多级访问权限，目的是隐藏类中的私有成员和类中方法实现的细节。

一般将修饰符分成两类：访问控制修饰符和非访问控制修饰符。类的访问控制修饰符有 public，private，friendly，protected 等。非访问控制修饰符有 final，abstract 等。

① public(公共的)。

在缺省的情况下，类只能被同一个源程序文件或者同一个包中的其他类使用，加上 public 修饰符后，类可以被任何包中的类使用，称为公共类。在同一源程序文件中只能有一个 public 类，一个程序的主类必须是公共类。

② private（私有的）。

用此修饰符修饰的类只能被该类自身访问和修改，不能被任何其他类（包括该类的子类）来获取和引用。private 修饰符提供了最高的保护级别。

③ friendly（友好的）。

用此修饰符修饰的类可以被在同一个包中的类访问，其他包中的类不能访问。

④ protected（受保护的）。

用此修饰符修饰的类可以被该类自身、与它在同一个包中的其他类、在其他包中的该类的子类访问。使用 protected 修饰符的主要作用是允许其他包中该类的子类来访问父类的特定属性。

⑤ private protected（私有的，保护的）。

用此修饰符修饰的类可以被该类本身和该类的所有子类访问。

⑥ final(最终的)。

用此修饰符修饰的类为最终类。最终类不能有子类，不能被继承。

⑦ abstract（抽象的）。

用此修饰符修饰的类为抽象类，不能用它实例化一个对象，也就是说，没有实现的方法，只能被继承后通过子类提供方法实现。例如，食品这个概念，我们定义时就要把它定义为抽象类，因为它是一个抽象的概念：能吃的东西。但是这个世界上没有一样东西叫食品的，苹果、桔子是食品的子类，我们在这些子类的基础上再实例化就可以产生对象，如某某牌子的饼干。

final 和 abstract 不能同时修饰一个类，这样的类没有任何意义。

（2）class <类名>。

class 是类的一个关键字。类名可以自己随意选取，但是必须是一个合法的标识符，即类名可以由字母、数字、下划线或者美元符号组成，且第一个字符不能是数字。

（3）extends [父类名]。

extends 也是类的一个关键字，是继承的意思。extends 会告诉编译器创建的类是从父类继承下来的子类，其中父类必须是 Java 系统类或者已经定义好的类。

类的继承性是从已存在的类创建新类的机制，继承使一个新类自动拥有被继承类的全部成员。被继承的为父类，通过继承产生的新类称为子类。类继承也称为类派生，从父类继承，可以实现代码重用，不必从头开始设计程序。程序设计时大部分要用继承的手段来编程，实在没有合适的类继承时，才选择自己从头设计。

在单重继承方式下，父类与子类是一对多的关系。一个子类只有一个直接父类，但是一个父类可以有多个子类，每个子类又可以作为父类再有自己的子类，由此形成具有树形结构的类的层次体系。在 5.5 节中将详细讲述类继承的概念。

（4）[implements 接口 1，接口 2,…]。

implements 也是类的一个关键字，是实现的意思。[implements 接口 1，接口 2,…] 是指一个类可以实现一个或者多个接口，当实现多个接口时，接口名之间用“,”隔开。

接口是一系列方法的声明，是一些方法特征的集合，一个接口只有方法的特征没有方法的实现，因此这些方法可以在不同的地方被不同的类实现，而这些实现可以具有不同的行为（功能）。接口的详细知识请参考 5.6 节。

接口中的方法在不同地方被不同的类实现是类的多态性的体现。类的多态性提供类中方法执行的多样性，多态性有两种表现方式：重载和覆盖。重载是指类中的方法可以同名，但是参数列表必须不同；覆盖是指子类重写了父类中的同名方法。程序运行时，究竟执行重载同名方法中的哪一个，取决于调用该方法的实际参数的个数、参数的数据类型和参数的次序，即究竟执行覆盖同名方法的哪一个，取决于调用该方法的对象所属类是父类还是子类。

【例 5.1】 定义一个类，名称为 Professor，它是 teacher 类的子类，它可被包中所有类访问，并实现一个名为 people 的接口。

```
public class Professor extends teacher implements people
{
类体;
        }
```

【例 5.2】 定义一个类，名称为 Myclass，它是 Ourclass 类的子类，它可被所有类访问。

```
public  class Myclass extends Ourclass
 {
类体;
      }
```

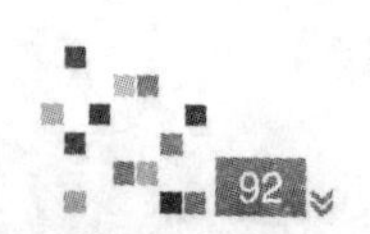

注意：习惯上类名的第一个字母大写，但这不是必须的。类名最好容易识别，见名知意。当类名有几个单词复合而成时，每个单词的首个字母大写，如 HelloWorld，JiangSu，NanJing 等。

2. 类体

写类的目的是为了描述一类事物共同的行为和状态，描述的过程由类体来实现。类体可以分为成员变量和成员方法的声明及实现。在 Java 中也可以定义没有任何成员的空类。

（1）成员变量。

变量声明部分所定义的变量被称为类的成员变量。在方法体中，声明的变量被称为方法的局部变量，而不是类的成员变量。成员变量描述了类的对象所包含的数据的类型，它们可以是常量，也可以是变量。在类中进行成员变量的声明与一般变量的声明形式完全相同，变量的类型可以任意。

①成员变量的声明格式。

成员变量的声明格式如下：

[<修饰符>] <类型> <成员变量名>;

修饰符用来规定变量的一些特征，与类的修饰符相似。常用的成员变量修饰符有 public, private,static,final 等。

成员变量和局部变量的类型可以是 Java 中任何一种基本数据类型（char，byte，short，int，float，double，boolean），也可以是引用数据类型（对象、接口和数组）。

②变量的作用域。

成员变量在整个类中都有效，局部变量只在定义它的方法内有效。在作用域之外，不能访问局部变量。声明局部变量的好处是：局限变量的作用范围；保护变量不被非法访问或修改；增加安全性；在不同作用域中可以声明同名变量。

不能为方法体中的局部变量赋初值。Java 不支持传统意义上的全程变量。

【例 5.3】 成员变量和局部变量及作用域示例。

```
class app5_3{
  void f( ){
   int m=0,sum=0;
  if(m>9){
   int z=10;
    z=2*m+z;
  }
 for(int i=0;i<m;i++){
   sum=sum+i;
  }
 m=sum;
 z=i+sum; // 出错
 }
}
```

该程序运行错误。在这个程序中，变量 m 和 sum 是整型的，属于成员变量，在整个类中都有效。变量 z 属于局部变量，在该复合语句中有效。变量 i 也属于局部变量，仅在该循环语句内有效。m=sum；此语句合法，因为 m 和 sum 有效。z=i+sum; 此语句不合法，因为 i 和 z 失效了。

注意：成员变量在整个类内有效，成员变量与它在成员描述中的先后位置无关。但是因为程序员习惯性地先介绍属性再介绍功能，所以在成员变量定义时最好定义在一起，不要分散地写在方法之间或者类体的最后。

在类的定义中，还可以加入对成员变量进行操作的成员方法。

（2）成员方法。

成员方法包含在类中，用以完成不同的功能。方法实质上就等同于C语言中的函数。每个成员方法都有一个自己的名字，每个方法都可以被多次反复地调用，既可以调用其他方法，也可以被其他方法调用。方法被多次调用、多次执行，这样可以大大提高程序的重复利用性，节约编程时间。

成员方法的声明格式如下：

```
[<修饰符>] <返回值类型><方法名>([参数列表])[throw <exception>]
{
局部变量声明;
执行语句组;
}
```

大括号前的部分称为方法头，大括号中的部分称为方法体。

① 修饰符。

修饰符与类的修饰符相似，用来规定方法的一些特征。常用的修辞符有 public, private, static 等。

② 返回值类型。

方法的返回值类型可以是简单变量，也可以是对象，如果没有返回值，就用 void 来描述。

对于一个方法，如果在声明中所指定的返回类型不是 void，则在方法体中必须包含 return 语句。

return 语句含义有两个：一个是系统调用方法时，执行方法体中的语句，遇到 return 语句，则调用结束，返回方法调用处。如果 return 语句之后还有其他语句，系统将忽略不执行，所以 return 语句通常作为方法体中的最后一条语句。二是把关键字 return 后面的表达式的值作为该方法的值返还给调用它的语句，因此表达式的值必须和返回值的值属于同一类型。

方法体中也可以出现多条 return 语句，当遇到不同的条件时返回不同的值。

当返回类型是接口时，返回的数据类型必须实现该接口。

```
public static void main(String args[])// 这个 main 方法没有返回值
public String toString( )// 这个 toString 方法的返回值类型是 String 类型
```

③ 方法名。

方法调用时需要用到方法名，它可以用 Java 的任意一个标识符来表示。在一般情况下，为了增加程序的可读性，建议读者使用这样的命名规则：方法名的第一个字母一般要小写，其他有意义的单词的首字母要大写，其余字母可以小写。如果使用的单词比较多，可以适当地使用单词的常用缩写方法。使用的单词最好能明确地表达出该方法的主要功能。方法名最后的括号一定要有，那是方法的标志。

方法名可以和变量名相同，但是一个类中不能有名字相同的两个方法（构造方法除外），否则会产生编译错误。与变量名不同，方法名不会被局部变量名隐藏。

④ 参数列表。

方法后的小括号内的参数就是方法的输入，用来接收外面传来的消息，相当于数学函数中的自变量，它可以是简单数据，也可以是对象，可以有一个或多个参数，也可以没有参数。方法中的参数被称为形式参数，简称形参。形参的类型必须在括号内定义。

参数列表是可选的。参数列表中参数名不能相同。在调用方法时，会在方法调用堆栈中根据参数列表中的类型新建一些参数变量，然后将方法调用表达式中实际参数表达式的值逐一赋给这些参数变量，在方法体内，可以使用参数的名字来引用这些调用时创建的参数变量。

方法的参数在整个方法中有效。

⑤ 抛出异常。

throws 语句列出了在方法执行过程中可能会导致的异常。

⑥ 方法体。

大括号内的是方法体。方法体中一般包括局部变量定义和执行语句。局部变量从它定义的位置之后开始有效。方法体可以是一个实现了这个方法的代码块，也可以是一个空语句：简单的一个分号（；）。只有当方法的修饰符中有 abstract 或者 native 时，方法体才是一个分号。

【例 5.4】 为学生类声明成员变量和成员方法。

```
public class Student {                  // 成员变量定义部分
   long identity;                       // 学号
  String name;                          // 姓名
  String address;                       // 家庭住址
  String tel;                           // 联系电话
                                        // 成员方法定义部分，参数列表为空
  public String toString() {
      return " 学号 : "+identity + "\n 姓名 : "+name + "\n 家庭地址 : " + address + "\n 联系电话 : " +
tel;
  }
```

对成员变量的操作只能放在方法体内，方法体可以对成员变量和方法体中自己定义的局部变量进行操作。在定义类成员变量的时可以赋初值。

【例 5.5】 成员变量操作示例。

```
class app5_5{
   int a;
   int b=1;
   a=2; // 出错
}
```

程序可以写成：

```
class app5_5{
   int a;
   int b=1;
   void f( )
    {
       a=2;
}
}
```

当然，这个时候给 a 赋的值只在方法 f 中有效。

注意：如果成员变量的名字和成员方法中的局部变量的名字相同，则成员变量被隐藏，如果想在成员方法中使用成员变量，要使用关键字 this，详见 5.1.7 节。

5.1.3 创建对象

一旦定义好所需要的类，就可以创建该类的变量了，创建类的变量的过程称为类的实例化，类的变量也称为类的对象、类的实例等。

1. 创建对象格式

创建一个对象分为两步：定义、创建。

定义的作用是声明这个对象是某个类的实例。定义一个对象相当于建立一个内存标识：对象名，但是这个内存标识并不指向任何实际的内存地址，所以不能使用。

（1）定义对象。

<类名> <对象名>；

对象的定义并不为对象分配内存空间。

（2）创建对象。

<对象名>=new <类名>（[参数列表]）；

new 运算符实现的对象的实例化就是在内存中为一个对象开辟一个空间，其中既有成员变量空间，又有成员方法空间，同类的不同对象占有不同的内存空间，它们之间互不干扰。只有创建这个对象后，对象名才指向定义对象后实际的内存地址。如果把一个对象赋予另一个对象，实际上只是把地址赋予另一个对象。

new 还可以初始化实例变量。

当然，new 运算符也可以与类定义一起使用，用来创建类的对象。格式如下：

<类名> <对象名>= new <类名>（[参数列表]）；

【例 5.6】 为类 Student 创建一个对象 student。

```
class Student{
    public static void main(String args[]){
      Student student = new Student();
      ……

    }
}
```

此程序中 Student 为一个类名，student 为对象名。

2. 对象的使用

在创建了类的对象后，一个对象的所有变量和方法都被读到专为它开辟的内存空间中了。可以对对象的成员变量或方法进行访问或进行各种处理。

（1）引用对象的变量。

引用对象的变量的格式是在变量面前加上对象名，用圆点分隔。

<对象名>.<变量名>

运算符“.”在这里被称为成员运算符，在对象名和成员名之间起到连接作用，指明是哪个对象的哪个成员。

例如：一个 Student 类的对象 student，若想访问这个对象的变量 address 时，只需要输入：

student.address；

就可以引用 student 对象的变量 address。

如果有多层结构，例如想知道 student 对象 address 的省份变量时，只需要采用多个“.”运算符来取得，具体引用如下：

student.address.province;

【例 5.7】 定义学生信息管理系统中的学生类并实例化。该学生信息管理系统中学生类包含以下属性：学号、姓名、出生年月、家庭住址及联系电话。

```
import java.text.DateFormat;                    //导入程序中用到的系统类
import java.text.ParseException;
import java.text.SimpleDateFormat;
import java.util.Date;
//学生信息管理系统中类描述
public class Student{                           //属性
    long identity;                              //学号
```

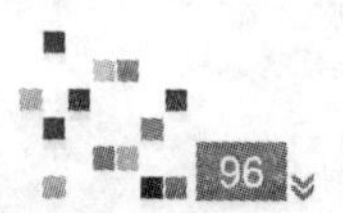

```
    String name;                                      // 姓名
    Date birthday;                                    // 出生年月
    String address;                                   // 家庭住址
    String tel;                                       // 联系电话
    public static void main(String[] args) {// 入口方法
        Student student = new Student();              // 创建类的对象
        student.identity =114313142;                  // 给属性赋值
        student.name = " 李明 ";                       // 属性也称为成员变量
        // String 转 Date
       DateFormat dateFormat = new SimpleDateFormat("yyyy-MM-dd");  // 给日期型成员变量赋值
       try {
          //try/catch 异常处理语句块
           student.birthday = dateFormat.parse("1998-06-10");
        }
       catch (ParseException e) {
                  e.printStackTrace();
         }
       student.address = " 中国江苏省常州市 ";
       student.tel = "0519-12345678";
       System.out.println(" 学号：" + student.identity);
       System.out.println(" 姓名：" + student.name);
       System.out.println(" 出生年月：" + ateFormat.format(student.birthday));//Date 转 String
       System.out.println(" 家庭住址：" + student.address);
       System.out.println(" 联系电话：" + student.tel);
       }
}
/* Student output---
学号：114313142
姓名：李明
出生年月：1998-06-10
家庭住址：中国江苏省常州市
联系电话：0519-12345678
-----------------*/
```

（2）调用对象的方法。

调用对象的方法与引用对象的变量的方法类似，就是在方法名前加上对象名，用圆点分隔。具体格式如下：

<对象名>.<方法名>[（参数表）]

从格式中可以看出，调用方法与引用对象的变量的区别在于，调用方法时可能需要传入参数及返回数据。这些参数可以是数值、字符串或者是变量的类型。

注意：①调用方法时，传入的参数必须符合类中所定义的数据类型，否则会出错。

②当方法有返回值时，可利用与返回值相同的变量将返回值保存起来。

③当方法有 void 修饰时，代表方法无返回值。

④参数类表可以为空。若参数类表为空，就不要传入参数。

【例 5.8】 编写学生类，用学生类的方法显示学生个人信息。学生类的属性包括学号、姓名、家庭住址及联系电话。

```
public class Student2 {                          // 属性
    long identity;                               // 学号
    String name;                                 // 姓名
    String address;                              // 家庭住址
    String tel;                                  // 联系电话
    public String toString() {
      return " 学号 : "+identity + "\n 姓名 : "+name + "\n 家庭地址 : " + address + "\n 联系电话 : " +
tel;
    }
   public static void main(String[] args) // 入口方法
     {
     Student2 student = new Student2();                        // 创建类的对象
      student.identity =114313142;                             // 给属性赋值
      student.name = " 李明 ";                                 // 属性也称为成员变量
      student.address = " 中国江苏省常州市 ";
      student.tel = "0519-12345678";
      System.out.println(student);
         }
   }
  /* Student2 output---
  学号: 114313142
  姓名: 李明
  家庭住址: 中国江苏省常州市
  联系电话: 0519-12345678
-----------------*/
```

【例 5.9】 编写一个动物类，它包含动物基本属性，如名称、大小、质量，并设计相应的动作，如跑、跳、走。

```
class Animal {
   String name;
   int age;
  double weight;
  public void setProperty(String name,int age,double weight){
      this.name=name;
      this.age=age;
      this.weight=weight;
  }
  public void run(){  // 跑
    System.out .println(name+" 正在跑。");
      }
  public void jump(){  // 跳
    System.out .println(name+" 正在跳。");
```

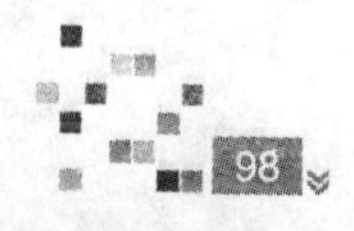

```
        }
    public void walk(){   //走
      System.out .println(name+" 正在走。");
        }
  }
  public class TestAnimal {
        public static void main(String[] args){
        Animal animal=new Animal();
        animal.setProperty(" 华南虎 ", 3, 300);
        animal.run();
        animal.jump();
        animal.walk();
        animal.setProperty(" 东北虎 ", 4, 400);
        animal.run();
        animal.jump();
        animal.walk();
         }
    }
  /* TestAnimal output---
  华南虎正在跑。
  华南虎正在跳。
  华南虎正在走。
  东北虎正在跑。
  东北虎正在跳。
  东北虎正在走。
  -----------------*/
```

3. 对象的生命周期

Java 对象的生命周期大致包括 3 个阶段：对象的创建、对象的使用和对象的清除。对象的清除又称为释放对象。

在 VB、C++ 等程序设计语言中，无论是对象还是动态配置的资源或内存，都必须由程序员自行声明产生和回收，否则其中的资源将不断消耗，造成资源的浪费甚至死机。由于要预先确定占用的内存空间是否应该被回收是非常困难的，这就导致手工回收内存往往是一项复杂而艰巨的工作。因此，当使用这些程序设计语言编程时，程序员不仅要考虑如何实现算法以满足应用，还要花费许多精力考虑合理使用内存避免系统崩溃。

针对这种情况，Java 语言建立了垃圾回收机制。Java 是纯粹的面向对象的编程语言，它的程序以类为单位，程序运行期间会使用 new 操作符在内存中创建很多个类的对象。创建完对象后，Java 虚拟机自动为该对象分配内存并跟踪存储单元的使用情况，Java 虚拟机能判断出对象是否还被引用，同时对已完成任务并且不再需要被引用的对象释放其占用的内存空间，使回收的内存能被再次利用，提高程序的运行效率。这种定期寻找不再使用的对象并自动释放对象占用内存空间的过程称为“垃圾收集”。

Java 垃圾回收机制另一个特点是，进行垃圾回收的线程是一种低优先级的线程，在一个 Java 程序的生命周期中，它只有在内存空闲的时候才有机会运行。

垃圾回收不仅可以提高系统的可靠性，使内存管理与类接口设计分离，还可以使开发者减少跟

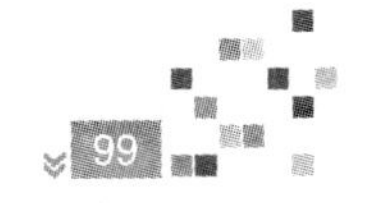

踪内存管理错误的时间，从而把程序员从手工回收内存空间的繁重工作中解脱出来。

当然要也可以自行清除一个对象，只需要把一个空值赋给这个对象引用即可。如：

```
Student student = new Student();
……
student=null;
```

以上语句执行后，student 对象将被清除。

4. 析构函数

类的析构函数是类中一种特殊的成员方法，它的作用是用来释放类的实例并执行特定操作。

由于 Java 语言的垃圾回收机制能够释放不再被使用的对象，所以在一般情况下，自定义类中不需要设计析构函数。如果需要主动释放对象，或在释放对象时需要执行特定的操作，则类中可以定义析构函数。Java 语言中将析构函数的方法名定为 finalize。finalize（ ）函数没有参数，也没有返回值。一个类中只能有一个 finalize（ ）函数，但是析构函数允许重载。

例如：

```
public void finalize ( )
{
  ……
}
```

通常，当对象超出它的作用域时，系统将自动调用并执行对象的析构函数。一个对象也可以调用析构函数 finalize（ ）来释放对象自己。

例如：student. finalize（ ）; // 调用对象的析构函数

不能使用已经被析构函数释放的对象，否则将会产生编译错误。

5.1.4 使用类编写完整的程序

【例 5.10】 求矩形的周长和面积。

```
public class Rectangle {
  static int width,height;   // 静态属性
  int zhouchang(int w,int h)
   {  // 矩形的周长
   width=w;
    height=h;
    int s=2*(width+height);
    return s;}
  int area(int w,int h)
    {  // 矩形的面积
      int s=w*h;
      return s;}
  public static void main(String args[])
   {
     int w =20;
     int h=10;
     Rectangle d=new Rectangle();
     System.out.println(" 矩形的周长 ="+d.zhouchang(w, h));
     System.out.println(" 矩形的面积 ="+d.area(w, h));
   }
```

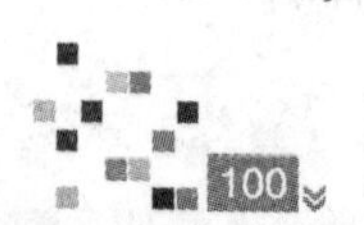

```
}
/* Rectangle output---
矩形的周长 =60
矩形的面积 =200
-----------------*/
```

【例 5.11】 创建一个分数类执行分数运算，要求能够完成加、减、乘、除功能。

```
public class Fraction {
    private int f1,f2;  // 私有变量 f1,f2
    Fraction(int a,int b) // 构造函数
     {
         f1=a;
         f2=b;
     }
     void jia(int x1,int x2,int y1,int y2){
         f1=x1*y2+x2*y1;
         f2=y1*y2;
     }
     void jian(int x1,int x2,int y1,int y2){
         f1=x1*y2-x2*y1;
         f2=y1*y2;
     }
     void chen(int x1,int x2,int y1,int y2){
         f1=x1*x2;
         f2=y1*y2;
     }
     void chu(int x1,int x2,int y1,int y2){
         f1=x1*y2;
         f2=x2*y1;
     }
     public static void main(String args[]){
          Fraction f= new Fraction(1,1);
          f.jia(2,3,4,5);  // 调用方法 jia()
          System.out.println(" 分数和 ="+f.f1+"/"+f.f2+"   浮点数 ="+(double)f.f1/f.f2);
          f.jian(2,3,4,5); // 调用方法 jian()
          System.out.println(" 分数差 ="+f.f1+"/"+f.f2+"   浮点数 ="+(double)f.f1/f.f2);
          f.chen(2,3,4,5); // 调用方法 chen()
          System.out.println(" 分数乘 ="+f.f1+"/"+f.f2+"   浮点数 ="+(double)f.f1/f.f2);
          f.chu(2,3,4,5);  // 调用方法 chu()
          System.out.println(" 分数除 ="+f.f1+"/"+f.f2+"   浮点数 ="+(double)f.f1/f.f2);
          }
     }
/* Fraction output---
分数和 =22+20   浮点数 =1.1
```

分数差 =-2/20 浮点数 =-0.1
分数乘 =6/20 浮点数 =0.3
分数除 =10/12 浮点数 =0.8333333333333334

5.1.5 同时创建多个对象

一个类通过 new 运算符可以创建多个不同的对象，这些对象将被分配不同的内存空间。因此，改变其中一个对象的状态不会影响其他对象的状态。

同时创建多个对象的格式如下：

类名 对象名 1=new 类名（ ），对象名 2=new 类名（ ），…；

例如：

Student student = new Student(),student1=new Student( ),student2=new Student( );

当改变 student 对象的状态时并不会影响到对象 student1 和 student2 的状态。

5.1.6 成员函数的使用

1. 成员函数的调用

Java 中定义的函数有两类：程序调用函数和系统调用函数。

所谓程序调用函数是指需要在程序中编写专门的调用语句来调用的方法，大部分用户自己调用的函数都属于这种函数。所谓系统调用函数是指在程序执行过程中，系统自动调用的函数，如 main（ ）函数。

调用函数时，要用实际参数替换函数定义中参数列表中的形式参数。实际参数（简称实参）的个数、类型、顺序必须与形参一致。

一般而言，如果函数有返回值，且此函数的调用形式为表达式形式，则可以在允许表达式出现的地方使用函数调用。

若函数无返回值（void 类型），则调用函数的形式为单独加分号的语句。如自定义输出函数 print():

```
static void print(String s)
{
System.out.println(s);
}
```

调用 print 函数：

```
print("Hello");
```

2. 成员函数的参数传递

Java 中的变量可以分为两种：基本类型变量和引用型变量。

基本数据类型和引用数据类型在内存中的存储方式是不同的，基本类型的值直接存于变量中，而引用类型的变量则不同，除了要占据一定的内存空间外，它所引用的对象实体（ 也就是用 new 创建的对象实体）也要占用一定的空间。通常对象实体占用的内存空间要大得多。

由于一个对象实体可能被多个变量所引用，在一定意义上就是一个对象有多个别名，通过一个引用可以改变另一个引用所指向的对象实体的内容。

当函数被调用时，如果函数有参数，参数必须实例化，即参数必须有具体的值。函数声明中形式参数的数据类型，既可以是基本数据类型，也可以是引用数据类型。如果形式参数的数据类型是基本数据类型，则实际参数向形式参数传递的是值；如果形式参数的数据类型是引用数据类型，则实际参数向形式参数传递的是引用。

（1）基本数据类型参数的传值。

传值就是把实际参数的值赋给形式参数。从内部结构来说，这种传值方式中实际参数和形式参数各自占用了不同的物理空间，彼此间是相互独立的。被调用函数中对形参的计算、加工与对应的实参已经完全脱离了关系。在被调函数中，整个运算过程都不会影响到实际参数的值，即使实际参数与形式参数使用了相同的变量名，也不会影响到实际参数。

【例 5.12】 基本类型的参数传递示例。

```
class app5_1{
  public static void main(String args[]){
     int x=3,y=4;
     pass(x,y);
     System.out.println(" X="+x+",y="+y);
   }
 // 基本类型参数传递
 static void pass(int passX,int passY){
   // 在调用方法时，相当于进行了如下的隐含操作
  // passX=x;
 // passY=y;
     passX=passX*passX;
     passY=passY*passY;
     System.out.println("passX="+passX+",passY="+passY);
  }
}
/* app5_12 output---
passX=9; passY=16
X=3， y=4
-----------------*/
```

在调用函数时，参数之间的传递相当于隐含了执行 passX=x; passY=y; 代码的操作，这种传递相当于改变了另外两个变量的值，即传递的只是两个参数的复制。

（2）引用类型参数的传值。

当参数是引用类型时，“传值”传递的是变量中存放的“引用”，而不是变量实体。实际参数会将自己的地址传递给形式参数。也就是说，形式参数将指向实际参数的地址，那么这个实际参数的值会受到函数中运算的影响，甚至改变实际参数的值，实际上，传递地址的结果就是实际参数参加了函数中的运算（图 5.1）。

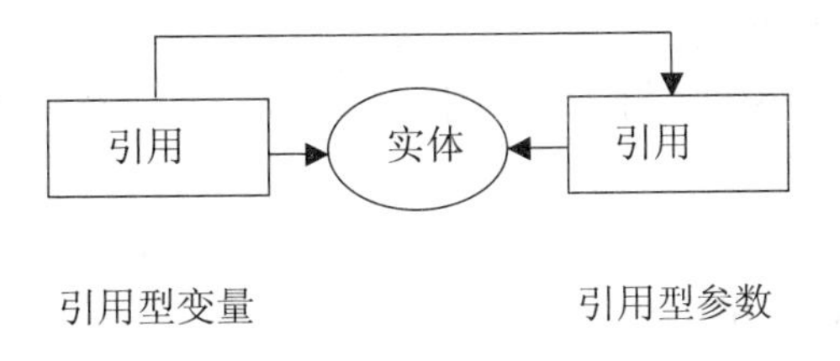

图5.1 引用类型参数的传值

【例 5.13】 通过调用对象的函数在函数调用后修改了成员变量的值。

```
class m{
   int x=3,y=4;
```

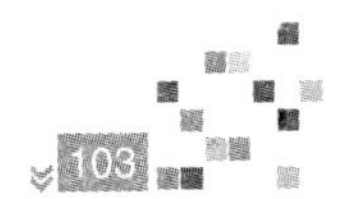

```
  void f(int passX,int passY) {
        System.out.println(" 初始时 X="+x+",y="+y);
        x=passX*passX;
        y=passY*passY;
        System.out.println(" 函数调用中 X="+x+",y="+y);
    }
 }
public class app5_13 {
    public static void main(String args[]){
        m b=new m();
        b.f(1,2);
         System.out.println(" 函数调用后 X="+b.x+",y="+b.y);
    }
}
/* app5_13 output---
初始时 X=3，y=4
函数调用中 X=1,y=4
函数调用后 X=1, y=4
-----------------*/
```

3.main() 函数中的参数传递

main() 函数是一个有着特殊含义的函数，它称为 Application 程序中的主函数，程序的执行总是从该函数开始。一个类的 main() 函数必须要用 static 来修饰，这是因为 Java 运行系统在开始执行一个程序前，并没有生成类的一个实例，它只能通过类名来调用 main（ ）函授作为程序的入口。

与一般函数相比，它具有 String[]（字符串数组）类型的参数 args。一般函数的参数可以通过函授调用用时的参数进行传递，那么 main() 中的参数是如何传递的呢？

我们运行 Java TestMain pr0 pr1 pr2 这条命令，这条命令除了 Java 命令和要执行的类的名字之外，还有 3 个参数，即 pr0，pr1，pr2，这 3 个参数被传递到 main() 函数的参数 args 中，并且每个参数被看作是一个字符串依次传递给 args[0]，args[1] 和 args[2]。

由此可见，main() 函数中的参数是由命令行提供的。在命令行输入执行程序的命令时，紧跟在类名后的信息称为命令行参数，参数之间用空格分隔，这些参数被依次存储在字符串数组 args 中。

【例 5.14】 命令行参数的使用。

```
public class CommandLine {
    public static void main(String args[]){
     for (int i=0;i<args.length;i++)
       System.out.println("args["+i+"]:"+args[i]);
    }
}
```

运行程序，在命令行中输入语句：

Java CommandLine Hello World

运行后，输出结果如下所示：

args[0]: Hello

args[1]: World

本命令行包含两个参数，程序运行时，系统将命令行参数传递给 main() 的参数 args，并根据参

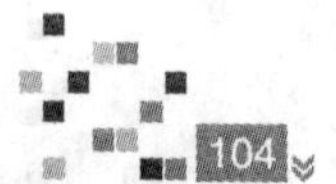

数的先后次序存储在数据元素 args[0] 和 args[1] 中。在存储时，系统将空格作为命令行参数间的分隔符。如果要使用带有空格的字符串作为参数，应将这样的参数用括号引起来，如下面的参数：

```
java CommandLine jiang su chang zhou "Hello World"
```

这里有 jiang，su，chang，zhou，"Hello World"5 个参数，分别存储在数据元素 args[0]，args[1]，args[2]，args[3]，args[4] 中。

5.1.7 关键字 this

关键字 this 表示某个对象。当需要在类的实例方法中指向调用该实例的对象时，可以使用关键字 this。在大多数情况下，关键字 this 不是必须的，可以被省略。在 Java 语言中，系统会在自动调用所有实例变量和实例方法时与 this 关键字联系在一起，因此在一般情况下，不需要使用关键字 this。不使用关键字 this，程序一样可以正常编译和运行。但是，在某些特色情况下，关键字 this 是必不可少的。

1. 局部变量和成员变量同名的情况下

在参数变量或局部变量与实例变量同名的情况下，由于参数变量或局部变量的优先级高，所以在方法体中，参数变量或局部变量将隐藏同名的实例变量。如果实在需要参数变量或局部变量与实例变量同名，那么就可以使用关键字 this 来完成相应的功能。在一般情况下，它们都是适用于实例变量不同的参数名或者局部变量名来避免这个问题。

【例 5.15】 成员变量的隐藏。

```
class app5_15{
  int a=32,b;
  void f( ){
  int  a=43;
  b=a;
  }
```

在这个程序中，b 得到的值不是 32，而是 43。如果方法 f 中没有 int a=43 的语句，b 得到的值将会是 32。例如：

```
Rectangle（doubel length,double width）
   { // 使用 this 避免命名空间冲突
     this.length=length;// 形参向成员变量赋值
     this.width=width;
   }
```

2. 在构造函数中调用其他构造函数

关键字 this 还有一个用法，就是在构造函数的第一条语句中使用关键字 this 来调用同一个类中的另一个构造函数。详见 5.3.4 节。

项目 5.2 公有成员与私有成员

知识汇总

类的成员变量和成员方法可以使用多种修饰符来控制它的访问权限，其中用 public 修饰的成员叫公有成员，它可以被其他所有类访问。使用 private 修饰的成员被称为私有成员。类的修饰符是 public，不代表该类中的成员也是公共的。如果想声明一个类中的成员是公共的，则该类必须是公共的。

5.2.1 创建公有成员

在 5.1 节中我们讲过成员变量和成员方法可以使用多种修饰符来控制它的访问权限，其中用 public 修饰的成员称为公共成员，它可以被其他所有类访问。public 修饰符会导致安全性和数据封装性下降，所以一般要减少 public 成员的使用，而改用访问和调用的方法来访问公共成员。用 public 修饰的变量称为公共变量，用 public 修饰的方法称为公共方法。

public 修饰符的使用形式为：

public 变量名；

public 方法名（参数列表）{……}

例如：

```
class A{
  public int a;   //公共整型变量 a
  public int a(){  //公共方法 a(), 返回值类型为 int
     ……
  }
}
```

公有成员可以被所有程序访问。类的修饰符是 public, 不代表该类中的成员也是公共的。但是如果想声明一个类中的成员是公共的，此类必须是公共的。

5.2.2 创建私有成员

private 修饰符又称为私有访问控制符，使用 private 修饰的变量和方法，被称为私有成员。

private 修饰符的使用形式为：

private 变量名；

private 方法名（参数列表）{……}

例如：

```
class A{
 private int a; //私有整型变量 a
 private int f(){  //私有方法 a(), 返回值类型为 int
 ……
 }
}
```

私有成员只可以被类本身调用和访问。同一个类中的不同对象可以互相访问对方的 private 实例变量或者调用对方的 private 实例方法，这是因为访问控制修饰符是在类级别上，而不是在对象级别上。

此外，如果构造方法被修饰为 private，则其他类不能生成该类的一个实例对象。

5.2.3 数据的封装

封装是面向对象的基础，也是面向对象的核心特征之一。封装也称为信息隐藏，是指利用抽象数据类型将数据和基于数据的操作封装在一起，使其构成一个不可分割的独立实体，数据被保护在抽象数据类型的内部，尽可能地隐藏内部的细节，只保留一些对外接口使之与外部发生联系。系统的其他部分只有通过包裹在数据外面的被授权的操作来与这个抽象数据类型交流与交互。也就是说，用户无需知道对象内部方法的实现细节，但可以根据对象提供的外部接口（对象名和参数）访问该对象。

Java 的类是通过包的概念来组织的，包类似一个松散的集合。处于同一个包中的类可以不需要任何说明而方便地互相访问和引用，而对于不同包中的类，则不行。类是数据及对数据操作的封装体，

类具有封装性。允许或禁止访问类或类的成员，通过访问权限修饰符 public，private，protected(也可以什么都不写，即空)来修饰类或类的成员，Java 可以方便地实现封装。

对于类中的成员，Java 定义了 4 种访问权限，它们分别是 public（公共的），protected（保护的），private（私有的）和无修饰符或者 default（默认的），关键字 public，protected，private 被称为 Java 的访问全修控制修饰符。如果在声明一个成员时，没有用任何访问控制修饰符进行修饰，则称其为默认的访问权限。

类中成员每一种访问权限的访问级别，见表 5.1。

表 5.1　各修饰符所表示的访问权限

访问范围	public	private	protected	default
同一类	√	√	√	√
同一包中的子类	√		√	√
同一包中的非子类	√		√	√
不同包中的子类	√		√	
不同包中的非子类	√			

除了访问权限控制符外，还存在几个说明成员性质的控制符：static，final，abstract，这些控制修饰符被称为非访问控制修饰符，在后面章节中将详细讲述。

除了常用的访问控制修饰符和非访问控制修饰符外，Java 语言中还定义了几个特殊的修饰符，分别是 volatile，native，transient，strictfp，synchronized。它们大多数在特殊的场合使用，有特定意义。

（1）volatile（易失域修饰符），用来修饰被不同线程访问和修改的变量。

（2）native（本地方法修饰符），表示被修饰的方法由本地语言实现，利用 native 修饰东西，也可以称为 JNI 实现，即由 Java 本地接口实现。

（3）transient（暂时性域修饰符），用来表示一个域不是该对象串行化的一部分。简单来说就是将某一个类存储以文件形式存储在物理空间，下次再从本地还原的时候，还可以将它转换回来，这种形式方便了网络上的一些操作。

（4）strictfp 是很少使用的修饰符，用来声明一次浮点运算的精度，一般只在对数学运算精度要求很强的代码中使用。

（5）synchronized（同步方法修饰符）能够作为函数的修饰符，也可作为函数内的语句的修饰符，也就是常说的同步方法和同步语句块。

访问修饰符只能用于类成员，而不是方法内部的局部变量。如果在一个方法体内使用访问修饰符，将会导致一个编译错误。

【例 5.16】　访问修饰符使用示例。

```
package a;
public class b1{
   private int c;
   protected int d;
   int e;
   public int f;
   void test(){
     c=1;
     d=1;
```

```
        e=1;
        f=1;
    }
}
```

从这个例子中可以看出，在同一个包的同一个类中可以访问任何权限的变量。

【例 5.17】 程序运行发现错误之一。

```
package a;
public class b2{
   void test( ){
      b1 b=new b1();
      b.c=1; // 出错
      b.d=1;
      b.e=1;
      b.f=1;
   }
}
```

从这个例题可以看出，虽然类 b1 和 b2 在同一包中，但是在访问时，b2 对 b1 类中的私有变量没有访问权限，所以 b.c=1 这条句是错误的。

【例 5.18】 程序运行发现错误之二。

```
package a;
public class b3 extends b1{
   void test( ){
      this.c=1; // 出错
      this.d=1;
      this.e=1;
      this.f=1;
   }
}
```

从这个例题中可以看出，虽然类 b3 是类 b1 的子类，但是由于 c 变量声明为 private，所有虽然在同一包中，但是由于不在同一个类中，b3 也没有对变量 c 的访问权限。

【例 5.19】 程序运行发现错误之三。

```
package a;
public class b4{
    void test( ){
       b1 b=new b1();
       b.c=1; // 出错
       b.d=1;  // 出错
       b.e=1;  // 出错
       b.f=1;
    }
}
```

从这个例题中可以看出，同一个包中的不同类，类 b4 只能对类 b1 声明为 public 的变量进行访问。

【例 5.20】 程序运行错误之四。

```
package m;
public class b5 extends b1{
    void test( ){
        this.c=1; // 出错
        this.d=1;
        this.e=1; // 出错
        this.f=1;
    }
}
```

从这个例题中可以看出，类 b5 和类 b1 是不同包中的不同类，但是 b5 是 b1 的子类，所以除了可以访问 public 变量外，还可以访问 protected 变量。

注意：类的访问权限需要遵循以下限制：

（1）一个对象所有的成员变量如有可能应当是私有的，至少应当是保护类型的。

（2）如果一个成员方法可能使对象失效或不被其他类使用，它应当是私有的。

（3）如果一个成员方法不会产生任何不希望的后果，它才可以被声明为公有的。

（4）一个类至少有一个公有的、保护的或者友好的成员方法。

项目 5.3 构造函数

知识汇总

构造函数是一种特殊的成员方法，它必须与它所在的类同名，且没有返回值，连 void 类型也没有。一个类可以定义一个或者多个构造函数，只要它们的参数不同即可。一个构造函数可以拥有任意多个参数，也可以没有参数。构造函数可以重载。

5.3.1 构造函数的基本概念

当建立一个类对象时，总要调用一个被称为构造函数（ConStructor）的特殊方法。构造函数也称为构造方法，其作用是提供一种方法，在创建对象时对对象的实例变量单独进行初始化。在类中，已经定义的初始化块在构造函数之前执行。

构造函数的声明形式为：

```
 [public] 类名 ( 参数表 )
{
……
}
```

构造函数是一种特殊的成员方法，其特殊性表现在：

（1）构造函数名必须与它所在的类同名。

（2）构造函数没有返回值，也没有 void 类型。

（3）一个类可以定义一个或者多个构造函数，只要它们的参数不同即可。一个构造函数可以拥有任意多个参数，也可以没有参数。

【例 5.21】 利用构造函数求圆的面积。

```
public class Circle {
    double radius;
    double Area(){
        return radius*radius*Math.PI;
    }
    Circle(double r) { // 带参数的构造函数
        radius=r;
    }
    Circle() {     // 不带参数的构造函数
        radius=5.0;
    }
    public static void main(String args[]){
        Circle c=new Circle();
        System.out.println(" 圆的面积 ="+c.Area());
    }
}
/* Circle output---
圆的面积 =78.53981633974483
-----------------*/
```

程序运行时，对象 c 将调用 Circle 类中的第二个构造方法（不带参数的构造方法），将默认的半径值 5.0 赋值给 c.Area()。

当然在此也可以直接将不带参数的构造方法去掉，直接在类对象创建时给予半径的赋值：Circle c=new Circle(5.0); 程序运行结果一样。通过这种形式，构造方法可以定义几个形式的参数，创建对象的语句在调用构造函数时提供几个类型顺序一致的实际参数，指明新建对象各成员变量的初始值。利用这种机制就可以创建不同初始特性的同类对象。

【例 5.22】 利用构造方法计算矩形的面积。

```
// 定义矩形类
class a{
    double width;
    double height;
// 定义带参数的构造函数
a(double w,double h){
    width=w;
    height=h;
}
// 定义计算矩形的方法
double Area(){
    return width*height;
}
}
public class m{
    public static void main(String args[]){
        a r1=new a(6.0,7.0);
```

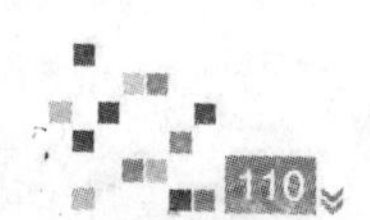

```
        a r2=new a(3.0,5.0);
        System.out.println("r1 的面积是 "+r1.Area());
        System.out.println("r2 的面积是 "+r2.Area());
      }
   }
/* m output---
R1 的面积是 42.0
R2 的面积是 15.0
-----------------*/
```

这个程序定义了构造方法后，用 a r1=new a(6.0,7.0); a r2=new a(3.0,5.0); 两条语句创建并初始化了类 a 的对象。

5.3.2 构造函数的调用时机

构成函数在创建对象时由 new 运算符自动调用完成对象的初始化，一般不能显式地直接调用。当一个类被实例化的时候，它的结构函数自动被调用。当一个子类被实例化时，虽然没有加入任何调用结构函数的语句，但是子类的构造函数和父类的结构函数都被调用。

如果在子类的构造方法中没有明确地调用父类的构造方法，则系统在创建子类时会自动调用父类的默认构造方法（即无参数构造方法）。

5.3.3 构造函数的重载

1. 成员方法的重载

方法的重载是指在一个类中可以有名字相同的多个方法，但是这些方法的参数必须是不同的，可以是不同的参数类型，也可以是不同的参数个数。Java 程序中方法的重载是实现面向对象多态性的一个重要手段。

方法的重载只跟方法的名字和参数个数和参数类型有关，与方法前面的修饰符、返回值无关。当一个重载方法被调用时，Java 编译器根据传递给方法的实参类型、个数和顺序来区别是调用哪一个方法。

如果在一个类中，两个（或多个）同名方法的参数的类型、个数或顺序都相同，只有返回值类型不同，那么编译时会产生错误。

【例 5.23】 方法的重载示例。

```
public class area {
  static double area(double r){// 根据半径求圆面积
    return Math.PI*r*r;
  }
  static double area(double l,double w){ // 求矩形面积
    return l*w;
  }
  static double area(double d1,double d2,double h){ // 求梯形的面积
    return (d1+d2)*h/2;
  }
  public static void main(String args[]){
     double s1=area(2.0);
     System.out.println(" 一个参数：圆的面积 ="+s1);
```

```
        double s2=area(2.0,3.0);
        System.out.println(" 二个参数：矩形的面积 ="+s2);
        double s3=area(2.0,3.0,4.0);
        System.out.println(" 三个参数：梯形的面积 ="+s3);
    }
}
/* area output---
一个参数：圆的面积 =12.566370614359172
二个参数：矩形的面积 =6.0
三个参数：梯形的面积 =10.0
-----------------*/
```

这个程序中有 3 个重载方法，static double area(double r)，static double area(double l,double w) 和 static double area(double d1,double d2,double h) 分别用来求圆面积、矩形面积和梯形的面积。这 3 个重载方法具有不同的参数个数，调用方法时根据参数个数来区别是调用哪一个重载方法。

注意：（1）在使用重载时只能通过不同的参数样式。例如，不同的参数类型，不同的参数个数，不同的参数顺序（当然，同一方法内的几个参数类型必须不一样，例如可以是 fun(int, float)，但是不能为 fun(int, int)。

（2）不能通过访问权限、返回类型、抛出的异常进行重载。

（3）方法的异常类型和数目不会对重载造成影响。

（4）对于继承来说，如果某一方法在父类中是访问权限是 priavte，那么就不能在子类对其进行重载，若要定义，也只是定义了一个新方法，而不会达到重载的效果。

2. 构造函数的重载

Java 支持对构造函数的重载，这样一个类就可以有多个构造方法。这些构造方法都有相同的名字，但是它们有不同的参数列表。编译器会根据参数列表中参数数目以及参数的类型区分这些构造函数，并决定要使用哪个构造方法初始化不同的对象。

Circle c=new Circle();

这句程序编译器将会选择没有参数的构造函数或者默认的构造函数。

Circle c=new Circle(5.0)；

这句程序编译器是认识的，它使用了一个 double 型的参数，编译器将会选择对应的构造函数运行。

【例 5.24】 构造函数的重载。

```
class student3{
  private String studentname,password;
  student3(){
    System.out.println(" 全部为空 ");
  }
  student3(String name){
     studentname=name;
  }
  student3(String name,String pwd){
    this(name);
    password=pwd;
    check();
```

```
    }
  void check(){
   String s=null;
   if(studentname!=null)
       s=" 学生姓名: "+studentname;
     else s=" 学生姓名不能为空  ";
     if(password!="98764321")
     s=s+" 密码错误！ ";
     else s=s+"  密码: ********";
     System.out.println(s);
    }
  }
  public class TestStudent3 {
     public static void main(String args[]){
         new student3();
         new student3(" 张红 ");
         new student3(null," 刘萍 ");
         new student3(" 陈明 ","98764321");
     }
  }
  /* TestStudent3 output---
  全部为空
  学生姓名不能为空    密码错误！
  学生姓名: 陈明    密码: ********
  -----------------*/
```

此程序中有 3 个构造函数：student3()，student3(String name) 和 student3(String name,String pwd)。

第 1 个构造函数 student3() 是一个无参数的构造函数，它的作用是用来对成员变量赋缺省初值，由于 studentname 和 password 都是 String 类型的，所以它们的缺省初值是 null。

第 2 个构造函数 student3(String name) 有一个形参，用来对成员变量 studentname 赋值。

第 3 个构造函数 student3(String name,String pwd) 有两个形参，内容也更加丰富。

3. 静态构造器

有一种特殊的构造方法称为静态构造器。这是类级别的构造器，它只对类而不对对象进行初始化，因此它操作的是类的静态属性。它是在该类加载时系统自动调用的。而一般的构造方法是在用 new 运算符创建对象时，由系统自动调用的。静态构造器的格式也很特别，是用 static 引导一对大括号，大括号内是所括起来的对静态属性初始化的语句组。详见例 5.29。

当需要初始化的静态成员变量很少且很简单的时候，可以不用静态构造器，而是直接在变量定义时进行初始化。但是当等待初始化的静态成员较多或者较复杂时，采用静态构造器能使程序结构更加清楚。

5.3.4 在一个构造函数中调用另一个构造函数

构造方法是在产生对象时被 Java 系统自动调用的，不能在程序中像调用其他方法一样去调用构造方法（必须通过关键词 new 自动调用它）。但可以在一个构造方法里调用其他重载的构造方法，不是用构造方法名，而是用 this（参数列表）的形式，根据其中的参数列表，选择相应的构造方法，而

且必须放在第一行。

【例 5.25】 this 关键词的使用。

```
public class Person{
        String name;
        int age;
        public Person(String name){
            this.name = name;
         }
        public Person(String name,int age){
            this(name);
            this.age = age;
        }
}
public class test{
    int i;
    int m;
    test(int i){
        this.i=i;
   }
   test(int  i,int  m){
// 必须在方法第一行使用 this，并且只能调用一个构造函数
     this(i);
     this.m=m;
   }
public static void main(String[] args){
      test b=new test(10,20);
      System.out.println(b.i);
      System.out.println(b.m);
  }
}
/* test output---
10
20
-----------------*/
```

5.3.5 构造函数的省略

如果在程序中用户没有为类定义构造函数，系统将为该类创建一个默认的构造方法，这个由 Java 系统自动提供的默认的构造方法就是所谓的缺省构造方法。这个默认的构造方法确保每个 Java 类都至少有一个构造方法，该方法符合类的定义。

该默认的构造方法不带任何参数。一旦用户自定义了自己的构造函数，默认的构造函数就不再被使用。

项目 5.4 类变量与类函数

知识汇总

类的成员变量分为实例变量和类变量。在声明类的成员变量时，用 static 关键字修饰的变量属于类变量，不带 static 关键字的变量属于实例变量。类变量可以通过类名或实例对象来访问。成员方法分为实例方法和类函数。声明类的成员方法时，用 static 修饰的方法称为类函数，修饰符中不带 static 关键字的方法属于实例方法。一个类函数可以通过它所属的类名或类的对象来调用。

5.4.1 实例变量与实例函数

1. 实例变量

成员变量可以分为实例变量和类变量。声明类的成员变量时，前面不带 static 关键字的成员变量都属于实例变量。

实例变量定义在类定义之内，方法定义之外，一般放在类定义的开始或者最后。每次创建类的一个实例对象时，系统会为对象的每一个实例变量分配内存单元，即该对象的每个实例变量都有自己的存储空间。实例变量只能通过"对象名 • 变量"的方式进行访问。例如：

```
class M
{
folat a; // 实例变量
static int b;// 静态变量
}
```

实例变量可以使用以下 3 种方式进行初始化：

（1）在声明时直接初始化。

如 String name="li ming"。

（2）使用初始化块。

【例 5.26】 使用初始化块初始化实例变量。

```
class a1{
  int[] values = new int[10];
  {
  System.out.println(" 运行初始化块：");
  for(int i=0;i<values.length;i++)
  values[i]=(int)(100.0 * Math.random( ));
  }
 void listValues() {
 System.out.println();
 for (int i=0;i<values.length;i++)
   System.out.print(" " + values[i]);
 System.out.println();
 }
```

```
public static void main(String[] args) {
    a1 example1 = new a1( );
    System.out.println("First object:");
    example1.listValues();
    a1 example2 = new a1();
    System.out.println("Second object:");
    example2.listValues();
    example1.listValues();
  }
 }
/* a1 output---
运行初始化块：
First object:
   40 28 85 40 16 6 72 32 74 61
运行初始化块：
Second object:
   19 12 4 68 55 45 94 90 91 79
   40 28 85 40 16 6 75 32 74 61
-----------------*/
```

（3）可以使用构造函数来初始化变量。

有时候，并不是在编写类的时候就能够确定变量的值，而是需要在运行时确定，或者类的初始化需要外界的某个值，或是希望初始化能有更好的灵活性，就可以使用构造函数来初始化变量。

如在例 5.24 中：new student3(" 张红 ");new student3(null," 刘萍 ");new student3(" 陈明 ","98764321"); 这 3 个构造函数，都对变量进行了初始化。

使用构造函数对变量进行初始化，就可以根据外界参数的不同，初始化不同的值，使用时可以根据需要来调用不同的构造函数。

值得注意的是，实例变量在初始化时，不能引用实例变量自身以及出现在其后面的实例变量。实例变量在引用时可以使用 this 和 super 关键字。

2. *实例方法*

成员方法可以分为实例方法和静态方法。声明类的成员方法时，修饰符中不带 static 关键字的成员方法都属于实例方法。实例方法只能被一个关联的特定对象所执行，如果没有对象存在，就不能执行实例方法。实例方法可以通过“对象名·方法名”的方式进行访问。例如：

```
class M
{
folat f1( );     //实例方法
static int f2( )
{  //静态方法
……
}
}
```

5.4.2 类变量

1. 类变量

声明类的成员变量时，用 static 关键字修饰的变量，就称为类变量或者静态变量。用 static 修饰的成员变量属于类，不属于任何一个具体的对象。类变量的值保存在类的内存区域的公共存储单元，而不是保存在某一个对象的内存区域。任何一个类的对象访问它时，取到的都是相同的数据。任何一个类的对象修改它时，也都是对同一个内存单元进行操作。

对于类变量来说，Java 运行系统仅在第一次调用类的时候为类变量分配内存，不管以后为类再创建多少个实例对象，这些实例对象将共享同一个类变量。每个实例对象对类变量的改变都会直接影响到其他实例对象。因此，类变量可以通过类名直接访问，也可以通过实例对象来访问。

类变量的使用格式为：

类名 • 变量名；

或　类对象•变量名；

【例 5.27】 实例变量和类变量的应用。

```
class StaticDemo {
   static int x; // 静态变量
   int y;
   public  static int getX(){// 静态方法 getX
       return x;
   }
   public static void setX(int newX){
       x=newX;
   }
   public  static int gety(){// 静态方法 gety
      return y;
   }
   public  void setY(int newY){
      y=newY;
   }
 }
public class TestStatic {
    public static void main(String args[]){
         System.out.println(" 静态变量 x="+StaticDemo.getX());
         StaticDemo a=new StaticDemo();
         StaticDemo b=new StaticDemo();
         a.setX(1);a.setY(2);b.setX(3);b.setY(4);
         System.out.println(" 静态变量 a.x="+a.getX());
         System.out.println(" 静态变量 a.y="+a.gety());
         System.out.println(" 静态变量 b.x="+b.getX());
         System.out.println(" 静态变量 b.y="+b.gety());
    }
 }
 /* TestStatic output---
```

```
 静态变量 x=0
 静态变量 a.x=3
 静态变量 a.y=2
 静态变量 b.x=3
 静态变量 b.y=4
-----------------*/
```

类变量在它的引用过程中有许多限制：

（1）只有在类定义中声明为 public 的变量，才可以被任意的访问。

（2）凡是静态的数据成员，都可以直接用类进行访问，例如我们常用的 System.out，out 就是 DataOutpuntStream 类的静态成员数据成员，因此就可以直接通过类 System 来调用它。

（3）不能引用这个类变量自身以及出现在其后面的类变量。

（4）不能引用实例变量。

（5）不能使用 this 和 super 关键字。

如果违反了其中任何一条，都会产生编译错误。

2. 类变量的初始化

对于类变量，当类在初始化时，变量被计算和赋值，这个过程只有一次；对于实例变量，则当每次创建这个类的实例时，变量都要被计算和赋值。

类变量的初始化有两种方式：

（1）在声明时直接初始化。类变量只在类加载时被初始化一次，由类的所有对象所共享。

如：static int a=1;

（2）如果类变量的初始化工作较大，可以使用静态初始化块。

【例 5.28】 使用静态初始化块。

```
public class Block{
   private static Block[] block;
   String name;
  // 静态初始化块
   Static{
     block=new  Block[3];
     block[0]=new Block("how");
     block[1]=new Block("are");
     block[2]=new Block("you");
   }
  public Block(String name){
       this.name=name;
    }
}
```

在这个程序中，声明了一个 Block 数组，然后在静态初始化块中为数组分配空间，并为每个数组元素初始化，静态初始化块只在类加载时执行一次。

3. 静态常量

在程序中经常使用到的另一种数据形式是静态常量，它可以通过类名直接进行访问。例如：在 Math 类中定义的静态常量 PI。

```
public class Math
{
```

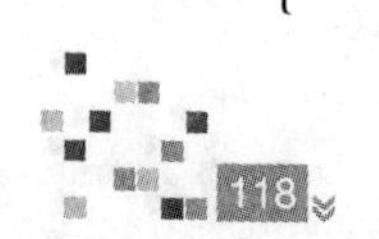

```
……
public static final PI=3.1415926;
……
}
```

其引用方式为 Math.PI。

4. 类变量与实例变量的区别

类变量跟实例变量的区别如下：

在语法定义上：类变量前要加 static 关键字，而实例变量前则不加。

在程序运行时：实例变量属于某个对象的属性，必须创建实例对象，其中的实例变量才会被分配空间，才能使用这个实例变量。类变量不属于某个实例对象，而是属于类，只要程序加载了类的字节码，不用创建任何实例对象，类变量就会被分配空间，类变量就可以被使用了。

所以类变量是类固有的，类变量则可以直接使用类名来引用。其他成员变量仅仅被声明，必须创建对象后才可以通过这个对象来使用。

类变量在内存中只有一个，Java 虚拟机在加载类的过程中为类变量分配内存，类变量位于方法区，所有的实例对象引用的都是同一个版本。类变量可以直接通过类名进行访问，其生命周期取决于类的生命周期。

而实例变量取决于类的实例。每创建一个实例，Java 虚拟机就会为实例变量分配一次内存，每个实例变量都被制作了一个副本，它们之间互不影响。实例变量位于堆区中，其生命周期取决于实例的生命周期。

5.4.3 类函数

用 static 修饰的方法称为类函数，也称为类方法或静态方法。一个类函数既可以通过它所属的类名来调用，也可以通过类的对象来调用类函数。

类函数的调用格式为：

类名 • 方法名（）；

或　类对象 • 方法名（）；

一般来说，类函数常常为应用程序中的其他类提供一些实用工具，在 Java 的类库中，大量的静态方法正是出于此目的而定义的。

【例 5.29】 实例方法和类函数。

```
class StaticMethod{
    static int a=33;
    static int b=66;
    static void callme(){  // 定义类方法 callme()
      System.out.println("a="+a);
    }
  }
public class TestStaticMethod {
   public static void main(String args[]){
     StaticMethod.callme();           // 调用类方法 callme()
     System.out.println("b="+StaticMethod.b); // 访问类变量 b
   }
 }
/* TestStaticMethod output---
```

```
a=33
b=66
-----------------*/
```

此程序中，StaticMethod 类中有一个类方法 callme()，有两个类变量 a 和 b。类 TestStaticMethod 可以通过类名直接调用类 StaticMethod 的类方法和类变量。

5.4.4 类函数的使用限制

（1）实例方法既能对类变量操作，也能对实例变量操作，而类函数只能对类变量进行操作，不能访问非静态的成员变量。

【例 5.30】 实例方法的使用。

```
class S
{
int a;
static int b;
void f(int c,int d)
{
a=c;
b=d;
}
static void e(int m)
{
b=23;
 a=m; // 出错
 }
}
```

这个程序运行时出错。实例方法 f 可以访问实例变量 a 和静态变量 b，类方法能访问类变量 b，但是类方法 e 不能访问实例变量 a。

（2）一个类中的方法可以相互调用，实例方法可以调用该类中的其他方法，而类方法只能调用该类的类方法，不能调用实例方法。

【例 5.31】 类中方法的相互调用。

```
class A{
   float b1,b2;
   void f1(float x1,float x2){
      b1=f3(x1,x2);
      b2=f4(x1,x2);
    }
    static float f2(float x1,float x2){
      return f3(x1,x2)+ f4(x1,x2);        // 程序出错
    }
    static float f3(float x1,float x2) {
      return b1>b2?b1:b2
    }
    float f4(float x1,float x2){
```

```
        return b1<b2?b1:b2
      }
  }
```

这个程序运行时出错。这个程序有两个实例方法 f1 和 f4，两个类方法 f2 和 f3。实例方法能访问类方法，但是类方法不能访问实例方法。

（3）类方法中不能使用 super，this 关键字，这是因为类方法通过类名直接调用，这时可能还没有任何对象诞生。

【例 5.32】 类的方法中 this 和 super 的使用。

```
class Person{
   String name;
   String sex;
   int age;
   public Person(String name, String sex, int age){
   // 在构造方法中使用关键字 this，程序正确
     this.name=name;
     this.sex=sex;
     this.age=age;
   }
  static void cando(){
   /* 在静态方法中使用关键字 this, 程序出错。如果将此方法前面的 static 去掉，将 cando() 变成
实例方法，程序正确 */
   this.play();
  }
  void play(){
   System.out.println("I am a student");
  }
}
public class TestPerson{
   public static void main(String args[]){
      Person p=new Person("xiaoming","boy",19);
p.cando();
   }
}
```

项目 5.5 类的继承

知识汇总

继承是一种由现有的类创建新类的机制。由继承得到的类称为子类，被继承的类称为父类。Java 中的每个类都是从 java.lang.Object 类中继承而来的，一个类可以有一个或多个子类，也可以没有子类，但是任何子类有且只能有一个父类。子类可继承和使用父类所有的非私有的属性，也可以重新定义由父类继承而来的属性。

5.5.1 继承的基本概念

继承是面向对象的程序设计语言的一个重要特征。

1. 继承的概念

继承是一种由现有的类创建新类的机制。利用继承，可以先创建一个共有属性的一般类，根据这个一般类再创建具有特殊属性的新类，新类继承一般类的状态和行为，并根据需要增加它自己的新的状态和行为。由继承而得到的类称为子类，被继承的类称为父亲，也称为超类。子类一般要比父类大，同时更加具有特殊性，代表一组更加具体的对象。

2. 继承的声明格式

在类的声明语句中加入 extends 关键词和指定的类名即可实现类的继承。

```
class 子类名 extends 父类名
{
//……
}
```

如 class Student extends People

```
{
……
}
```

注：如果一个类声明中没有使用 extends 关键字，这个类被系统默认为是 Object 的直接子类，Java 中的每个类都是从 java.lang.Object 类中继承而来的 ,Object 类是所有类的始祖。一个类可以有多个子类，也可以没有子类，但是任何子类有且只能有一个父亲（Object 类除外）。

Object 类是一种特殊的类，Object 类型的引用变量可以引用任何类的对象。

父类中除了 private 成员以外，其他所有成员都可以通过继承变成子类的成员。也就是说，子类继承的成员实际上是整个父系的所有成员。

3. 成员变量的继承和隐藏

（1）成员变量的继承。

子类可继承父类非私有的所有属性。子类继承父类的成员变量作为自己的一个成员变量，就好像它们是在子类中直接声明一样，可以被子类自己声明的任何实例方法操作，也就是说，一个子类继承的成员应当是这个类的完全意义的成员，如果子类中声明的实例方法不能操作父类的某个成员变量，该成员变量就没有被子类继承。

【例 5.33】 成员变量的继承示例。

```
class Animal{
 protected int height=1;
}
class Cock extends  Animal{
  public void setHeight( int value){
      height=value;
  }
 public void setSuperHeight(int value) {
      super.height=value;
  }
 public void printHeight()  {
   System.out.println(" 子类的高度是："+height+" 父类的高度是："+super.height);
```

```
        }
    }
public class TestAnimal{
    public static void main(String args[]){
        Cock cock=new Cock();
        System.out.println(" 修改之前 :");
        cock.printHeight();
        System.out.println(" 修改子类的高度后：");
        cock.setHeight(5);
        cock.printHeight();
        System.out.println(" 修改父类的高度后：");
        cock.setHeight(10);
        cock.printHeight();
    }
}
/* TestAnimal output---
修改之前 :
子类的高度是：1 父类的高度是：1
修改子类的高度后：
子类的高度是：5 父类的高度是：5
修改父类的高度后：
子类的高度是：10 父类的高度是：10
-----------------*/
```

此程序不管是修改了子类的高度还是修改了父类的高度，都会直接影响到另一方高度的计算，因为 height 在子类和父类中共享了同一份拷贝。

如果在声明时父类中声明了变量 height 为类变量，那么所有的子类将和父类一起共享 height，任意一个子类（或父类）修改 height 的值都会影响到其他子类（或父类）。

【例 5.34】 成员变量的继承示例 2。

```
class Animals{
    protected  static int height=1;
}
class Cat extends  Animals{  }
    public class TestAnimal{
        public static void print(){
        System.out.println(" 动物类的高度是："+ Animals.height+" 猫类的高度是："+ Cat.height);
    }
    public static void main(String args[]){
        System.out.println(" 修改之前：");
        print();
        System.out.println(" 修改猫类的高度后：");
        Cat.height =3;
        print();
    }
```

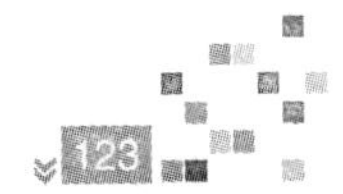

```
}
/* TestAnimal output---
修改之前：
动物类的高度是：1 猫类的高度是：1
修改猫类的高度后：
动物类的高度是：3 猫类的高度是：3
-----------------*/
```

（2）成员变量的隐藏。

成员变量的隐藏是子类对父类继承来的属性变量重新加以定义的。

成员变量的隐藏是指子类拥有两个相同名字的变量，一个继承自父类，一个由自己定义。如果子类声明了与父类同名的成员变量，则父类中同名的成员变量将被隐藏起来。

当在子类对象中直接通过成员变量名访问成员变量时，访问到的是子类的同名变量，如果需要访问同名的父类成员变量，则必须通过父类名或者 super 关键字来访问。

【例 5.35】 成员变量的隐藏示例。

```
class A{
  int m=5;
  void printa(){
      System.out.println("m="+m);
  }
}
// 创建继承类 A 的子类 B
class B extends A{
    int m=10;
    void printb(){
        System.out.println(" 父类的变量 m="+super.m+" 子类的变量 m="+m);
    }
}
public class yingchang{
    public static void main(String args[]){
        A a=new A();
        B b =new B();
        a.printa();
        b.printa();
        b.printb();
        }
    }
/* yingchang output---
   m=5
   m=5
  父类的变量 m=25 子类的变量 m=10
-----------------*/
```

注意：（1）用父类对象做前缀，返回的是父类属性，用子类对象做前缀，返回的是子类属性。

（2）调用父类方法，返回的是父类属性，调用子类方法，返回的是子类属性。

（3）子类对象调用继承自父类的方法，返回的是父类属性。

5.5.2 继承的范例

【例 5.36】 用继承关系完成代码需要实现如下需求：皮球（Ball）分为乒乓（pingpong）和羽毛球（badminton），各种皮球的运动（play）方式各不相同。

```
/** 用继承和多态编写类 Ball，本类作为父类 */
class Ball{
    public void play(){ }
}
/* 用继承和多态编写类 pingpong，本类作为子类 */
class pingpong extends Ball{
    public void play(){
        System.out.println(" 使用乒乓球运动！ ");
    }
}
/* 用继承和多态编写类 badminton，本类作为子类 */
class badminton extends Ball{
    public void play(){
        System.out.println(" 使用羽毛球运动！ ");
    }
}
/* 用继承和多态编写 BallTest 类，本类作为测试类 */
public class BallTest {
    public void testPlay(Ball  ball) {  // 形参类型为 Ball 类
        ball.play();
    }
    public static void main(String[] args)
      {
        BallTest ballTest = new BallTest();
        ballTest.testPlay(new pingpong());          // 实参为子类的实例
        ballTest.testPlay(new badminton());         // 实参为子类的实例
    }
}
/* BallTest output---
使用乒乓球运动！
使用羽毛球运动！
```

5.5.3 构造函数的调用及其常见错误

子类不继承父类的构造函数，因此如果子类想使用父类的构造函数，必须在子类的构造函数中使用，并且必须使用关键字 super 来表示，而且 super 必须是子类构造函数中的头一条语句。

super 用于调用父类的构造函数，其语法格式如下：

```
super( );
```

或

```
super( 参数 );
```

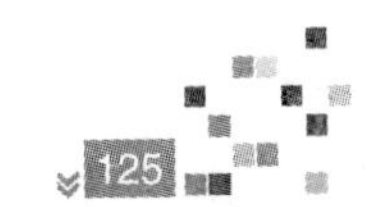

【例 5.37】 子类在 B 类的构造函数中调用了父类 A 类的构造函数。

```
class A{
  int a;int b;
  A(){ }
  A(int a,int b){
    this.a=a;
    this.b=b;
  }
  int f(){
  return a+b;
  }
}
class B extends A{
  int c;
  B(int a,int b,int c){
     super(a,b);
     this.c=c;
  }
  int f(){
  return c+super.f();
  }
}
```

注意：如果在子类的构造函数中，没有使用关键字 super 调用父类的某个构造函数，那么默认调用父类的不带参数的构造函数，即有 super( )。

如果一个类中定义了一个或者多个构造函数，那么 Java 不提供默认的构造函数（不带参数的构造函数）。因此，当在父类中定义了多个构造函数时，应当包括一个不带参数的构造函数，以防子类省略 super 时出现错误。

【例 5.38】 不带参数构造方法的使用。

```
class M{
  int x,y;
  M(int a,int b){
    x=a;
    y=b;
  }
}
public class A{
    public static void main(String args[]){
        M p1,p2;
        p1=new M(); // 出错，
        p2=new M(3,4);
    }
}
```

5.5.4 保护成员

了解了继承的概念后，protected 关键字就有了意义。private 关键字是私有的，都是不可访问的。但是有的时候，想把某些东西隐藏起来，但是同时允许访问衍生类的成员，protected 关键字可以做到。

protected 关键字的含义是：本身是私有的，但可以由这个类继承的任何子类或者同一个包内的其他任何类访问。Java 中类用 protected 修饰后会成为进入“友好”状态。

最好的方法是保持成员的 private 状态，然后通过 protected 方法允许类的继承者进行受到控制的访问。

【例 5.39】 保护成员。

```
class b{
  private int m;
  protected int read(){
     return m;
  }
  protected void set(int mm){
     m=mm;
  }
  public b(int mm){
     m=mm;
  }
  public int value(int n){
      return n*m;
  }
}
public class s extends b {
     private int j;
     public s(int jj){
          super(jj);
          j=jj;
     }
     public void change(int o){
          set(o);
     }
}
```

在此程序中，change() 函数拥有对 set() 函数的访问权，因为 set() 函数是的修饰符是 protected，是受保护的。

5.5.5 覆载

1. 成员方法的继承

父类的非私有方法作为类的非私有成员，可被子类继承，即子类调用父类方法。所谓子类继承父类的方法作为子类中的一个方法，就像它们在子类中直接声明一样，可以被子类中自己声明的任何实例方法调用。

2. 成员方法的覆盖

（1）概念。

成员方法的覆盖（Override）是在类的继承过程中发生的现象。如果从父类继承来的方法的功能不适应子类的要求，则可以声明自己的方法。在声明时，可能会出现使用与父类相同的方法名及参数的情况，这种情况称为方法的覆盖（或者称为方法的重写）。子类中定义的方法将覆盖从父类中继承来的同名方法。

当子类覆盖父类的方法时，必须保持与父类名完全相同的返回值、方法名、参数名和参数列表，但是父类中的方法不能是 private 类型，否则即使子类的方法和父类中的方法名和参数名完全相同，也不能发生覆盖。

（2）调用方法。

①用父类对象做前缀，调用的是父类方法，用子类对象做前缀，调用的是子类方法。

②当父类中的方法被 override（覆盖）后，要重新调用父类中的方法，需要使用 super 关键字。

【例 5.40】 方法的覆盖。

```
// 创建父类
class A{
  int m;
  void setValue(){
 m=200;
  }
 public void changeValue(){
  m=m-30;
 }
 public void print(){
   System.out.println(" 父类中的 m="+m);
 }
}
// 创建继承类 A 的子类 B
class B extends A{
     int n;
     void setValue(){
          n=400;
     }
     public void changeValue(){
           n=n+30;
     }
     public void print(){
          System.out.println(" 子类中的 n="+n);
     }
}
public class Methoverride {
     public static void main(String args[]){
      A a=new A();
      B b =new B();
```

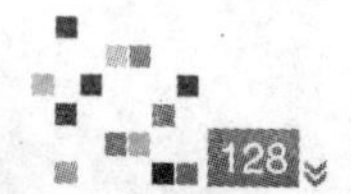

```
        a.setValue();
        a.changeValue();
        a.print();
        b.setValue();
        b.changeValue();
        b.print();
    }
}
/* Methoverride output---
 父类中的 m=170
 子类中的 n=430
-----------------*/
```

注意:(1)当子类覆盖父类时，必须保持与父类名完全相同的返回值、方法名、参数名和参数列表，才能达到覆盖的效果。

(2)覆盖的方法不能比被覆盖的方法抛弃(Throw)更多种类的异常，其抛弃的异常只能少，或者是其子类，不能以抛弃异常的个数来判断种类，而应该是异常类层次结果上的种类。例如:

```
class A{
  public void f()throw FilenotFoundException{ }
 }
 class B extends A{
   private void f() throw IOException{ }// 此处程序出错
 }
```

父类抛出 FilenotFoundException 是子类抛出的 IOException 的子类，所以程序出错。

(3)覆盖的方法的访问权限必须大于等于被覆盖方法的访问权限。访问权限由高到低为 public、protected、包访问权限、private。例如:

```
class A{
  public void f(){ }
class B extends A{
   private void f(){ }// 此处程序出错
}
```

(4)被覆盖的方法不能是 final 类型的，因为 final 类型的方法就是声明不能被覆盖。但是覆盖的方法可以是 final 类型的，不会影响覆盖效果。

(5)类方法不会发生覆盖。所以如果父类中的方法是静态的，而子类中的方法不是静态的，那么会发生编译错误，反之亦然。即使父类和子类中的方法都是静态的，并且满足覆盖条件，但是仍然不会发生覆盖，因为类方法是在编译时把静态方法和类的引用类型进行匹配。

(6)当编程时出现不需要完全覆盖一个方法时，可以部分覆盖一个方法，部分覆盖是在原方法的基础上添加新的功能，即在子类的覆盖方法中添加一句: super. 父类方法名，然后加入其他语句。

3. 运行时多态

(1)编译时多态性。

对于多个同名方法，如果在编译时能确定执行同名方法的哪一个，称为编译时多态。方法的重载是编译时多态。编译时根据实际参数的类型和数量，确定执行哪一个方法。

(2)运行时多态性。

到运行时才能决定执行哪个类的方法，称为运行时多态。

5.5.6 再谈 super() 与 this()

this 关键字出现在类的构造方法和实例方法中，在类的构造方法中代表使用该构造方法创建的对象，在类的实例方法中代表该方法的当前对象。

【例 5.41】 this 引用自身。

```
class Rectangle{
  int width;
  int length;
  Rectangle(int width,int length){
    this.width=width;
    this.length=length;
  }
  public void drawRect(){
    System.out.println( "this is Rectangle" );
  }
}
```

关键字 super 与关键字 this 相对应，代表当前对象的直接父类对象。

当发生如下情况时，可以使用 super 关键字：

（1）子类隐藏了父类的变量，但要使用时用 super 关键字（子类调用父类变量）。其语法格式是：super. 变量名。

（2）发生方法覆盖事件，子类要使用父类的方法时用 super 关键字（子类调用父类方法）。其语法格式是：

super. 方法名（）；或者 super. 方法名（参数）；

（3）子类调用父类的构造函数。

【例 5.42】 关键词 super 使用示例。利用圆类，创建一个表示圆柱的类，并计算圆柱的底面积和体积。

```
class Circle{
    private double radius;
    Circle(){
     radius=1.0;
    }
    Circle(double r){
     radius=r;
    }
   public double getRadius(){
         return radius;
   }
   public void setRadius(double newRadius){
         radius=newRadius;
   }
   public double findArea(){
         return radius*radius*Math.PI;
   }
```

```
}
class Cylinder extends Circle{
    private double length;
    public Cylinder(){
        super();
        length=1.0;
    }
    public Cylinder(double r,double l){
        super(r);
        length=1.0;
    }
    public double getLength(){
        return length;
    }
    public double findVolume()        {
        return super.findArea()*length;
    }
}
public class testCylinder {
    public static void main(String args[]){
        Cylinder a=new Cylinder(5.0,2.0);
        System.out.println("The length is"+ a.getLength());
        System.out.println("The radius is"+a.getRadius());
        System.out.println("The volum of the cylinder is"+a.findVolume());
        System.out.println("The area of the circle is"+a.findArea());
    }
}
/* testCylinder output---
  The length is1.0
  The radius is5.0
  The volum of the cylinder is78.53981633974483
  The area of the circle is78.53981633974483
-----------------*/
```

项目 5.6 接口

知识汇总

由于 Java 不支持多重继承，但是现实生活中又存在多重继承的现象，接口就是用来解决多重继承的问题。一个 Java 源程序是由类和接口组成。接口体跟抽象类相似，就是常量和抽象方法的集合，接口中的方法只做了声明，没有定义任何具体实现的操作方法。接口和类一样，也具有继承性，一个接口可以继承父类接口的所有成员。

1. 接口的概念

接口与抽象类相似，接口中的方法只做了声明，没有定义任何具体实现的操作方法。接口是若干完成某些特定功能的没有方法体的方法（抽象方法）和常量的集合，是一种引用数据类型。接口中指定类做什么，而不是去解决如何做。例如，计算机主板上的 USB 接口有严格的规范，U 盘、移动硬盘的内部结构不同，每种盘的容量也不同。但是 U 盘、移动硬盘都遵守 USB 接口的规范，所以在使用 U 盘或者移动硬盘时不需要考虑具体的细节，只要插入到任意的 USB 接口就可以了。这个是接口的最好应用。

Java 语言提供的接口都在相应的包中，通过引用包就可以使用 Java 提供的接口，也可以自定义接口，一个 Java 源程序就是由类和接口组成的。

2. 创建自定义接口

（1）接口声明格式。

创建自定义接口要是用声明接口语句，格式如下：

```
[ 修饰符 ] interface 接口名 [extends 父接口名 1，父接口名 1，……]
{
    // 接口体
[public][static][final] 属性类型 属性名 = 常量值 ;
[public][abstract] [native] 返回值 方法名（形参）;
}
```

①修饰符。

接口及接口中成员默认的访问权限修饰符都是 public，不能用其他修饰符来声明接口或接口中的成员，否则将会产生编译错误。

② interface。

interface 是接口的关键字。

③接口名。

接口名只要是一个合法的标识符即可。

④接口体。

接口体跟抽象类相似，就是常量和抽象方法的集合。

a. 常量。

接口体中定义的常量必须是最终的（Final）、静态的（Static）和公共的（Public）。也就是说，接口体中声明的常量实质上就是静态常量。不管使用了何种修饰符，静态常量都不能被修改。所以一开始声明静态常量时就必须初始化，否则会产生编译错误。

b. 方法。

接口体中定义的方法必须是抽象的（Abstract）和公共的 (Public)。如果这个方法使用了 public 代表这个类，则可以被任何类实现。如果没有使用 public，代表则只有与接口在同一个包中的类才能实现这个接口。

接口中的所有抽象方法必须全部被实现接口的类覆盖。一个非抽象类如果声明实现一个类，则该类必须覆盖接口中的所有抽象方法，即参数类表必须相同，不能仅重载而不覆盖，并且类中的成员方法必须声明为 public。即使该类不需要某方法，也必须覆盖接口中的抽象方法，可以用一个空方法或返回默认值的方法覆盖。

一个实现接口的抽象类，可以覆盖接口中的部分抽象方法。

接口中不包含构造方法。

如下程序就是一个典型的接口定义示例：

```
interface A
```

```
{
  final double PI=3.14159;
  void A(double param);
}
```

（2）接口与一般类比较。

接口在语法上与一般类相似，但是也有一些不同点：

①在接口中只是声明方法，而不是在其中实现。

②在接口中定义的数据成员必须要初始化，且不能更改。

3. 实现接口

一个类在声明继承一个直接父类的同时，还可以用关键字 implements 声明一个类将实现指定的接口，语法格式如下：

```
[类修饰符] class 类名 [extends 子句] [implements 接口名 1，接口名 2，……]
{
……// 类体
}
```

一旦接口被定义，任何类都可以实现它，而且一个类可以实现多个接口，实现多重继承的功能。声明只需要用逗号分割每个接口名即可（图 5.2~5.4）。

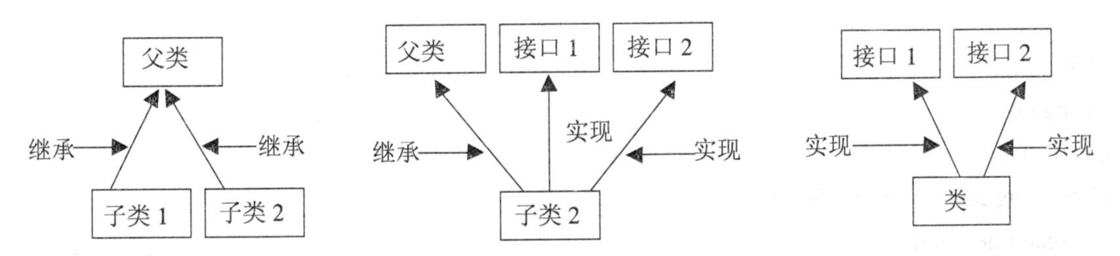

图5.2　单重继承　　图5.3　继承并实现接口的多重继承　　图5.4　实现多个接口的多重继承

如果一个类实现了某个接口，那么这个类必须实现该接口的所有方法，即为这些方法提供怎样的方法体由实现接口的类自己去决定。在类中实现接口的方法时，方法的名字、方法的类型、参数个数及类型必须与接口中的完全一致。

另外需要注意的是，如果接口方法的返回类型不是 void 型，那么在类中实现该接口方法时，方法体至少要有一个 return 语句；如果是 void 类型，方法体部分除了两个花括号外，也可以没有任何语句。

【例 5.43】 用接口的输入圆的半径并求出圆的面积。

```
import java.util.*;
interface A{
    final double PI=3.14159;
    void A(double param);
}
class Area implements A{
    public void A(double r){
        System.out.println(" 半径为 "+r+" 的圆的面积是："+PI*r*r);
    }
}
public class InterfaceDemo {
    public static void main(String args[]) {
```

```
            Scanner in=new Scanner(System.in);
            double x;
            Area circle=new Area();
            System.out.print(" 请输入圆的半径：");
            x=in.nextDouble();
            circle.A(x);
        }
    }
    /* InterfaceDemo output---
      请输入圆的半径：20.0
    半径为 20.0 的圆的面积是：1256.636
-----------------*/
```

【例 5.44】 定义一个接口，其中包含一个抽象方法，设计 Cat 和 Dog 类，两个类都实现这个接口中得方法，以获取该类的类名。

```
interface Test{
  abstract String getTest();
}
class Cat{
   String name;
   String color;
   Cat(){ }
   Cat(String name,String color){
      this.name=name;
      this.color=color;
   }
   public String getTest(){
     return(" 猫类！ "+" 姓名："+name+" "+" 颜色："+color);
   }
}
class Dog{
   String name;
   String color;
   Dog(){   }
   Dog(String name,String color){
      this.name=name;
      this.color=color;
   }
  public String getTest(){
    return(" 狗类！ "+" 姓名："+name+" "+" 颜色："+color);
  }
 }
public class TestInterface {
    public static void main(String args[]){
```

```
        Cat cat=new Cat("huaua","White");
        Dog dog=new Dog("ahuang","Black");
        System.out.println(cat.getTest());
        System.out.println(dog.getTest());
    }
    }
    /* TestInterface output---
    猫类！ 姓名：huaua 颜色：White
    狗类！ 姓名：ahuang 颜色：Black
    -----------------*/
```

4. 接口的继承关系

（1）接口的单一继承。

在 Java 语言中，接口和类一样，也具有继承性，一个接口可以继承父类接口的所有成员。接口之间的继承关系与类的继承一样使用关键字 extends。

【例 5.45】 定义 3 个接口 A，B，C，C 继承 A。3 个类中分别有 3 个方法 method1(),method2(), method3(); 定义一个类 JC 实现接口 C，类 JC 拥有自身方法 meth4(), 方法返回值分别为 1,3,4 ，…。最后在接口类中输出实现方法 meth1(),meth3(),meth4() 的值。

```
interface A {// 定义接口 A
    int meth1();
 }
interface B {// 定义接口 B
    int meth2();
}
interface C extends A{
    int meth3();
 }
public class JC implements C  {// 主类 JC 实现方法 C
    public int meth1( ) {// 实现方法 meth1( )
        return 1;
    }
public int meth3(){
    return 3;
}
public int meth4(){
    return 4;
  }
  public static void main (String args[]){
    JC j= new JC( );
    System.out.println( j.meth1( ) );// 实现方法 meth1( )
    System.out.println( j.meth3( ) );// 实现方法 meth3( )
    System.out.println( j.meth4( ));// 实现方法 meth4( )
   }
 }
```

```
/* JC output---
1
3
4
-----------------*/
```

（2）接口的多重继承。

在 Java 语言中，不支持类的多重继承，但是支持接口的多重继承，其语法格式如下：

Interface 接口名 extends 接口名 1，接口名 2，…

接口的多重继承只需要在单一继承的基础上多加几个接口，这些接口之间用逗号隔开。

【例 5.46】 编写程序，模拟使用 USB 接口的全过程。

```
interface USBInterface
{           // 这是 Java 接口，相当于主板上的 USB 接口的规范
    public void start( );
    public void stop( );
}
/ * 实现类 MovingDisk */
class MovingDisk implements USBInterface  // 移动硬盘遵守了 USB 接口的规范
{
    public void start()
{   // 实现接口的抽象方法，移动硬盘有自己的功能
            System.out.println(" 移动硬盘插入，开始使用 ");
    }
    public void stop()
{                   // 实现接口的抽象方法，移动硬盘有自己的功能
            System.out.println(" 移动硬盘退出工作 ");
    }
}
/* 实现类 UDisk */
class UDisk implements USBInterface    //U 盘遵守了 USB 接口的规范
{
    public void start()
{
            System.out.println("U 盘插入，开始使用 ");
    }
    public void stop()
{
            System.out.println("U 盘退出工作 ");
    }
}
/ * 测试类 UseUSB，完成移动硬盘、U 盘插入测试 */
public class UseUSB {
    public static void main(String[] args) {
        USBInterface usb1 = new MovingDisk();      // 将移动硬盘插入 USB 接口 1
```

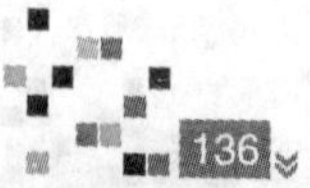

```
        USBInterface usb2= new UDisk();            // 将 U 盘插入 USB 接口 2
        usb1.start();                              // 开启移动硬盘
        usb2.start();                              // 开启 U 盘
        usb1.stop();                               // 关闭移动硬盘
        usb2.stop();                               // 关闭 U 盘
    }
}
/* UseUSB output---
移动硬盘插入，开始使用
U 盘插入，开始使用
移动硬盘退出工作
U 盘退出工作
-----------------*/
```

5. 抽象类和抽象方法

在类的继承中，子类可以继承父类的所有非私有成员，对父类中的方法可以直接调用，但是有时我们需要解决这样一类问题，在父类中只需要规定各子类共有哪些属性，而无法或者不需要给出属性的具体信息，这些属性对每个子类可能是不同的，需要在各子类中进行具体的定制。这个时候就可以用抽象类和抽象方法解决这个问题。

（1）抽象类。

所谓抽象类是指不能使用 new 方法进行实例化的类，即没有具体实例对象的类。Java 中用 abstract 来说明抽象类。

抽象类声明的一般格式为：

```
[ 修饰符 ] abstract  class 类名
{
// 类体
}
```

如：

```
public abstract class People
{
……
}
```

这就是一个抽象类。

抽象类中可以包含常规类中能够包含的所有成员。

（2）抽象方法。

如果父类中的某些方法在不同的子类中有各自不同的具体的实现方法，这时可以将此方法用关键字 abstract 声明为抽象方法，具体的实现由各个子类完成。

抽象方法声明的一般格式为：

[修饰符] abstract 类型 方法名（[参数列表]）；

例如：

```
public abstract void a( );
    public abstract int computet( int a,intb);
```

抽象方法只有方法的说明部分，方法体用“;”代替。

【例 5.47】 抽象类与抽象方法的使用示例。

```
public abstract class A {
    public abstract void b();
```

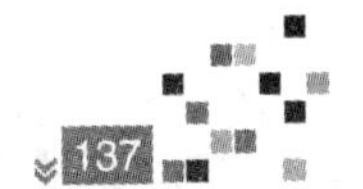

```
}
class C extends A {
    public void b( ) {
        System.out.println("HELLO World");
    }
}
public class D {
public static void main(String[] args) {
    C user = new C( );
      user.b( );
    }
}
```

运行时，类 D 和类 A，C 不要放在一个 .java 文件中。例 5.47 运行结果如下：

```
/* D output---
HELLO World
-----------------*/
```

抽象类可以没有抽象方法，但是所有的抽象方法必须存在于抽象类中。如果一个抽象类是另一个抽象类的子类，那么它可以覆盖父类的抽象方法，也可以继承这个抽象方法。

【例 5.48】 抽象方法的继承与覆盖。

```
abstract class A{
    abstract int sum(int x,int y);
    int sub(int x,int y){
      return x-y;
    }
  }
class B extends A{
  int sum(int x,int y) {
    return x+y;
  }
}
public class C{
    public static void main(String args[]){
        B b=new B();
      int sum=b.sum(30,20);
      int sub=b.sub(30,20);
      System.out.println( “sum=” +sum);
      System.out.println( “sub=” +sub);
    }
}
  /* C output---
    sum=50
    sub=10
-----------------*/
```

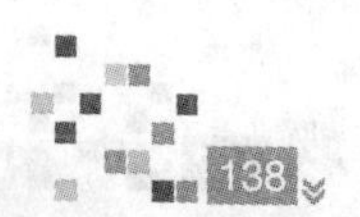

在这个程序中，b.sum(30,20) 调用子类覆盖的方法。b.sub(30,20) 调用继承的方法。

（3）接口和抽象类的比较。

接口和抽象类的比较如下：

①接口和抽象类都可以有抽象方法。

②接口只可以有常量，不能有变量；而抽象类中既可以有常量，也可以有变量。

③抽象类中可以有非抽象方法，接口不可以。

在设计程序时可以具体问题具体分析，考虑到底是使用接口还是抽象类。抽象类除了提供重要的需要子类的实现的抽象方法外，还提供可以让子类继承的变量和非抽象方法。如果一个问题用到继承能更好地解决，那么考虑用抽象类；相反，如果一个问题不需要继承，只需要若干个类给出某些重要的抽象方法就能解决，那么就考虑用接口。

6.final 类和 final 成员

（1）final 类。

final 关键字是最终的意思。如果我们不希望一个类被继承，我们就可以使用 final 关键字来修饰这个类。比如 Java 类库中的 Math 类，涉及了我们要做的数学计算方法，这些算法既没有必要修改，也没有必要被继承，Java 程序员就将它设置成了 final 类型。

（2）final 成员。

final 关键字可以用来修饰数据成员。如果一个类的数据成员用 final 修饰符修饰，则这个数据成员就被限定为最终数据成员。最终数据成员可以在声明时进行初始化，也可以通过构造方法赋值，但不能在程序的其他部分赋值，它的值在程序的整个执行过程中是不能改变的。所以，也可以说用 final 修饰符修饰的数据成员是标识符常量。

用 final 修饰符说明常量时，需要注意以下几点：

①用 final 关键字定义常量时，这种常量必须需要说明常量的数据类型，并且必须赋值。

②若一个类有多个对象，而某个数据成员是常量，最好将此常量声明为 static，即用 static final 两个修饰符修饰，这样做可节省空间。按照惯例，既是 static 又是 final 的常量将用大写表示。

final 还可以用来修饰成员方法，用 final 修饰的成员方法可以把方法锁定，防止任何继承类修改它的含义。Java 允许在参数列表中以声明的方式将参数指明为 final。这意味着无法在方法中更改参数引用所指向的对象。

类中所有的 private 方法都隐式地指定为 final。由于无法取用 private 方法，所以就无法覆盖它。可以对 private 方法添加 final 修饰词，但这并不能给该方法增加任何额外的意义。

【例5.49】 声明一个 final 类 Math。

```
final class Math{
  public static $pi = 3.14;
  public function __toString( ){
    return " 这是 Math 类。";
 }
 }
 $math = new Math();
 echo $math;
 // 声明类 SuperMath 继承自 Math 类
 class SuperMath extends Math {
 }
 // 执行会出错，final 类不能被继承
```

（3）final 方法不能被重写。

如果不希望类中的某个方法被子类重写，可以设置这个方法为 final 方法，只需要在这个方法前加上 final 修饰符。如果这个方法被子类重写，将会出现错误。

【例5.50】声明一个 final 类 Math。

```
class Math{
    public static $pi = 3.14;
    public function __toString(){
     return " 这是 Math 类。";
    }
  public final function max($a,$b){
   return $a > $b ? $a : $b ;
   }
}
  // 声明类 SuperMath 继承自 Math 类
  class SuperMath extends Math
  {
  public final function max($a,$b)
  {
  }
  }
```

执行会出错，final 方法不能被重写。

7. 内部类和匿名类

（1）内部类。

内部类是声明在其他类内部的类。内部类可以是其他类的成员，也可以在一个语句块的内部定义，还可以在一个表达式内部匿名定义。

使用内部类的好处是可以大大节省编译后产生的字节码文件的大小，但使用内部类会造成程序的结构不清晰。

```
  class Person
  {
   ……
  class  chinaPerson
  {
      ……
  }
  }
```

这个就是典型的内部类。内部类的代码可以直接引用该类范围内的变量和方法，外部类的代码可以直接引用内部类中的变量和方法。作为类的一个成员，类 chinaPerson 在类 Person 中有一个特权，可以毫无限制地访问该类的成员，即使这些成员定义为 private。访问控制修饰符限制了对类的外部成员的访问，而内部类是处在某个类中的，所以它可以访问这个类中的所有成员。

内部类需要具有如下特征：

①内部类一般用在定义它的类或者语句块中，在类的内部使用内部类，与普通类的使用方式相同，在其他地方使用内部类时，类名前要冠以外部类的名字才能使用，在用 new 创建内部类时，也要在 new 面前冠以对象变量。

②内部类的名字不能与包含它的类名相同。

③内部类可以使用包含它的类的静态变量和实例成员变量，也可以使用它所在方法的局部变量。

④内部类可以定义为 abstract。

⑤内部类可以声明为 private 或者 protected。

⑥内部类如果声明为 static，就变成了顶层类，也就不能再使用局部变量。

⑦内部类中的成员不能声明为 static，只能在顶层类中才可以声明为 static 成员。如果想在内部类中声明任何 static 成员，则该内部类必须声明为 static 的。

⑧如果内部类中与外部类中有同名的域或者方法，可以通过冠以外部类名 .this 的方法名来访问外部类中得同名成员。

【例 5.51】 在内部类中使用外部类的成员。

```
class A{
    private int m=123;
    public class B{
        private int m=456;
        public void method1(int m){
            System.out.println(" 局部变量："+m);
            System.out.println(" 内部类对象的属性："+this.m);
            System.out.println(" 外部类对象属性为："+A.this.m);
        }
    }
}
public class test {
  public static void main(String args[]){
      A a=new A();
      A.B b=a.new B();
      b.method1(789);
  }
}
/* test output---
 局部变量：789
 内部类对象的属性：456
 外部类对象属性为：123
-----------------*/
```

（2）匿名类。

当使用类创建对象时，程序允许用户把类体与对象的创建结合在一起，也就是说，类创建对象时，除了构造方法外，还有类体，此类体被认为是该类的一个子类去掉类声明后的类体，称为匿名类。

匿名类是一种特殊的内部类，它就是一个子类，它没有类名，在定义类的同时，就生成了该对象的一个实例，由于不会在其他地方用到这个类，所以不需要命名。

匿名类的定义方法如下：

```
new 类名或接口名（ ）
{
……
```

```
}
```

匿名类名前不能有修饰符。

例如：

```
new People()
{
……
}
```

这就是一个匿名类。

匿名类中不能定义构造方法，因为它没有名字，匿名类不能声明对象，但是可以直接用匿名类创建一个对象。在创建对象时，直接使用父类的构造方法。如果实现接口，则接口名后的圆括号中不能带参数。

匿名类可以继承父类的方法，也可以覆盖父类的方法。匿名类的类体中不可以声明类变量和类方法。

【例5.52】 匿名类的使用示例。

```
abstract class Speak{
  public abstract void speakHello();
}
class Student{
  void f(Speak sp){
    sp.speakHello();  // 执行匿名类的类体中实现的 speakHello
  }
}
public class mmamam{
    public static void main(String args[]){
        Speak speak=new Speak() // 用匿名类创建对象
        {// 匿名类是抽象类 Speak 的一个子类，所以必须要实现 speakHello 方法
        public void speakHello(){
          System.out.println(" 大家好 !");
        }
  };
  speak.speakHello();// 对象 speak 调用匿名类覆盖的 speakHello 方法
   Student st=new Student();
   st.f(new Speak(){ // 使用匿名类创建对象，将该对象的引用传递给方法 f 的参数 sp
     public void speakHello(){ // 匿名类类体
         System.out.println("I am a student!");
     }
    });
    }
}
/* mmamam output---
大家好！
I am a student!
-----------------*/
```

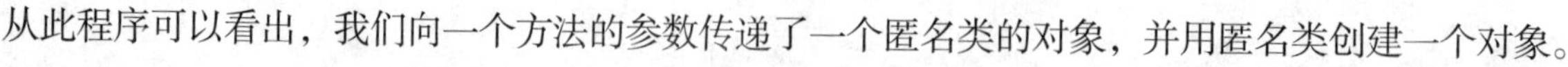

从此程序可以看出，我们向一个方法的参数传递了一个匿名类的对象，并用匿名类创建一个对象。

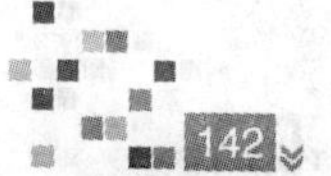

重点串联

1. 类的声明格式与对象的 3 大特性之间的关系

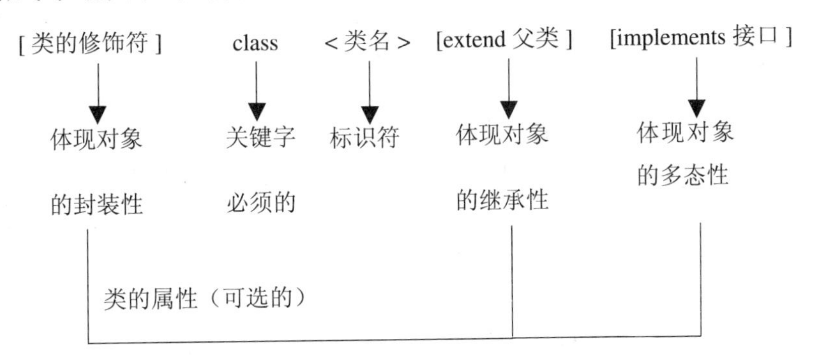

图5.5　类的声明格式与对象的3大特性之间的关系

2. 类及成员的访问权限

表　类及成员的修饰符

类成员 \ 类修饰符		public 公共类	缺省	final 最终类	abstract 抽象类
成员访问控制符	public	所有其他类都可访问	本包中的类可以访问		
	private	仅该类本身可以访问	仅该类本身可以访问		非法
	protected	本包中的其他类和其他包中的子类	本包中的其他类		
	缺省	本包中的类可以访问	本包中的类可以访问		
成员方法修饰符	abstract	抽象方法是没有方法体的方法			抽象方法必须在抽象类中
	final	最终方法是不能被重载的方法			
	static	静态方法是类的方法，不能处理实例变量			
	native	本地方法的方法体由其他语言编写，在运行时加载			
	synchronized	同步方法在运行时对它的类或对象进行加锁			
	非法修饰符组合	abstract 和 final 组合，abstract 和 static 组合，abstract 和 native 组合			
方法变量修饰符	static	abstract 和 private 组合			
	final	类的成员变量，常与 static 一起使用			
	transient	系统保留变量，暂时无特殊用处			
	volatile	易失变量，可能被其他线程所改变			
方法局部变量		可以用 final 来修饰，表示该局部变量为常量			

拓展与实训

技能实训

技能训练 5.1：设计“人”类小程序。

任务：编写一个“人”类 People，要求能概括出人类的一般属性，并能输出“人”类对象的相关信息。

技能目标：

（1）具备类的定义的能力。

（2）具备在类中定义属性和方法的能力。

实现代码：

```
public class People {
    String name=" 小明 ";
    String sex=" 男孩 ";
    int age=17;
    public static void main(String args[]){
        System.out.print(" 名字：" + name + " 性别：" + sex + " 年龄：" + age + " ");
    }
}
```

运行结果：

```
/* Person output---
名字：小明  性别：男孩 年龄：17
-----------------*/
```

技能训练 5.2：设计“亚洲人”的类。

任务：编写一个“亚洲人”类 People，要求能概括出“亚洲人”类的一般属性，并能输出亚洲人类对象的相关信息。

技能目标：

（1）具备类的定义的能力。

（2）具备在类中定义属性和方法的能力。

（3）能熟练地使用构造方法。

（4）具备熟练编程能力。

实现代码：

```
class AsiaPeople {
    String name;
    String sex;
    int age;
    String delta;
    AsiaPerson(String name, String sex,int age, String delta){
        this.name = name;
        this.sex=sex;
        this.age = age;
        this.delta=delta;
```

```
    }
   public void print( ) {
      System.out.print(" 名字：" + name + " 性别：" + sex + " 年龄：" + age + " 属于 :"+delta);
   }
 }
 public class dfds{
    public static void main(String args[]){
      AsiaPerson p =new  AsiaPerson (" 小明 "," 男 ",17, " 亚洲 ");
      p.print();
    }
  }
```

程序运行结果如下：

```
/* dfds output---
名字：小明 性别：男孩 年龄：17 属于：亚洲
-----------------*/
```

技能训练 5.3：用多态的方法设计“中国人”类。

任务：编写一个“中国人”类 People，要求能概括出“中国人”类的一般属性，并能输出“中国人”类对象的相关信息。

技能目标：

（1）具备类的定义的能力。

（2）具备在类中定义属性和方法的能力。

（3）能熟练地使用构造方法。

（4）具备熟练使用继承相关知识的能力。

（5）具备熟练编程能力。

实现代码：

```
class ChinaPeople {
   String name;
   String sex;
    int age;
   String delta;
   AsiaPerson(String name, String sex,int age, String delta){
     this.name = name;
     this.sex=sex;
     this.age = age;
     this. delta=delta;
     }
   public void print( ) {
    System.out.print(" 名字：" + name + " 性别：" + sex + " 年龄：" + age + " 属于 :"+ delta);
  }
}
class CountryPerson extends AsiaPerson{
 String country;
 CountryPerson (String name, String sex,int age, String detal,String country){
```

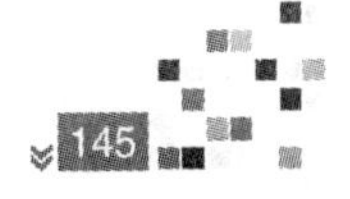

```
    super(name,sex,age,detal);
    this.country=country;
  }
  public void print() {
    super.print();
    System.out.print(" 所属国家：" + country);
  }
}
public class dfds{
    public static void main(String args[]){
      CountryPerson p =new CountryPerson (" 小明 "," 男 ",17," 亚洲 "," 中国 ");
      p.print();
    }
}
```

程序运行结果如下：

```
/* dfds output---
名字：小明 性别：男孩 年龄：17 属于：亚洲 所属国家：中国
-----------------*/
```

技能训练 5.4：在主板的接口上安装声卡、网卡。

任务：定义一个 PCI 接口，通过声卡、网卡实现此接口，通过主板调用 PCI 接口的函数，并能输出相关信息。

技能目标：

（1）了解接口的作用。

（2）具备接口的定义与实现的能力。

（3）具备熟练编程能力。

实现代码：

```
// 接口，定义 PCI 规范，任何公司的声卡、网卡都要遵从这个规范。
interface PCI {
  void start();
  void stop();
}
// 网卡
class NetworkCard implements PCI{
  public void start(){
     System.out.println("Send...");
  }
  public void stop() {
     System.out.println("Network stop!");
   }
}
// 声卡
class SoundCard implements PCI{
  public void start() {
```

```
        System.out.println("Du du...");
    }
    public void stop(){
        System.out.println("Sound stop!");
    }
}
// 主板调用接口的运行方法，也就是调用 PCI 的函数
class MainBoard{
    public void usePCICard(PCI p){
        p.start();
        p.stop();
    }
}
// 运行
public class Assembler {
    public static void main(String[] args){
        MainBoard mb=new MainBoard();
        NetworkCard nc=new NetworkCard();
        mb.usePCICard(nc);
        SoundCard sc=new SoundCard();
        mb.usePCICard(sc);
    }
}
```

程序运行结果如下：

```
/* Assembler output---
Send...
Network stop!
Du du...
Sound stop!
-----------------*/
```

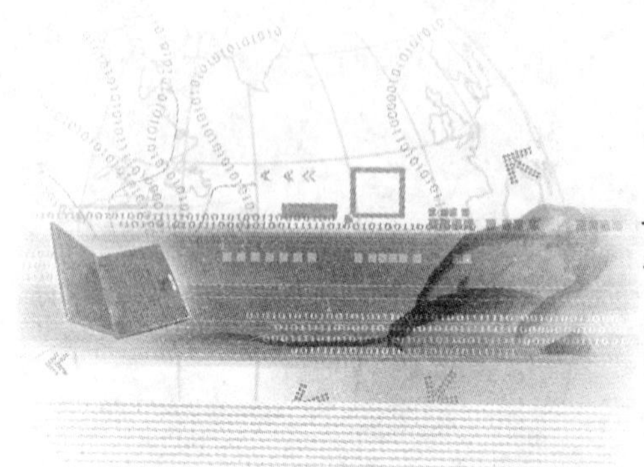

模块6 常用类库

教学聚焦

- 文件分割与包的分层次组织机制
- Java 常用类库、字符串及各种数据类型的使用方法
- Java 异常的处理机制
- Java 流的工作原理，了解有关字节、字符的输入输出流的相关类
- Java 多线程的工作机制和编程方法

知识目标

- 了解 Java 程序的文件分割与包的分层次组织机制
- 掌握 Java 常用类库、字符串及各种数据类型的使用方法
- 理解 Java 异常的处理机制
- 理解 Java 流的工作原理，了解有关字节、字符的输入输出流的相关类
- 掌握 Java 多线程的工作机制和编程方法

技能目标

- 编写多文件、运用包组织 Java 大程序
- 运用 Java 常用类库，能熟练操作字符串，能进行各种数据类型的转换
- 抛出、捕获、处理程序中的异常
- 运用流进行文件的读写操作
- 创建、运行、管理多线程，处理线程同步的问题

课时建议

16 学时

项目 6.1 大程序的发展

知识汇总

在 Java 的大型程序中，我们可以把各个类独立出来，分门别类地存放到文件里，再将这些文件一起执行，这样的程序代码更加简洁，易于维护。类文件分别存放，独立编译，联合应用的组织形式不断推动 Java 大型程序的发展。

6.1.1 文件的分割

在大型程序的开发过程中，系统往往被划分为若干模块，依据任务分配给若干团队及个人，同时开发。每个团队及个人独立负责某些类或接口，并将编写好的源程序存放在各自的文件及文件夹中。相关联的类及接口编写完成后，可以分别编译并调试运行，最终完成所有模块，联合构成大型程序。

这种方式，以类或接口为单位编写并存放文件，关联紧密的类放在同一文件夹中，关联松散的类放到不同的文件夹中。这种文件分割的方式，便于大型程序的开发与维护。

如何实现文件的分割与编译？我们用例 6.1 的代码片段来说明。

【例 6.1】 将文件 CCircle.java 存放在 E:\java\pack6 文件夹中。

```
public class CCircle
{
        double PI=3.1415926;
        double r=0.0;
        public CCircle(double r){this.r=r;}
        public double area(){return PI*r*r;}
        public double circum(){return 2*PI*r;}
}
```

文件 CApp6_1.java 存放在 E:\java\pack6 文件夹中。

```
public class CApp6_1
{
        public static void main(String[] args)
        {
            CCircle oCir=new CCircle(5);
            System.out.println(" 圆的面积是："+oCir.area());
            System.out.println(" 圆的周长是："+oCir.circum());
        }
}
E:\java\pack6>javac CCircle.java
E:\java\pack6>javac app6_1.java
```

编译后，分别产生 CCircle.class 和 CApp6_1.class 这两个文件，如图 6.1 所示。

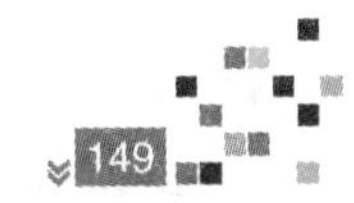

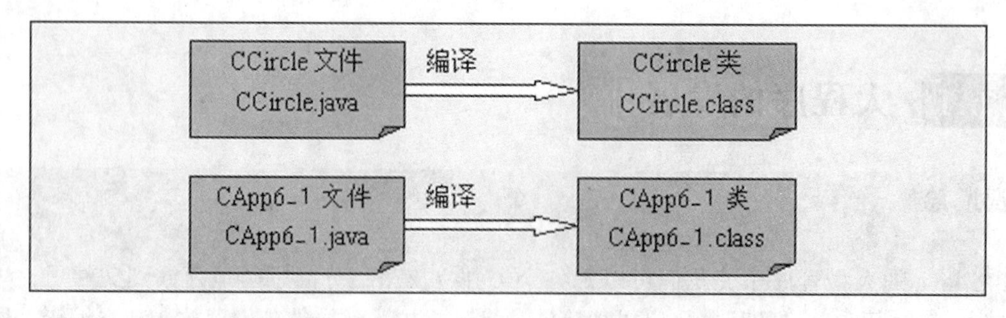

图6.1 Java文件的编译

编译完成后，执行本程序，命令为：

E:\java\pack6>java CApp6_1

运行结果如下：

圆的面积是：78.539815

圆的周长是：31.415926

通过例 6.1，我们就可以理解如何编译和运行分割过的文件了。

温馨提示：

每个Java源程序文件(*.java)可以包含多个类，但其中只能有一个public类，并且该类的类名必须与程序文件同名。Java源程序编译后将生成字节码文件（*.class）,字节码文件又称为类文件，它们运行于Java虚拟机之上。

6.1.2 使用 package

一个大型的程序往往涉及多个模块、大量的类和接口。当软件交由多个不同的程序人员开发时，用到相同的类名是很有可能的。为了避免名称重复，Java 采用了包的措施来提供类和接口的多重命名空间。具体的使用方法很简单，只需要在程序第一行使用 package 关键字来声明一个包即可。下面就利用范例来说明 package 的声明、编译及使用方法。

1. 包的声明

package 名称 ;

……

例如，对例 6.1 的两个文件 CCircle.java 和 CApp6_1.java 的第一行都定义为：

package pack6;

声明后，该文件必须保存到包名（pack6）指定的同名文件夹中。此时对应的文件名应该为 pack6\CCircle.java 和 pack6\CApp6_1.java。

2. 包中源文件的编译

编译使用包的源程序，应该从包外对包名文件夹下的文件进行编译，例如：

E:\java>javac pack6\CCircle.java

E:\java>javac pack6\CApp6_1.java

编译好的字节码的类文件自动保存到包名指定的文件夹 (pack6) 中，对应文件为：pack6\CCircle.class 和 pack6\CApp6_1.class。

3. 运行包中的类程序

声明了包的类或接口，由包名来限制，从包外访问时必须用带包名限定的类名来指定。包名与

类或接口名之间用“.”来分割。如上例中的类名对应为 pack6. CCircle 和 pack6.CApp6_1。因此，运行包中类的命令如下：

E:\java>java pack6.CApp6_1

访问不同包中的类，程序运行的结果不变。

4. 包的分层组织

Java 中应用包的机制，不仅解决了类和接口的命名重复问题，同时为大型程序的分层次组织提供了方便。运用 package 机制，Java 源程序的存放可以使用操作系统中文件夹的树形结构（“文件夹[\ 子文件夹]\ 文件”）保存，Java 类的使用则由“包名 [. 子包名]. 类名”的形式来分层次应用。例如，我们把类 CApp6_1 声明到包 pack6 中，将 CCircle 声明到 pack6 的子包 math 中，文件夹、包和类的分层次组织如图 6.2 所示。

pack6.math.CCircle

pack6.CApp6_1

pack6
math
CCircle.java
CApp6_1.java

图6.2　Java中包的分层次组织

5. 包的应用

类 CApp6_1 中要使用 CCircle 类的实例，就需要引用 CCircle 类，在 Java 中有 3 种方法可以引用另外一个文件中的类。

（1）包名限定类名。

可以在语句中直接使用包限定名的方式来引用。用法如下：

pack6.math.CCircle oCir=new pack6.math.CCircle(5);

（2）类名引入。

如果被引用的类与当前使用的类没有重名，可以在引用类（CApp6_1）的文件开头（package 声明之后），用 import 引入，例如：

import pack6.math. CCircle;

（3）包引入。

如果需要引用一个包或子包中的多个类，可以使用“*”，例如：

import pack6.math. *;

可以引用 pack6 包中 math 子包中的所有类。

温馨提示：

同一个包中的类不能重名，它们之间可以相互使用，无需引入。

在大程序的开发过程中，通常软件系统所有文件放在一个根文件夹中（有的也称为工作区，如E:\java）,在根文件夹下，所有源程序保存在src文件夹内，所有编译的字节码文件保存到classes文件夹中，所有的包名统一约定为小写。大程序的分包文件组织如图6.3所示。

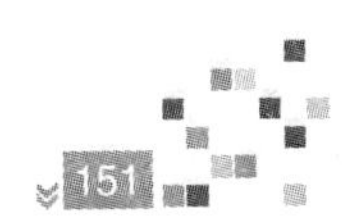

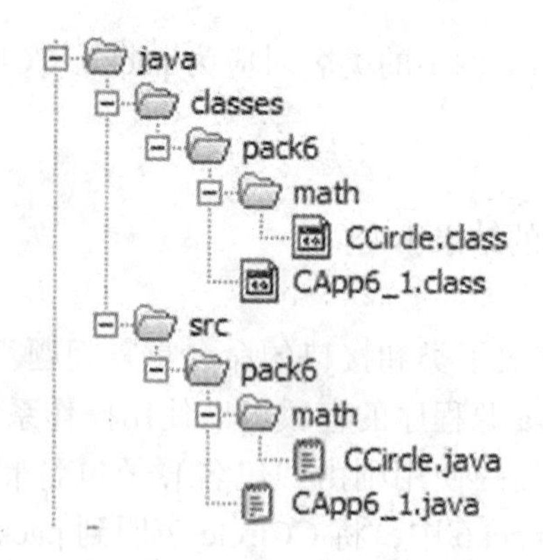

图6.3 大程序的分层次组织

在图 6.3 的系统中，进入 src 文件夹编译程序，可以使用如下命令：

E:\java\src>javac pack6*.java –d ..\classes

系统自动编译 pack6\ 文件夹中的所有 Java 源程序，在编译 CApp6_1.java 时，因为引用了 pack6 包中的 math 子包的 CCircle 类，则自动寻找 pack6\math 文件夹下的 CCircle.java 程序进行编译。编译命令中使用了如下参数：

-d ..\classes

在父文件夹 (E:\java) 下的 classes 路径（E:\java\classes）中，自动根据包名创建对应的文件夹存放，如：

E:\java\classes\pack6\math\CCircle.class

E:\java\classes\pack6\CApp6_1.class

运行时，需要在 classes 下执行带包的命令：

E:\java\classes>java pack6.CApp6_1

知识总结：Java 采用文件分割和包的分层次组织为大程序的合作开发奠定了基础，同时，Java 系统本身也是类和接口的分割，并进行包的分层次组织。进一步，把特定用途的字节码文件按包的层次结构存放到同样层次的文件夹中，然后压缩打包成一个文件（扩展名为 *.jar），也就是我们常说的类库，可以方便我们引入和使用。有关类库的内容就是我们下一节要学习的内容。

项目 6.2 Java 常用类库

知识汇总

Java 类库就是 Java API(Application Programming Interface，Java 的应用程序接口），是系统提供的已实现的标准类和接口的集合。在程序设计中，合理和充分利用类库提供的类和接口，不仅可以完成字符串处理、绘图、网络应用、数学计算等多方面的工作，而且可以大大提高编程效率，使程序简练、易懂。

6.2.1 Java 常用类库

Java 类库中的类和接口大多封装在特定的包里，每个包具有自己的功能。表 6.1 列出了 Java 中一些常用的包及其简要的功能。其中，包名后面带“. *”的表示其中包括一些相关的包。Java 为有关类的使用方法提供了极其完善的技术文档，便于编程人员查阅和使用。

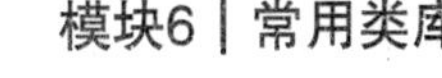

表 6.1 Java 提供的部分常用包

包　名	主要功能
java.applet	提供了创建 applet 需要的所有类
java.awt.*	提供了创建用户界面以及绘制和管理图形、图像的类
java.beans.*	提供了开发 Java Beans 需要的所有类
java.io	提供了通过数据流、对象序列以及文件系统实现的系统输入、输出
java.lang.*	Java 编程语言的基本类库
java.math.*	提供了简明的整数算术以及十进制算术的基本函数
java.rmi	提供了与远程方法调用相关的所有类
java.net	提供了用于实现网络通信应用的所有类
java.security.*	提供了设计网络安全方案需要的一些类
java.sql	提供了访问和处理来自于 java 标准数据源数据的类
java.test	包括以一种独立于自然语言的方式处理文本、日期、数字和消息的类和接口
java.util.*	包括集合类、时间处理模式、日期时间工具等各类常用工具包
javax.accessibility	定义了用户界面组件之间相互访问的一种机制
javax.naming.*	为命名服务提供了一系列类和接口
javax.swing.*	提供了一系列轻量级的用户界面组件，是目前 java 用户界面常用的包

java.lang 是 Java 语言最广泛使用的包，它所包括的类是其他类的基础，由系统自动引入，程序中不必用 import 语句就可以使用其中的任何一个类，其他的包都需要 import 语句引入之后才能使用。java.lang 中所包含的类和接口对大多数实际的 Java 程序是必要的，下面我们将分别介绍几个常用的类。

6.2.2　字符串

在许多语言中，字符串是语言固有的基本数据类型，但在 Java 语言中字符串通过 String 类和 StringBuffer 类来处理，一个字符串就是一个 String 类的对象。

Java 语言中的字符串属于 String 类型。虽然有其他方法表示字符串（如字符数组），但 Java 使用 String 类作为字符串的标准格式，Java 编译器把字符串转换成 String 对象。String 对象一旦被创建了，就不能被改变。如果需要进行大量的字符串操作，应该使用 StringBuffer 类或者字符数组，最终结果可以被转换成 String 格式。

1. 创建字符串

创建字符串的方法有多种方式，经常采用以下 6 种方法创建字符串，见表 6.2。

表 6.2 字符串的创建方法

序　号	用　法	说　明
1	String s1 = "Hello java!";	将字符串常量作为 String 对象对待
2	String s2; s2 = "Hello java!";	声明一个字符串，然后为其赋值
3	String s3 = new String( ); S3 = "Hello java!";	使用 String 类的构造器中的一个。创建一个空字符串，然后赋值给它
4	String s4 = new String("Hello java!");	将字符串直接传递给 String 类构造器来创建新的字符串
5	char c1[ ] = { 'J', 'a', 'v', 'a'}; String s5 = new String(c1);	通过创建字符数组传递给 String 类构造器来创建新的字符串
6	String s6 = new String(c1,0,2);	用字符数组子集构造字符串

2. 获取字符串的信息

创建了 String 对象后，就可以通过 String 类的方法对字符串进行各种操作或者获取字符串的有关信息了。例如：

```
String str= "A String Object";           // 定义字符串对象 str
int len=str.length();                     // 检测 str 对象的长度，结果为 15
boolean b1=str.startsWith("A");           // 检测 str 对象是否以字符串 "A" 开始，结果为 true
boolean b2=str.endsWith("A");             // 检测 str 对象是否以字符串 "A" 结束，结果为 false
str.equals ("A");                         // 比较相等，也可以用 ==，结果为 false
```

3. 字符串的操作

String 类还提供了一些方法用于从字符串中抽取某些部分。例如：

```
char ch=str.charAt(3);          // 获取字符串对象 str 的第 2 个字符，结果为 'S'
int i=str. indexOf ("ing") ;// 返回 str 中的子串 "ing" 首次出现的位置，结果为 5
int j=str. lastIndexOf ("t");// 返回子串 "t" 最后一次出现的位置，结果为 14
String str1=str.substring(9);// 获取第 9 个字符以后的子字符串。结果为 "Object"
String str2=str.substring(2,8); /* 获取第 2 个字符到第 8 个字符（但不包括第 8 个字符）的子串。结果为 "String"*/
String str3=str.replace ('A', 'a'); // 把 str 中所有的字符 'A' 替换成 'a'
String str4=str.concat(" Example."); /* 把字符串 " Example." 连接到 str 的尾部。结果为 "A String"Object Example."*/
String str5=str.toLowerCase( );           // 将 str 中的所有大写字母转换为小写字母
String str6=str.toUpperCase( );           // 将 str 中的所有小写字母转换为大写字母
String str7=str.trim( );                  // 删除 s1 中的首、尾空格，产生新串
```

温馨提示：

以上所有对字符串的操作，得到新的结果或新的字符串对象，对于已经定义的str对象来说是不可改变的。

6.2.3 StringBuffer 类

因为 String 是字符串常量，对象创建后不可更改。如果要想让字符串对象创建后可以扩充和修改，就需要使用缓冲字符串类 StringBuffer。

StringBuffer 类与 String 类相似，它具有 String 类的很多功能，甚至更丰富。它们主要的区别是 StringBuffer 对象可以方便地在缓冲区内被修改，如增加、替换字符或子串；StringBuffer 对象还可以根据需要自动增长存储空间，特别适合于处理可变字符串；当完成了缓冲字符串数据操作后，可以通过调用其方法 toString( ) 或 String 类的构造器把它们有效地转换回标准字符串格式。

1. 创建 StringBuffer 对象

可以使用 StringBuffer 类的构造器来创建 StringBuffer 对象，见表 6.3。

表 6.3　StringBuffer 类构造器

构造器	说　明
StringBuffer( )	构造一个空的缓冲字符串，其中没有字符，初始长度为 16 个字符的空间
StringBuffer(int length)	构造一个长度为 length 的空缓冲字符串
StringBuffer(String str)	构造一个缓冲字符串，其内容初始化为给定的字符串 str，再加上 16 个字符的空间

2.StringBuffer 类的常用方法

（1）字符串的添加和插入。

StringBuffer 类是可变字符串，它的操作首先表现在对字符串的添加和插入上。例如：

StringBuffer strB=new StringBuffer();// 创建 16 个字符的空间，strB 没有字符。

String s1="Hi !";

strB.append(s1); /* 将字符串 s1 加到 strB 对象的后边，strB 的值为 Hi !; 这里，这里 s1 的类型还可以是 boolean，char，int，long，float，double 等 6 种类型 */

String s2="java";

strB.insert(2,s2); /* 将字符串 s2 插入到 strB 对象的第 2 个位置（从 0 开始），strB 的值为 Hi java !; 这里 s2 的类型还可以是 boolean，char，int，long，float，double 等 6 种类型，也可以使字符数组 */

（2）字符串的读取、修改与删除。

读取 StringBuffer 对象中的字符的方法有：charAt 和 getChar，这与 String 对象方法一样。在 StringBuffer 对象中，设置字符及子串的方法有：setCharAt，replace；删除字符及子串的方法有：delete，deleteCharAt。调用形式如下：

strB.setCharAt(0,'h')；// 用 'h' 替代 strB 中第 0 位置上的字符。结果 strB 变为 hi java !

strB.replace(3,6,"java")；/* strB 中从 3（含）开始到 6（不含）结束之间的字符串以 "java" 代替。结果 strB 变为 hi java ! */

strB.delete(0,2); // 删除 strB 中从 0 开始到 2（不含）结束之间的字符串。strB= java !

strB.deleteCharAt(4);// 删除 strB 中第 4 位置上的字符，删掉 1 个空格。strB= java!

（3）StringBuffer 转换为 String。

StringBuffer 可以获取长度，容量等信息，还可以将 StringBuffer 中的字符转换为 String 对象。例如：

```
int len=strB.length();            // 返回 strB 中字符的个数，结果为 9
int len1=strB. capacity ();       // 返回 strB 的容量，通常会大于 length( ), 结果为 16
String str=strB.toString();       // 返回 strB 的字符串对象。
```

6.2.4 StringBuffer 类 wrapper class

在程序设计过程中，经常需要将字符串转换为整形、实型、日期型等数据，例如，从键盘输入的字符串，要求转换为对应类型的数据才能处理。而且，反向的转换同样需要。在 Java 语言中，这样的转换可以通过简单数据类型的包装类（Wrapper Class）来实现。

1. 包装类简介

Java 语言为每一种简单的数据类型定义了一个类，如 int 类型对应 Integer。Integer 类就被称为 int 类型的包装类，也就是我们通常所说的 wrapper class。包装类均位于 java.lang 包，包装类和基本数据类型的对应关系如下：

基本数据类型（包装类）

byte（Byte）

short（Short）

char（Character）

int（Integer）

long（Long）

float（Float）

double（Double）

boolean（Boolean）

2. 数据类型转换

系统为每个包装类定义了一个构造方法和 toString() 方法，构造方法可以用对应基本类型的值来初始化一个包装类的对象，toString() 方法可以将该对象转为为相应的字符串。这样，从基本类型转换为字符串时，首先构造对应的包装类对象，然后调用 toString（）即可实现，例如：

```
int x=10;
Integer oX=new Integer(x);
String strX=oX.toString();
```

同样，系统为每个包装类定义了一个用字符串来初始化的构造方法以及 ***Value() 方法来获取基本类型的值。这样，从字符串转换为基本类型时，首先构造对应的包装类对象，然后调用 toString（）即可实现，例如：

```
String strY="30";
Integer oY=new Integer(strY);
int y=oY.intValue();
```

上面的例子完成了字符串与整形数据的转换，用同样的方法可以完成字符串与其他 7 种数据类型的转换。

温馨提示：

String类还提供了一组静态方法valueof(int x)以完成从基本类型到字符串的直接转换，其中x可以是boolean，char，int，long，float，double类型。

3. 包装类的拆箱和装箱

jdk 自从 1.5（5.0）版本以后，就引入了自动拆装箱的语法，也就是在进行基本数据类型和对应的包装类转换时，系统将自动进行。基本类型的值转换为包装类对象被称为装箱操作 (Boxing)，从包

装类对象到基本类型值的转换称为拆箱操作（Unboxing），这将大大方便程序员的代码书写。请看如下代码片段：

```
Integer i = 10;                 //10 会先被自动装箱
i++;                            /*i 先被自动拆箱，得到 int 类型的 10, 然后进行加 1 运算，最
后再自动装箱保存到 i 中 */
System.out.println(i);          // 调用 Integer 类的 toString() 方法转换为字符串输出，结果为 11
```

以上代码相当于：

```
Integer i = new Integer(10);    //10 会先被自动装箱
int j=i.intValue;               // 拆箱，得到 j=10
j++;                            // 基本类型 j 自增 1
i=new Integer(x);               // 装箱，重新构造 Integer 类型的 i
System.out.println(i);          // 调用 Integer 类的 toString() 方法转换为字符串，结果为 11
```

同样，Java 中的其他基本类型与包装类之间也可以适用自动拆装箱的操作。

6.2.5 Math 类

Math 类提供了用于数学运算以及一般用途计算方法的浮点函数，类中定义的常量及常用方法如下。

1.Math 类定义的两个双精度常量

double E　常量 E（2.718 281 828 459 045 235 4）。

double PI　常量 PI（3.141 592 653 589 793 238 46）。

2.Math 类定义的常用方法

Math 类定义的方法是静态的，可以通过类名直接调用。下面简要介绍几类常用的方法。

（1）三角函数。

public static double sin(double a)　三角函数正弦。

public static double cos(double a)　三角函数余弦。

public static double tan(double a)　三角函数正切。

public static double asin(double a)　三角函数反正弦。

public static double acos(double a)　三角函数反余弦。

public static double atan(double a)　三角函数反正切。

（2）指数函数。

public static double exp(double a)　返回 ea 的值。

public static double log(double a)　返回 lna 的值。

public static double pow (double y,double x)　返回以 y 为底数，以 x 为指数的幂值。

public static double sqrt(double a)　返回 a 的平方根。

（3）舍入函数。

public static intceil(double a)　返回大于或等于 a 的最小整数。

public static intfloor(double a)　返回小于或等于 a 的最大整数。

以下 3 个方法都有其他数据类型的重载方法：

public static intabs(int a)　返回 a 的绝对值。

public static intmax(int a，int b)　返回 a 和 b 的最大值。

public static intmin(int a，int b)　返回 a 和 b 的最小值。

（4）其他数学方法。

public static doublerandom( )　返回一个伪随机数，其值介于 0 和 1 之间。

public static doubletoRadians(doubleangle)　将角度转换为弧度。

public static doubletoDegrees (doubleangle)　将弧度转换为角度。

项目 6.3　异常处理

知识汇总

异常处理是程序设计中一个非常重要的方面，在常规程序设计中需要使用 if-else 来控制各种特殊情况，如果异常或者错误如果多个地方出现，则很容易导致业务流程的混乱不清。Java 语言在设计的当初提出异常处理的框架的方案，所有的异常都可以用一个类型来表示，不同类型的异常对应不同的子类异常，Java 异常处理是 Java 语言的一大特色，也是个难点，掌握异常处理可以让写的代码更健壮和易于维护。

6.3.1　异常处理的概念

异常（Exception）也称为例外，是程序在运行过程中由于硬件设备问题、软件设计错误或缺陷等导致的程序错误。在软件系统的开发过程中，很多情况都会导致异常的产生。例如：

（1）想打开的文件不存在；

（2）网络连接中断；

（3）操作数超出了预定范围；

（4）正在装载的类文件丢失；

（5）访问的数据库打不开等。

在编程过程中，首先应当尽可能去避免错误和异常发生，对于不可避免、不可预测的情况就要考虑异常发生时如何处理。Java 中的异常用对象来表示，对异常的处理是按分类进行的。每种异常都对应一种类型 (Class)，每个异常都对应一个异常 (类的) 对象。

异常有两个来源：一是 Java 运行时环境自动抛出系统生成的异常，而不管是否愿意捕获和处理，它总要被抛出！比如除数为 0 的异常。二是程序员自己抛出的异常，这个异常可以是程序员自己定义的，也可以是 Java 语言中定义的，用 throw 关键字抛出异常，这种异常常用来向调用者汇报异常的一些信息。

6.3.2　异常处理的机制

异常是针对方法来说的，声明、抛出、捕获和处理异常都是在方法中进行的。

Java 异常处理通过 5 个关键字 try，catch，throw，throws，finally 进行管理。基本过程是用 try 语句块包住要监视的语句，如果在 try 语句块内出现异常，则异常会被抛出，代码在对应的 catch 语句块中可以捕获到这个异常并作处理；还有一部分系统生成的异常在 Java 运行时自动抛出。可以通过 throws 关键字在方法上声明该方法要抛出异常，然后在方法内部通过 throw 抛出异常对象。finally 语句块会在方法执行 return 之前执行。这 5 个关键字的具体用法将在 6.3.3 和 6.3.4 小节中详细介绍。

与传统的处理方法相比，Java 语言的异常处理机制有许多优点，它将错误处理代码从常规代码中分离出来，自动地在方法调用堆栈中进行传播，避免了众多的 if-else 结构。当错误类型较多时，可以极大地改善程序流程的清晰程度，并能够克服传统方法的错误信息有限的问题。

Java 异常处理的目的是提高程序的健壮性，可以在 catch 和 finally 代码块中给程序一个修正机会，使得程序不因异常而终止或者流程发生意外的改变。同时，通过获取 Java 异常信息，也为程序

的开发维护提供了方便，一般通过异常信息能很快地找到出现异常的问题(代码)所在。

6.3.3 异常的捕获与处理

1. 捕获与处理

Java 在方法中用 try–catch 语句捕获并处理异常，catch 语句可以有多个，用来匹配多个异常。一般结构如下：

```
try{
    程序代码
}catch( 异常类型 1 异常的变量名 1){
    程序代码
}catch( 异常类型 2 异常的变量名 2){
    程序代码
}finally{
    程序代码
}
```

catch 语句可以有多个，用来匹配多个异常，匹配上多个中一个后，执行 catch 语句块时仅仅执行匹配上的异常。catch 的类型是 Java 语言中定义的或者程序员自己定义的，表示代码抛出异常的类型，异常的变量名表示抛出异常的对象的引用，如果 catch 捕获并匹配上了该异常，那么就可以直接用这个异常变量名，此时该异常变量名指向所匹配的异常，并且在 catch 代码块中可以直接引用。这一点非常的特殊和重要！

此外，如果希望程序在退出异常处理代码时进行一些统一的处理，可以将必须执行的代码放在 finally 语句块中，这样可以保证一些在任何情况下都必须执行的代码的可靠性。比如，在数据库查询异常时，应该释放 JDBC 连接等。

温馨提示：finally 语句先于 return 语句执行，而不论其先后位置，也不管是否 try 块出现异常。finally 语句唯一不被执行的情况是方法执行了 System.exit() 方法。finally 语句块中不能通过给变量赋新值来改变 return 的返回值，也建议不要在 finally 块中使用 return 语句。

2. 异常处理的语法规则

应该注意以下异常处理的语法规则：

(1) try 语句不能单独存在，可以和 catch，finally 组成 try–catch–finally，try–catch，try–finally 3 种结构，catch 语句可以有一个或多个，finally 语句最多一个，try，catch，finally 这 3 个关键字均不能单独使用。

(2) try，catch，finally 3 个代码块中变量的作用域分别独立而不能相互访问。如果要在 3 个块中都可以访问，则需要将变量定义到这些块的外面。

(3) 使用多个 catch 块时，Java 虚拟机会匹配其中一个异常类或其子类，就执行这个 catch 块，而不会再执行其他 catch 块。

6.3.4 异常的抛出

1. 异常抛出机制

在 Java 程序设计中，对于当前方法中处理不了的异常或者要转型的异常，在方法的声明处通过 throws 语句抛出异常，由此可以交给上层调用者去捕获并处理。例如：

```
public void test1() throws MyException, Run time Exception{
    ……
    if(……){
```

```
        throw new MyException();
    }
}
```

如果每个方法都是简单的抛出异常，那么在方法调用方法的多层嵌套调用中，Java 虚拟机会从出现异常的方法代码块中往回找，直到找到处理该异常的代码块，然后将异常交给相应的 catch 语句处理。如果 Java 虚拟机追溯到方法调用栈最底部 main() 方法时，仍然没有找到处理异常的代码块，将按照下面的步骤处理：

（1）调用异常的对象的 printStackTrace() 方法，打印方法调用栈的异常信息。

（2）如果出现异常的线程为主线程，则整个程序运行终止；如果是非主线程，则终止该线程，其他线程继续运行。

通过分析可以看出，越早处理异常，消耗的资源和时间越小，产生影响的范围也就越小。因此，尽量不要把自己能处理的异常抛给调用者。

2. 异常抛出的规则

在异常抛出时，还应该注意以下语法规则：

（1）throw 语句后不允许有紧跟其他语句，因为这些没有机会执行。

（2）如果一个方法调用了另外一个声明抛出异常的方法，那么这个方法既可以处理异常，也可以声明抛出。

如何判断一个方法可能会出现异常呢？一般来说，方法声明时用了 throws 语句，方法中有 throw 语句。方法调用可以用 throws 关键字声明继续抛出异常，也可以用 try-catch 捕获并处理异常。

throw 用来在方法体内抛出一个异常，throws 在方法定义时声明可能会抛出多个异常，在方法名后，语法格式为：throws 异常类型 1，异常类型 2，…，异常类型 n。

6.3.5 自定义异常类

1.Java 中的异常类

Java 中所有的异常类都是从 Throwable 类派生出来的，只有当对象是此类（或其子类之一）的实例时，才能通过 Java 虚拟机或者 java throw 语句抛出。类似的，只有此类或其子类之一才可以是 catch 子句中的参数类型。Throwable 类有两个直接子类，即 Error 类和 Exception 类，通常用于指示发生了异常情况。通常，这些实例是在异常情况的上下文中新创建的，因此包含了相关的信息（如堆栈跟踪数据）。

（1）Error。

Error 是 Throwable 的子类，主要用于描述一些 Java 运行时刻系统内部的错误或资源枯竭导致的错误，仅靠程序本身无法恢复，应用程序不能抛掷这种类型的错误，也不应该试图捕获的严重问题。

（2）Exception。

Exception 类及其子类是 Throwable 的一种形式，它指出了应用程序想要捕获的条件，表示程序本身可以处理的异常。

（3）RuntimeException。

RuntimeException 是 Exception 类的子类，用于指示那些可能在 Java 虚拟机正常运行期间抛出的异常，通常是由于程序编写不正确所导致的异常，这种异常可以通过改进代码实现来避免。该异常又包括错误的强制类型转换（Class Cast Exception）、数组越界访问（Index Out of Bound Exception）、空指针操作等（Null Pointer Exception）。

（4）其他异常。

其他异常则是由于一些特殊的情况造成的，不是程序本身的错误，比如输入 / 输出异常 (In/Off Exception)、试图为一个不存在的类找一个代表它的对象（Class Not Found Exception）等。

2. 自定义异常类

（1）创建自定义异常类。

创建 Exception 或者 RuntimeException 的子类即可得到一个自定义的异常类。例如：

```
public class MyException extends Exception{
    public MyException(){}
    public MyException(String smg){
        super(smg);
    }
}
```

（2）使用自定义的异常。

用 throws 声明方法可能抛出自定义的异常，并用 throw 语句在适当的地方抛出自定义的异常。例如：

```
public void test1() throws MyException{
    ……
    if(……){
        throw new MyException();
    }
}
```

3. 捕获并处理自定义异常

用 throws 声明方法可能抛出自定义的异常，并用 throw 语句在适当的地方抛出自定义的异常。例如：以下代码捕获并处理可能发生的异常。

```
public void  HandleException(){
      try{ test1();}catch(MyException e){...}finally{...}
}
```

项目 6.4 文件处理

知识汇总

在程序运行过程中，经常需要从文件中读取数据或将数据保存到文件中。计算机系统中的文件不仅指通常的磁盘文件，还包括很多外部设备，如键盘、显示器、打印机等，都可以看成文件。

在 java 中，对文件的读写操作是通过流来完成的。使用打开操作，可以建立流与特定文件之间的联系，可以使用输入流从文件读取数据，或者使用输出流把数据写到文件里，使用关闭操作可以解除文件与流的联系。

6.4.1 关于流

1.IO 流的概念

在 java 中把不同的数据源与程序之间的数据传输都抽象表述为“流”（Stream），以实现相对统

一和简单的输入，输出操作方式。传输中的数据就像流水一样，也称为数据流。数据流分为输入流和输出流两类。输入流只能读不能写，而输出流只能写不能读。当程序需要读取数据时，就会开启一个通向数据源的流；当程序需要写入数据时，就会开启一个通向目的地的流，数据好像就在其中流动，如图 6.4 所示。

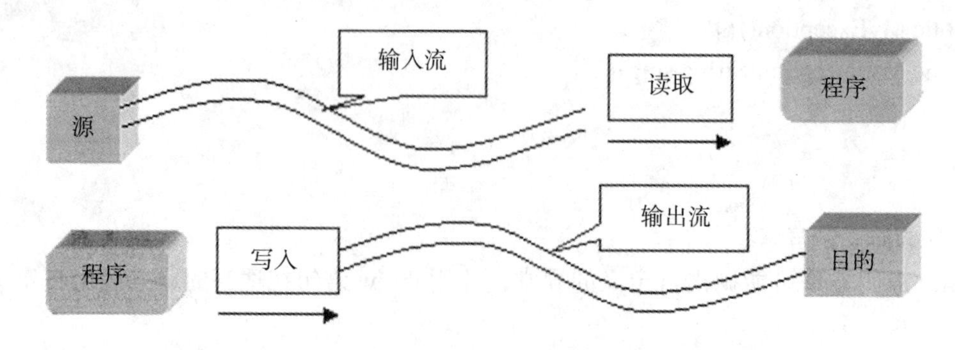

图6.4 流的概念

流的输入输出是站在程序的角度来确定的，即将数据从程序外部传送到程序中称为“输入”，将程序中的数据传送到外部称为“输出”。

在 java 中，那些能够提供数据的地方被称为数据源（Data Source），也就是数据的来源地，包括键盘、磁盘文件、网络接口等。能够接收数据的地方被称为 . 数据宿（Data Sink），也就是数据传输的目的地，可以是磁盘文件、网络接口以及显示器、打印机等外部设备。流的创建是为了更方便地处理数据的输入输出。

2.IO 流的分类

（1）java 输入输出流有多种分类方式，可以按方向、读写单位以及功能有不同的分类。

（2）按数据相对于程序的流动方向可以分为：输入流和输出流。

（3）按流处理数据的单位可以分为：字节流和字符流。早期的 java 版本只支持字节流，而字符流是作为补充后来加入的。

（4）按照对流的处理方式可以分为：文本流和二进制流。文本流是一个字符序列，在处理过程中可以对某些字符进行转换，如 System.out 就是文本流，被读取的字符和外部设备之间不存在一一对应的关系，个数可以不同；二进制流在读写过程中不进行转换，外设与被读写的字节（或字符）一一对应，个数相同。

（5）按流的功能不同分为：节点流和处理流。节点流是可以从或向一个节点读写数据；处理流是对一个已经存在的流进行连接和封装。

3.IO 流的四大抽象类

字节流也称为原始数据流，需要用户读入后进行相应的编码转换。而字符流的实现是基于自动转换的，读取数据时会把数据按照 JVM 的默认编码自动转换成字符。字节流由 InputStream 和 OutputStream 及其派生类处理，而字符流由 Reader 和 Writer 及其派生类处理。

6.4.2 字节输入 / 输出

对于字节流处理的类都继承 InputStream 和 OutputStream 这两个抽象类。

1. 抽象类的输入输出流简介

（1）InputStream 流类

InputStream 是基本的输入流类，因为它是一个抽象类，程序中不可能直接创建 InputStream 流的对象，它只是定义了输入流类共同的特征，InputStream 流中定义了几种重载形式的 read() 方法，用于从输入流读取数据。

① public abstract int read() throws IOException /* 从输入流中读取数据的下一字节，返回整形，如果到达流的末尾，返回 -1*/

② public int read(byte[] b) throws IOException /* 将从输入流中读取的内容存储到字节数组 b 中；返回读入的字节数 */

③ public int read(byte[] b, int offset, int length) throws IOException // 从输入流中读取数据的下一字节

在以上方法中，可以读取一个字节或者一组字节，若流中数据已经读完（如遇到磁盘文件尾），则返回 -1，第 3 种形式的参数 offset 指将结果放在数组 b [] 中从第 offset 个字节开始的空间，字节长度为 length。

InputStream 流还定义了其他一些基本的方法：

① public int available() throws IOException // 返回输入流中可用的字节数

② public void close（ ）throws IOException // 关闭输入流并释放内存资源

③ public boolean markSupported（ ） // 返回此流能否做标记

④ public synchronized void mark（int readlimit） /* 标记当前流，在标记失效前可以读取 readlimit 个字节，该值通常设定了流的缓冲区大小 */

⑤ public synchronized void reset（ ）throws IOException // 返回上一次做标记处

⑥ long skip（long n）throws IOException // 跳过 n 个字节不读

输入流只能从外部设备顺序读取数据，为了能重复读取部分内容，提供了“标记”（Mark）这一机制，用于记录流中的某个特定位置。要支持标记，要求输入流有一定大小的缓冲区，用于存放部分数据，即从标记点到当前位置的数据。当这一缓冲区装满溢出，无法追踪到上一个标记处的数据时，标记失效。若用 reset 返回到一个失效的标记处，将会发生输入输出异常。

（2）OutputStream 流类。

OutputStream 是基本的输出流类，与 InputStream 相同，也是一个抽象类，它定义了输出流的基本特征。InputStream 流中定义了几种重载形式的 write() 方法，用于向输出流写入数据。

① public abstract void write(int b) throws IOException;

② public void write(byte[] b) throws IOException;

③ public void write (byte[] b, int offset, int length) throws IOException;

以上方法中，b 为要输出的数据，第 3 种形式的参数 offset，length 的作用与输入流 read 的方法类似。

其他方法有：

① public void flush（ ）； // 将输出流中缓冲的数据全部写出到目的地

② public void close（ ）； // 关闭输出流，释放资源

2. 字节流处理类简介

字节流的处理类有很多，它们都继承 InputStream 或者 OutputStream 抽象类。

（1）输入流。

输入流中跟数据源直接接触的类有：FileInputStream 和 ByteArrayInputStream，它们分别实现了从文件或者内存中的字节数组读入数据到输入流。

（1）FileInputStream 流类。

FileInputStream 可以从文件系统中的某个文件中获得输入字节，用于读取诸如图像数据之类的原始字节流，其源可以是文件、键盘、鼠标或者显示器。FileInputStream 类本身只是简单地重写那些将所有请求传递给所包含输入流的 InputStream 的所有方法，它的子类可进一步重写这些方法中的一些方法。其常用方法见表 6.4。

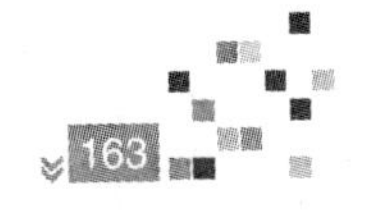

表 6.4 FileInputStream 类的常用方法

方法	描述
int available()	返回下一次对此输入流调用的方法可以不受阻塞地从此输入流读取（或跳过）的估计剩余字节数
void close()	关闭此文件输入流并释放与此流有关的所有系统资源
protected void finalize()	确保在不再引用文件输入流时调用其 close 方法
FileChannel getChannel()	返回与此文件输入流有关的唯一 FileChannel 对象
FileDescriptor getFD()	返回表示到文件系统中实际文件的连接的 FileDescriptor 对象，该文件系统正被此 FileInputStream 使用
int read()	从此输入流中读取一个数据字节
int read(byte[] b)	从此输入流中将最多 b.length 个字节的数据读入一个 byte 数组中
int read(byte[] b, int off, int len)	从此输入流中将最多 len 个字节的数据读入一个 byte 数组中
long skip(long n)	从输入流中跳过并丢弃 n 个字节的数据

在构造函数 FileInputstream（String filename）中，Fileinputstream 流的源就是名字为 filename 的文件。

（2）ByteArrayInputStream 流类。

ByteArrayInputStream 的源是字节数组，即内存。作用是把字节串（或称为字节数组）变成输入流的形式。构造函数是 ByteArrayInputStream（byte []buf）中，ByteArrayInputStream 流的源就是名字为 buf 的字节数组。

类中包含一个内部缓冲区，该缓冲区包含从流中读取的字节。内部计数器跟踪 read 方法要提供的下一个字节，关闭 ByteArrayInputStream 无效。此类中的方法在关闭此流后仍可被调用，而不会产生任何 IOException。

（3）其他输入流。

其他输入流处理类都是装饰类（Decorator 模式），主要功能如下。

① BufferedInputStream：为输入流提供了缓冲功能。

② DataInputStream: 允许应用程序以与机器无关方式从底层输入流中读取基本 Java 数据类型，应用程序可以使用数据输出流写入，稍后由数据输入流读取的数据。

③ PipedInputStream: 允许以管道的方式来处理流，当连接到一个 PipedOutputStream 后，它会读取后者输出到管道的数据。

④ PushbackInputStream: 允许放回已经读取的数据。

⑤ SequenceInputStream: 能对多个 InputStream 进行顺序处理。

（4）输出流。

基本上每个输入流类都有一个相应的输出流类，提供相应的输出流处理。

同样，跟数据目的地直接接触的类有：FileOutputStream 和 ByteArrayOutputStream，前者实现了把数据流写入文件的功能，后者实现了一个输出流，其中的数据被写入一个 byte 数组。缓冲区会随着数据的不断写入而自动增长。可使用 toByteArray() 和 toString() 获取数据。其他的输出流类也是装饰类，其主要功能如下：

① BufferedOutputStream：提供了缓冲功能的输出流，在写出完成之前要调用 flush 来保证数据的输出。

② DataOutputStream: 数据输出流，允许应用程序以适当方式将基本 Java 数据类型写入输出流

中。然后，应用程序可以使用数据输入流将数据读入。

③ PipedOutputStream: 允许应用程序以管道的方式来处理流。可以将管道输出流连接到管道输入流来创建通信管道。管道输出流是管道的发送端。通常，数据由某个线程写入 PipedOutputStream 对象，并由其他线程从连接的 PipedInputStream 读取。

④ PrintStream: 为其他输出流添加了功能，使它们能够方便地打印各种数据值表示形式。我们经常用到的 System.out 或者 System.err 都是 PrintStream。

3. 利用字节流读写文件

掌握了字节流类的基本操作之后，我们就可以使用以下示例来完成文件的读写操作。程序设计的思路如下：

首先，定义了 CopyBytes 类来完成文件的复制工作，运行时要求命令行输入源文件、目标文件名；然后，用命令行参数指定的文件名构造文件的输入输出流，并装饰为缓冲流，用流的读写方法 int read() 从输入流中读取字节，并调用输出流的 write(int b) 方法 写入，直到流的结尾。最后，关闭输入输出流，完成文件复制操作。

【例 6.2】 字节流文中读写示例。

```
import java.io.*;
public class CopyBytes {
    public static void main(String[] args) throws IOException {
            String sFile;
            String oFile;
            if(args.length<2){
                System.out.println("USE:java CopyBytes source file | object file");
                return;
            }else{
                sFile = args[0];
                oFile = args[1];
            }
            try{
                File inputFile = new File(sFile);         // 定义读取源文件
                File outputFile = new File(oFile);        // 定义拷贝目标文件
                FileInputStream in = new FileInputStream(inputFile);// 文件输入流
                BufferedInputStream bin = new BufferedInputStream(in); // 缓冲流
                FileOutputStream out = new FileOutputStream(outputFile);// 输出流
                BufferedOutputStream bout = new BufferedOutputStream(out);
                int c;
                while ((c = bin.read()) != -1) // 循环读取文件和写入文件
                        bout.write(c);
                    bin.close();// 关闭输入流，释放资源
                bout.close();
            }catch(IOException e){
                System.err.println(e); // 文件操作，处理捕获的 IO 异常。
        }
    }
```

6.4.3 字符的输入 / 输出

Java 语言本身采用的是 Unicode 字符集，使用 InputStream 和 OutputStream 类读写双字节的中文信息有时会出现问题，不能正确处理。Java 语言的输入输出包从 JDK1.1 版本开始提供了 Reader 和 Writer 这两个抽象类及其派生类来读写字符流。

1. 抽象类简介

（1）Reader 类。

字符输入流类 Reader 中定义了几种重载形式的 read() 方法，用于从输入流读取数据。例如：

```
read(char[] cbuf);
read(char[] cbuf, int off, int len);
read(CharBuffer target);
```

它们提供了从流中读取数据到字符数组功能，其用法与字节流类似，但它们是以字符为单位的。

（2）Writer 类。

字符输出流类 Writer 中定义了几种重载形式的 write () 方法，用于从输入流读取数据。例如：

```
write(char[] cbuf);
write(char[] cbuf, int off, int len);
write(int c);
write(String str);
write(String str, int off, int len);
```

它们提供了把字符、字符数组或者字符串写入流中的功能。

2. 字符流处理类概述

（1）输入流。

在字符输入流的派生类中，跟数据源直接接触的类有 3 个，分别是：

① CharArrayReader: 从内存中的字符数组中读入数据，以对数据进行流式读取。

② StringReader：从内存中的字符串读入数据，以对数据进行流式读取。

③ FileReader：从文件中读入数据。注意：这里读入数据时会根据 JVM 的默认编码对数据进行内转换，而不能指定使用的编码。所以当文件使用的编码不是 JVM 默认编码时，不要使用这种方式。要正确地转码，使用 InputStreamReader。

带有特定功能的装饰类主要有 3 个，分别是：

① BufferedReader：提供缓冲功能，可以读取行：readLine()。

② LineNumberReader: 提供读取行的控制，如 getLineNumber() 等方法。

③ InputStreamReader: 字节流通向字符流的桥梁，它使用指定的 charset 读取字节并将其解码为字符。

(2) 输出流。

在字符输入流的派生类中，根数据目的相关的类有 3 个，分别是：

① CharArrayWriter：把内存中的字符数组写入输出流，输出流的缓冲区会自动增加大小。输出流的数据可以通过一些方法重新获取。

② StringWriter: 一个字符流，可以用其回收在字符串缓冲区中的输出来构造字符串。

③ FileWriter：把数据写入文件。

带有特定功能的装饰类主要也有 3 个，分别是：

① BufferedWriter：提供缓冲功能。

② OutputStreamWriter：字符流通向字节流的桥梁，可使用指定的 charset 将要写入流中的字符编码成字节。

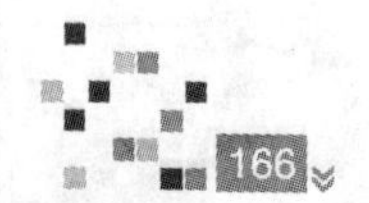

③ PrintWriter: 向文本输出流打印对象的格式化表示形式。

3. 文件读写操作

在 6.4.2 小节的例子中，我们运用字节流类的读写方法完成了文件的读写，本小节中，我们就使用字符流的基本方法同样可以完成文件的读写操作。程序设计的思路如下：

首先，定义了 ReadAndWriteFile 类来完成文件的读写工作，该类定义 String readFile(File file) 方法读取文件的内容，返回字符串，然后 writeFile(String str,File file) 将字符串 str 写入到指定的文件，中间可以输出字符串，最后关闭输入输出流，完成文件复制操作。

【例 6.3】 文件读写操作示例。

```
import java.io.*;
public class ReadAndWriteFile{
    public static void main(String[] args) { // 基于字符流的读写方法完成复制
        File sFile = new File("D:\\c\\a.txt");
        File oFile = new File("D:\\c\\b.txt");
        writer(readFile(sFile), oFile);
    }
    // 利用字符流读取文件的方法
    public static String readFile(File file) {
        StringBuffer sb = new StringBuffer();
        if (file.isFile()){
            BufferedReader bufferedReader = null;
            FileReader fileReader = null;
            try {
                fileReader = new FileReader(file);
                bufferedReader = new BufferedReader(fileReader);
                String line = bufferedReader.readLine();
                while (line != null){
                        System.out.println(line);
                        sb.append(line + "\r\n");
                        line = bufferedReader.readLine();
                }
            } catch (FileNotFoundException e) {
                e.printStackTrace();
            } catch (IOException e){
                e.printStackTrace();
            } finally {
                try {
                        fileReader.close();
                        bufferedReader.close();
                } catch (IOException e) {
                        e.printStackTrace();
                }
            }
        }
```

```
            return sb.toString();
        }
        // 利用字符流写文件
        public static void writerFile(String str, File oFile) {
            BufferedWriter bufferedWriter = null;
            FileWriter fileWriter = null;
            try {
                fileWriter = new FileWriter(oFile);
                bufferedWriter = new BufferedWriter(fileWriter);
                bufferedWriter.write(str);
                bufferedWriter.flush();
            } catch (IOException e) {
                e.printStackTrace();
            } finally {
                try {
                    fileWriter.close();
                    bufferedWriter.close();
                } catch (IOException e) {
                    e.printStackTrace();
                }
            }
        }
    }
```

项目 6.5 多线程

知识汇总

一个进程就是一个程序的一次动态执行过程，每个进程都包含独立的运行空间，既包括程序的代码，还包括了系统的资源。

线程是比进程更小的执行单位，一个程序为了同时完成多个操作，可以产生多个线程。线程没有入口，也没有出口，其自身不能自动运行，而必须存在于某一个进程中，由进程触发执行。在系统资源的利用上，属于同一进程的所有线程共享该进程的内存资源。“同时”执行是人的感觉，在线程之间实际上轮换执行的。

6.5.1 线程的基本概念

通俗地讲，线程是指程序中顺序执行的一个指令序列，多线程允许在程序中并发执行多个指令序列。多线程允许将程序任务分成几个并行的子任务，以提高程序的运行效率。例如，在网络编程中，如果要从 FTP 文件服务器下载文件，从客户端提出请求后，就需要等待服务器的回应，此时的客户端是处于闲置状态的。如果用多线程去完成该任务，在一个线程等待时，其他线程可以建立连接，请求另一部分数据，由此可以充分利用带宽提高下载效率。

线程总体分两类：用户线程和守候线程。当所有用户线程执行完毕时，JVM 自动关闭。但是守候线程却不独立于 JVM，守候线程一般是由操作系统或者用户自己创建的。多线程与单线程在程序设计上的最大区别是：各个线程的控制流彼此独立，各个线程之间的代码执行顺序不确定，由此带来线程的管理、同步等问题。

6.5.2 线程的管理

每个 Java 程序都有一个缺省的主线程，该主线程对应着 main() 方法执行的指令序列。java 使用 Thread 类及其子类的实例来表示一个线程，可以使用 java.lang.Thread 类或者 java.lang.Runnable 接口编写代码来定义、实例化和启动多个新线程。

1. 线程的创建与启动

使用多线程，必须要先定义线程类，然后实例化线程对象，最后启动线程对象。

（1）定义线程。

定义一个新线程可以通过以下两种途径：

①扩展 java.lang.Thread 类。

可以从 Thread 类派生一个线程类，在子类中重写父类中的 run() 方法，例如：

```
Class MyThread1 extends Thread{
public void run(){ 线程代码；}
}
```

②实现 java.lang.Runnable 接口。

如果有个类它本身有一个父类，而且该类的对象需要用多线程运行，则可以定义该类实现 Runnable 接口。该接口中指定了需要实现的 run() 方法，例如：

```
Class MyThread2 extends parentClass implements Runnable{
public void run(){ 线程代码；}
}
```

（2）实例化线程。

实例化线程就是要产生一个线程类的对象，线程类的定义方式不同，其实例化方式也有所区别，分别如下：

①直接创建新对象。

如果是扩展 java.lang.Thread 类的线程，则直接用 new 即可，例如：

```
MyThread1 t1=new MyThread1();
```

②用 Thread 类构造新对象。

如果是实现 java.lang.Runnable 接口的类，首先要基于该类创建对象，然后该对象作为 Thread 类构造方法的参数创建线程对象，例如：

```
MyThread2 o2=new MyThread2();
Thread t2=new Thread(o2);
```

Thread 类中定义了几种重载形式的构造方法，分别是：

```
Thread(Runnable target)
Thread(Runnable target, String name)
Thread(ThreadGroup group, Runnable target)
Thread(ThreadGroup group, Runnable target, String name)
Thread(ThreadGroup group, Runnable target, String name, long stackSize)
```

其中，target 作为 Runnable 接口类型的对象，用于提供该线程执行的指令序列，name 为新线程的名称，group 参数为线程组，ThreadGroup 是 Java 语言为方便线程管理而定义的一个类，可以将多

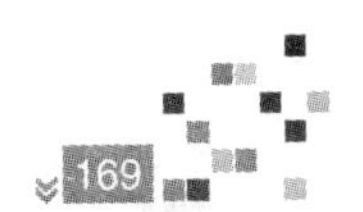

个线程加入到同一个线程组。

（3）启动线程。

在线程的 Thread 对象上调用 start() 方法，而不是 run() 或者别的方法。在调用 start() 方法之前，线程处于新建状态中，也就是有一个 Thread 对象，但还没有一个真正的线程。

在调用 start() 方法之后发生了一系列复杂的事情。主要有：启动新的执行线程；该线程从新建状态转移到可运行状态；当该线程获得机会执行时，该对象的 run() 方法将运行。

温馨提示：

对Java来说，run()方法没有任何特别之处。与main()方法一样，它只是新线程知道调用的方法名称(和签名)。因此，在Runnable上或者在Thread上调用run方法是合法的，但并不启动新的线程。

2. 线程的生命周期

在 Java 应用程序中，主线程是 main() 方法执行的线索，要想实现多线程，必须在主线程中创建新的线程对象。新建的线程在一个完整的生命周期中，通常要经历新建、就绪、运行、阻塞、死亡 5 种状态，如图 6.5 所示。

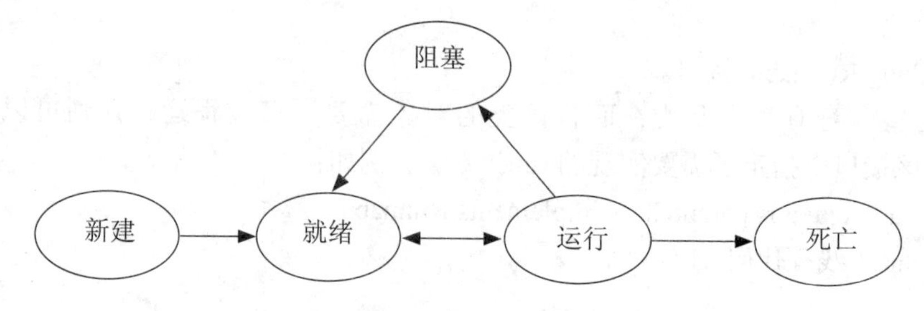

图6.5　线程的生命周期

（1）新建状态。

线程对象已经创建，还没有在其上调用 start() 方法。

（2）就绪状态。

当线程有资格运行，但调度程序还没有把它选定为运行线程时，线程所处的状态。当 start() 方法调用时，线程首先进入可运行状态。在线程运行之后或者从阻塞、等待或睡眠状态回来后，也返回到可运行状态。

（3）运行状态。

出于就绪状态的线程获得 CPU 资源后即处于运行状态，每个线程 Thread 类及其子类都有一个 run() 方法，当线程处于运行状态时，它将自动调用自身的 run() 方法，并执行其中的指令序列。

（4）阻塞状态。

处于运行状态的线程如果因为某种原因不能继续执行，该线程则进入阻塞状态。就绪状态只是因为没有得到 CPU 资源而不能执行，而阻塞状态可能由于多种原因使得线程不能执行，当引起阻塞的原因解决后，线程再次转为就绪状态。

（5）死亡状态。

当线程执行完 run() 方法的内容或被强行终止时，则处于死亡状态。线程一旦死亡，就不能复生。如果在一个死去的线程上调用 start() 方法，会抛出 java.lang. IllegalThreadStateException 异常。

3. 线程的优先级与调度方法

Java 虚拟机允许一个应用程序拥有多个同时执行的线程，至于哪一个线程先执行，哪一个后执

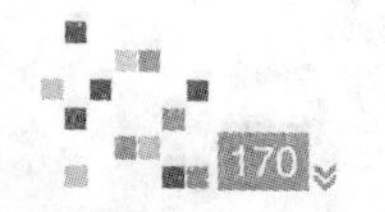

行，取决于线程的优先级（Priority）。线程的调度就是使用各种方法实现线程生命周期中各种状态的转换。

（1）线程的优先级。

线程的优先级是指线程在被系统调度执行时的优先级别。在多线程中，往往是多个线程同时在就绪状态队列中等待执行，优先级越高，越先执行；优先级越低，越晚执行；优先级相同时，遵循队列"先进先出"的原则。

Java 线程的优先级为 1~10 之间的正整数，JVM 从不会改变一个线程的优先级。然而，一些 JVM 可能不能识别 10 个不同的值，而将这些优先级进行每两个或多个合并，变成少于 10 个的优先级，则两个或多个优先级的线程可能被映射为一个优先级。

Java 线程默认优先级是 5，Thread 类中有 3 个常量，定义线程优先级范围：

static int MAX_PRIORITY　　线程可以具有的最高优先级（1）。

static int MIN_PRIORITY　　线程可以具有的最低优先级（10）。

static int NORM_PRIORITY　　配给线程的默认优先级（5）。

当线程被创建时，默认优先级为 5，可以通过线程对象的 setPriority() 方法来设置优先级，也可以通过 getPriority() 方法来读取一个线程对象的优先级。例如：

```
MyThread th1=new MyThread();
th1. setPriority(1);          // 设置最高优先级
int i=th1. getPriority();     // 读取优先级
th1.start();                  // 启动线程
```

Java 的线程调度策略是一种基于优先级的抢占式的调度，在一个低优先级线程的执行过程中，高优先级线程可以不必等待低优先级线程执行完毕就可以把控制权抢占过来。

（2）线程阻止。

对于正在运行的线程，可以使用 sleep（ ）方法使其放弃 CPU 资源进行休眠，此线程转入阻塞状态。

Thread.sleep(long millis) 和 Thread.sleep(long millis, int nanos) 静态方法强制当前正在执行的线程休眠（暂停执行），以"减慢线程"。当线程睡眠时，它入睡在某个地方，在苏醒之前不会返回到就绪状态。当睡眠时间到期，则返回到就绪状态。

温馨提示：

①线程睡眠是帮助所有线程获得运行机会的最好方法。

②线程睡眠到期自动苏醒，并返回到就绪状态，不是运行状态。sleep() 中指定的时间是线程不会运行的最短时间。因此，sleep() 方法不能保证该线程睡眠到期后就开始执行。

③ sleep() 是静态方法，只能控制当前正在运行的线程。

（3）线程让步 yield()。

对于正在执行的线程，可以调用 yield() 方法使其重新在就绪队列中排队，并将 CPU 资源让给排在后面的线程，此线程转入就绪状态。yield() 方法只让步给高优先级或同优先级的线程，如果就绪队列后面排的是低优先级的线程，则继续执行该线程。

yield() 不会导致线程转到阻塞状态，而是将线程从运行状态转到就绪状态，但不保证不会被线程调度再次选中执行，有可能没有达到让步效果。

（4）线程等待。

对于正在运行的线程，可以使用 join() 方法等待其结束，然后再执行其他线程，join() 方法可以让一个线程执行完毕之后，再启动其他工作。例如：

```
Thread t1 = new MyThread();
Thread t2 = new MyThread();
t1.start();
```

```
t1.join();
t2.start();
```

上述程序创建了两个线程，线程 t1 启动后，调用 join() 方法，则必须等待 t1 完成后，才能启动 t2。另外，join() 方法还有带超时限制的重载版本。例如：t.join(5000)，则让线程等待 5 000 ms，如果超过这个时间，则停止等待，变为就绪状态。

线程调度程序可以决定将当前运行状态移动到可运行状态，以便让另一个线程获得运行机会，而不需要任何理由。

4. 线程举例

下面通过例子来说明多线程的完整实现。

【例 6.4】 实现 Runnable 接口的多线程例子。

```
// 实现 Runnable 接口的类
public class DoSomething implements Runnable {
    private String name;
    public DoSomething(String name) {
            this.name = name;
    }
    public void run() {
            for (int i = 0; i < 5; i++) {
                    for (long k = 0; k < 100000000; k++) ;
                    System.out.println(name + ": " + i);
            }
    }
}

// 测试 Runnable 类实现的多线程程序
public class TestRunnable {
    public static void main(String[] args) {
            DoSomething ds1 = new DoSomething(" 张三 ");
            DoSomething ds2 = new DoSomething(" 李四 ");
        Thread t1 = new Thread(ds1);
            Thread t2 = new Thread(ds2);
            t1.start();
            t2.start();
    }
}

/*------- TestRunnable output---------
李四 : 0
张三 : 0
李四 : 1
张三 : 1
李四 : 2
李四 : 3
```

张三 : 2
李四 : 4
张三 : 3
张三 : 4

6.5.3 同步处理

1. 同步问题提出

在程序中运行多个线程时，可能会发生以下问题：当两个或多个线程同时访问同一个变量，并且一个线程需要修改这个变量时，程序中可能会发生预想不到的结果。例如：两个线程 ThreadA，ThreadB 都操作同一个对象 Foo 对象，并修改 Foo 对象上的数据。代码如下：

```
public class Foo {
    private int x = 100;
    public int getX() { return x; }
    public int fix(int y) {
        x = x - y;
        return x;
    }
}

public class MyRunnable implements Runnable {
    private Foo foo = new Foo();
    public static void main(String[] args) {
        MyRunnable r = new MyRunnable();
            Thread ta = new Thread(r, "Thread-A");
            Thread tb = new Thread(r, "Thread-B");
            ta.start();
            tb.start();
    }
    public void run() {
        for (int i = 0; i < 3; i++) {
            this.fix(30);
        try {
            Thread.sleep(1);
        } catch (InterruptedException e) {
        e.printStackTrace();
        }
        System.out.println(Thread.currentThread().getName() + " : 当前 foo 对象的 x 值 = " + foo.
getX());
    }
    public int fix(int y) {
        return foo.fix(y);
    }
```

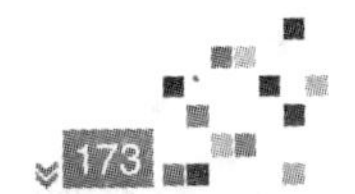

```
}
    /*------- MyRunnable output---------
    Thread-A : 当前 foo 对象的 x 值 = 40
    Thread-B : 当前 foo 对象的 x 值 = 40
    Thread-B : 当前 foo 对象的 x 值 = -20
    Thread-A : 当前 foo 对象的 x 值 = -50
    Thread-A : 当前 foo 对象的 x 值 = -80
    Thread-B : 当前 foo 对象的 x 值 = -80
    ----------------------------------
```

从结果发现，这样的输出值明显是不合理的。其原因是两个线程不加控制地访问 Foo 对象并修改其数据所致。如果要保持结果的合理性，只需要达到一个目的，就是将对 Foo 的访问加以限制，每次只能有一个线程在访问。这样就能保证 Foo 对象中数据的合理性了。

线程的同步就是为了防止多个线程访问一个数据对象时，对数据造成的破坏。在具体的 Java 代码中需要完成两个操作：一是把竞争访问的资源类 Foo 变量 x 标识为 private；二是同步那些修改变量的代码，使用 synchronized 关键字同步方法或代码。

2. 同步和锁定

（1）锁的原理。

Java 中每个对象都有一个内置锁，当程序运行到非静态的 synchronized 同步方法上时，自动获得与正在执行代码类的当前实例（this 实例）有关的锁。获得一个对象的锁也称为获取锁、锁定对象、在对象上锁定或在对象上同步。当程序运行到 synchronized 同步方法或代码块时，该对象锁才起作用。

一个对象只有一个锁，所以，如果一个线程获得该锁，就没有其他线程可以获得锁，直到第一个线程释放（或返回）锁。这也意味着任何其他线程都不能进入该对象上的 synchronized 方法或代码块，直到该锁被释放，也就是持锁线程退出了 synchronized 同步方法或代码块。

（2）线程同步。

将上述 Foo 类的方法 fix(int y) 增加同步代码，就可以解决访问变量的同步问题。例如：

```
public int fix(int y) {
        synchronized (this) {
            x = x - y;
        }
        return x;
    }
```

（3）wait() 和 notifyAll() 方法。

当一个线程使用的同步方法用到某个变量，而此变量又需要其他线程修改后才能符合本线程的需要，那么可以在同步方法中使用 wait() 方法中断当前线程的执行，并让本线程等待，暂时让出 CPU 资源，并允许其他线程使用该同步方法。如果其他线程使用这个同步方法时不需要等待，那么在使用完成时，应当使用 notifyAll() 方法通知所有由于使用该同步方法而处于等待的线程，让它们结束等待，曾经中断的线程就会从刚才中断的位置继续执行这个同步方法，并遵循“先中断先继续”的原则。例如：

```
Public synchronized int fix(int y) {
    if(x-y<0){
        try{wait();}// 中断并等待
        catch(InterruptedException e){… }
```

```
                x = x - y;
            }
        notifyAll();// 唤醒
            return x;
        }
```

（4）使用线程同步的要点。

关于线程的同步，有以下几个要点：

①只能同步方法，而不能同步变量和类；

②每个对象只有一个锁；当提到同步时，应该清楚在什么上同步？也就是说，在哪个对象上同步？

③不必同步类中所有的方法，类可以同时拥有同步和非同步方法。

④如果两个线程要执行一个类中的 synchronized 方法，并且两个线程使用相同的实例来调用方法，那么一次只能有一个线程能够执行方法，另一个则需要等待，直到锁被释放。也就是说：如果一个线程在对象上获得一个锁，就没有任何其他线程可以进入（该对象的）类中的任何一个同步方法。

⑤如果线程拥有同步和非同步方法，则非同步方法可以被多个线程自由访问而不受锁的限制。

⑥当线程睡眠时，它所持的任何锁都不会释放。

⑦线程可以获得多个锁。比如，若在一个对象的同步方法里面调用另外一个对象的同步方法，则获取了两个对象的同步锁。

⑧同步损害并发性，应该尽可能缩小同步范围。同步不但可以同步整个方法，还可以同步方法中一部分代码块。

⑨在使用同步代码块时，应该指定在哪个对象上同步，也就是说，要获取哪个对象的锁。

三、静态方法同步

因为静态方法属于类而不属于对象，如果要同步静态方法，需要一个用于整个类对象的锁，这个对象是就是这个类（×××.class）。例如：

```
public static synchronized int setName(String name){
      Xxx.name = name;
}
```

等价于

```
public static int setName(String name){
      synchronized(Xxx.class){
            Xxx.name = name;
      }
}
```

静态方法同步是获取 ×××.class 锁，而实例方法获取的是该“实例对象”的锁，它们互不干涉。

当前线程调用类的同步静态方法时，其他线程可以进入该类实例的其他非静态方法，不能进入类的其他静态方法。同理，当前进入同步的实例方法时，其他线程可以进入该类的静态方法，但是不能进入该类的其他非静态方法。

重点串联

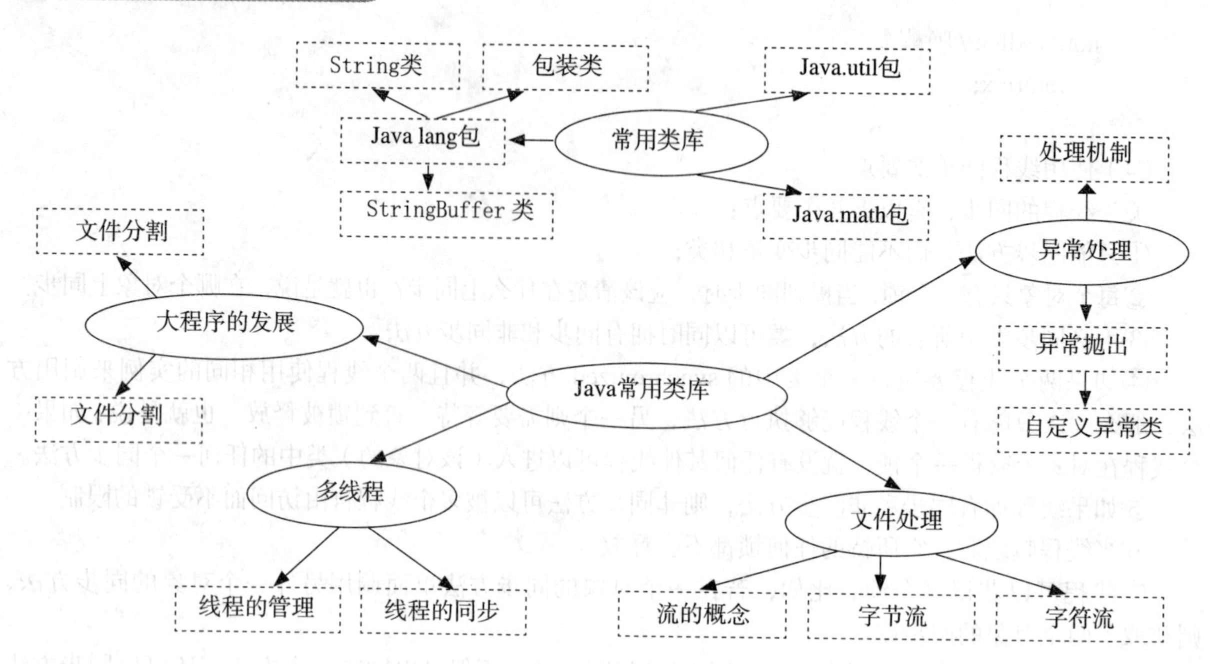
String类
包装类
Java.util包
Java lang包
常用类库
处理机制
StringBuffer 类
Java.math包
文件分割
异常处理
大程序的发展
异常抛出
Java常用类库
文件分割
自定义异常类
多线程
文件处理
线程的管理
线程的同步
流的概念
字节流
字符流

拓展与实训

技能实训

技能训练 6.1：判定回文字符串。

任务：判断一个字符串是否是回文字符串，即正读和反读都一样的字符串称为回文字符串，如 mom,dad,noon 等都是回文字符串。通过案例，掌握该字符串的应用特性。

判断一个字符串是否是回文字符串的方法是：先判断第一个字符和最后一个字符是否相等，如果相等，再检查第二个字符串和倒数第二个字符是否相等，该过程一直进行到所有字符都检查完毕，若是为回文字符串，则返回 true，一旦出现不相等的情况，即为非回文字符串，返回 false。

技能目标：

（1）掌握字符串处理的 length()，charAt() 等函数相关用法。

（2）掌握运用字符串函数判断回文串的算法。

实现代码：

```
package pack6
import java.util.Scanner;
public class TestPalindrome{
    public static void main(String [] args){
        String str=null;
        System.out.println("/*ex6_1 output---------------------- : ");
        System.out.println(" 请输入要检测的字符串：");
        Scanner in=new Scanner(System.in)
        str=in.nextLine();  // 用户输入一个字符串，保存到 str 中
            if(isPalindrome(str)){
               System.out.println(str+" 是回文串。");
            }else{
               System.out.println(str+" 不是回文串。");
            }
        System.out.println("-------------------------*/ : ");
    }

    public static boolean isPalindrome(String str){
    、int low=0;
      int high=str.length()-1;
      while(low<high){
          if(str.charAt(low)!=str.charAt(high))
                return false;
          low++;
          high++;
      }
```

```
        return true;
    }
```

运行结果：以上程序运行两次，结果如下：

```
/* ex6_1 output---------------------
请输入要检测的字符串：
eye
eye 是回文串。
---------------------------------*/
/* ex6_1 output---------------------
请输入要检测的字符串：
ready
ready 不是回文串。
---------------------------------*/
```

技能训练 6.2：字符串的追加。

任务：通过字符串的追加来研究 java 中 String 与 StringBuffer 在进行字符串连接性能的问题。通过对比，掌握 String 和 StringBuffer 对字符串的处理方法。

技能目标：

（1）训练用 String 的字符串追加方法。

（2）训练运用 StringBuffer 实现字符串的追加方法。

（3）掌握使用 String 与 StringBuffer 两种方法完成字符串的连接功能，实现字符串的追加，了解其优缺点，找出对应的适用场合。

实现代码：

1. 基于 String 连接的字符串的代码示例如下：

```
public static void main(String[] args) {
    String str ="String-hello ";
    str+="world";
    System.out.println("/*ex6_2 output--------------------- : ");
    System.out.println(str);
    System.out.println("-------------------------*/ : ");
}
```

2. 基于 StringBuffer 字符串追加的代码示例如下：

```
public static void main(String[] args) {
    StringBuffer str = new StringBuffer("String-hello ");
    str.append("world");
    System.out.println("/*ex6_2 output--------------------- : ");
    System.out.println(str);
    System.out.println("-------------------------*/ : ");
}
```

运行结果：以上两个程序的运行结果都是：

```
/* ex6_2 output---------------------
String-hello world
---------------------------------*/
```

这两段代码的运行结果确实是一模一样(重点在字符串“String-hello world”这部分)。

String 在进行字符串连接时是借助于 StringBuilder() 实现的，每进行一次连接，都创建了一个 StringBuilder() 对象构建了一个新的字符串，并让 str 指向这个新串。如果连接次数少，就可以简化程序编码。

StringBuffer() 是直接调用了 StringBuffer() 对象的 append() 方法，来修改 str 自身。在需要多次进行字符串连接的时候，尽可能选择使用 StringBuffer() 来实现，以便减少构造新对象的代价。

技能训练 6.3：二进制转换成十进制(二进制不合法时抛出异常)。

任务：通过二进制转换为十进制来掌握 java 中的异常处理。随机输入一个数字串，首先运用 checkBinString() 方法检查是否为标准的二进制串，如果不合法抛出异常。如果合法，调用 BinToDec() 进行转换，最后输出十进制数。

技能目标：

(1)了解二进制转换为十进制的基本算法。

(2)掌握 Java 中的异常处理机制。

实现代码：

```
import java.util.Scanner;
public class S_T {
    public static void main(String[] args)
    {
        String str=null;
        Scanner scanner = new Scanner(System.in);
        System.out.println("/*ex6_3 output---------------------- : ");
        System.out.print(" 请输入二进制数串: ");
        try {
            str = scanner.next ();
        }catch(java.util.InputMismatchException e) {
            e.printStackTrace();
        }
        if(checkBinString(str)){
            System.out.println(" 转换为十进制数是: "+BinToDec (str));
        }
        System.out.println("-------------------------*/ : ");
    }
    public static boolean checkBinString(String str){
        int i=0;
        char ch;
        int high=str.length()-1;
        while(i<=high){
            ch= str.charAt(i);
            if(ch!='0' && ch!='1'){
                throw new IllegalArgumentException(" 非法的二进制数 ");
            }
            i++;
        }
```

```
        return true;
    }
    public static String BinToDec (String str){
        int y=0,t=1;
        int i=str.length()-1;
        while(i>=0)
        {
            if(str.charAt(i)=='1')  y+=t;
            i--;
            t=t*2;
        }
        return ""+y;
    }
}
```

运行结果：以上程序运行两次，结果如下：

```
/* ex6_3 output----------------------
请输入二进制数串：1011
转换为十进制数是：11
E:\java\src\pack6>java S_T
请输入二进制数串：11111111
转换为十进制数是：255
---------------------------------*/
/* ex6_3 output----------------------
请输入二进制数串：123
Exception in thread "main" java.lang.IllegalArgumentException: 非法的二进制数
at S_T.checkBinString(S_T.java:24)
at S_T.main(S_T.java:13)
---------------------------------*/
```

技能训练 6.4：实现记事本文件的打开和保存功能。

案例描述：使用文件字符输入输出流类可以将文件打开，并将文件内容读取出来，然后在利用键盘输入功能输入字符串，将该串连接到文件的末尾，并实现文件的保存功能，从而模拟记事本文件的打开和保存功能。

技能目标：

（1）能用 FileReader 类创建一个以文件 test.txt 为数据源的文件输入字符流 f。

（2）利用装饰类 BufferedReader 连接 fr，形成缓冲流 br，读取文件 test.txt，输出文件内容。

（3）读出类容添加到一个 StringBuffer 的对象中。

（4）能用 FileWrite 类创建一个以文件 test.txt 为目的地的文件输出字符流 fw，并用 write 方法写入。

实现代码：

```
import java.io.*;
public class OpenAndSave{

    public static void main(String[] args){
        String src="test.txt";
```

```
        String str1=readFile(src);
        System.out.println(str1);
        System.out.println("/*ex6_4 output---------------------- : ");
        System.out.println(" 请输入追加内容，以【Ctrl+Z】结尾！ ");
        String str2=readKeyBoard();
        saveFile(src,str1+str2);
        System.out.println(" 最终文件的内容如下 ---------");
        System.out.print(readFile(src));
        System.out.println(" 最终文件的内容结尾 ---------");
        System.out.println("-------------------------*/ : ");
    }
    public static String readFile(String filename)// 用于读取文件内容
    {
        StringBuffer strB=new StringBuffer();
        try{
            FileReader fr = new FileReader(filename);
            BufferedReader br = new BufferedReader(fr);
            String str;
            while((str = br.readLine()) != null){
                strB.append(str+"\r"+"\n");
            }
            br.close();
            fr.close();
            return strB.toString();
        }catch(Exception ee){
            ee.printStackTrace();
        }
        return strB.toString();
    }
    public static String readKeyBoard(){// 用于读取文件内容
        StringBuffer strB=new StringBuffer();
        try{
            InputStreamReader iin = new InputStreamReader(System.in);
            BufferedReader stdin = new BufferedReader(iin);
            String str;
            while((str = stdin.readLine()) != null){
                strB.append(str+"\r"+"\n");
            }
        }catch(Exception ee){
            ee.printStackTrace();
        }
        return strB.toString();
    }
```

```
        public static void saveFile(String file, String str){  //保存文件
            try{
                FileWriter fw = new FileWriter(file);
                fw.write(str);
                fw.close();
            }catch(Exception e){
                e.printStackTrace();
            }
        }
    }
```

运行结果:

运行命令: E:\java\src\pack6>java OpenAndSave，运行结果为:

```
/* ex6_4 output----------------------
hello java!

请输入追加内容，以【Ctrl+Z】结尾!
append a line
file end!
^Z
最终文件的内容如下 ---------
hello java!
append a line
file end!
最终文件的内容结尾 ---------
---------------------------------*/
```

技能训练 6.5：随机读取文件中的数据。

任务: 创建一个 RandomAccessFile 类对象，然后向其中写入一组字符和数据，然后将它们再读出来。

技能目标:

(1) 掌握 RandomAccessFile 的工作方式。

(2) 使用 RandomAccessFile 实现文件的定位、判断文件大小、跳过若干字节等方法实现文件的随机读写。

实现代码:

```
import java.io.IOException;
import java.io.RandomAccessFile;

public class TestRandomAccessFile {
    public static void main(String[] args) throws IOException {
        RandomAccessFile rf = new RandomAccessFile("rtest.dat", "rw");
            for (int i = 0; i < 10; i++) {
                rf.writeDouble(i * 1.414);          //写入基本类型 double 数据
            }
            rf.close();
```

```
            rf = new RandomAccessFile("rtest.dat", "rw");
            rf.seek(5 * 8);  // 直接将文件指针移到第 5 个 double 数据后面
        rf.writeDouble(47.0001);  // 覆盖第 6 个 double 数据
            rf.close();
            rf = new RandomAccessFile("rtest.dat", "r");
        System.out.println("/*ex6_5 output---------------------- : ");
            for (int i = 0; i < 10; i++) {
                    System.out.println("Value " + i + ": " + rf.readDouble());
            }
            rf.close();
        System.out.println("--------------------------*/ : ");
        }
}
```

运行结果：

运行命令：E:\java\src\pack6>java TRF，程序运行结果如下：

```
/* ex6_5 output----------------------
Value 0: 0.0
Value 1: 1.414
Value 2: 2.828
Value 3: 4.242
Value 4: 5.656
Value 5: 47.0001
Value 6: 8.484
Value 7: 9.898
Value 8: 11.312
Value 9: 12.725999999999999
----------------------------------*/
```

可以看出，第 6 个数据 Value 5 的值被修改为 47.0001。

技能训练 6.6：将平面文字显现滚动效果。

任务：从 Thread 类派生一个文本滚动类 TextScroll，该类重写了线程的 run() 方法。通过对字符串的处理来实现文本的滚动效果。具体要求是：

（1）线程类从 Thread 继承而来，取名为 TextScroll。

（2）在重写的 run 方法中，每隔 200 ms，把字符串的第 1 个字符移动到字符串的尾部显示。

（3）测试类从 JFrame 继承而来，用来产生一个图形窗口，并加载线程对象，以便将平面文字显现滚动效果。

技能目标：

（1）滚工文字的实现算法；

（2）掌握线程的创建方法；

（3）掌握图形窗口运用多线程的基本方法。

参考代码：

```
import java.awt.*;
import java.util.TimerTask;
import javax.swing.*;
```

```
public class ThreadScrollText extends JFrame{
    JLabel lb = new JLabel("java 程序设计，多线程实现 ",JLabel.CENTER);

    public static void main(String[] args) {
        new ThreadScrollText ();
    }
    public ThreadScrollText (){
        super(" 滚动 ");
        this.add(lb);
        this.setSize(350,200);
        this.setLocation(450,300);
        this.setVisible(true);
        new TextScroll(lb).start();
    }

    class TextScroll extends Thread
    {
        JLabel lb ;
        public TextScroll_1(JLabel _lb){ lb = _lb; }
        public void run(){
            String str = lb.getText();
            while(true){
                try{
                        str = str.substring(1)+str.substring(0,1);
                        lb.setText(str);
                        Thread.sleep(200);
                }catch (InterruptedException ie) {
                        ie.printStackTrace();
                }
            }
        }
    }
}
```

运行效果：以上程序的运行效果如图 6.6 所示。

图6.6　文字的滚动显示效果

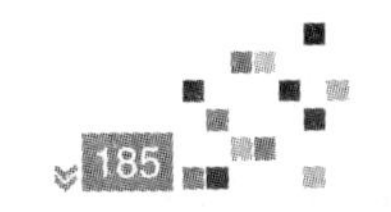

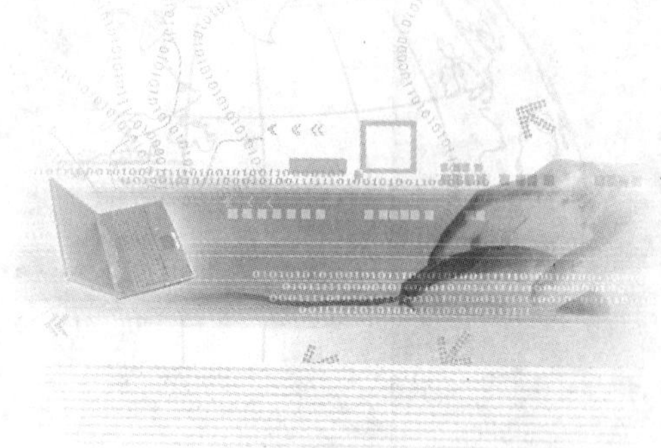

模块7 Java图形用户界面

教学聚焦

- ◆ AWT 和 Swing
- ◆ 常用 GUI 组件
- ◆ 布局管理器
- ◆ 事件处理机制

知识目标

- ◆ 了解 AWT 和 Swing 之间的关系
- ◆ 掌握常用 GUI 组件的使用
- ◆ 掌握 6 大布局管理器的用法
- ◆ 理解事件处理机制的概念和一般步骤
- ◆ 掌握创建事件监听器的几种方式
- ◆ 理解事件适配器的概念及其作用

技能目标

- ◆ 利用常用 GUI 组件开发简单的图形用户界面程序
- ◆ 综合运行几种布局管理器来完成实际开发中的容器布局管理
- ◆ 在 GUI 程序中正确使用常量组件开发图形用户界面，并对各组件相应地实现 Java 事件处理机制

课时建议

16 学时

项目 7.1 图形用户界面概述

知识汇总

图形用户界面的广泛应用是当今计算机发展的重大成就之一，它极大地方便了非专业用户的使用，人们从此不再需要死记硬背大量的命令，取而代之的是可通过窗口、菜单、按键等方式来方便地进行操作。

图形用户界面（Graphics User Interface，GUI，又称为图形用户接口）是指采用图形方式显示的计算机操作用户界面。与早期计算机使用的命令行界面相比，图形界面对于用户来说在视觉上更易于接受。图形用户界面包括窗口和菜单栏、工具条等组件和其他各种屏幕元素。GUI 组件按其作用可分为基本组件和容器两大类：GUI 的基本组件不能容纳其他组件，如按钮、文本框等图形界面元素；容器是一种特殊的组件，可以用来容纳其他组件，如窗口、对话框等。

7.1.1 AWT

Java 提供了 AWT 和 Swing 来完成图形用户界面编程，其中 AWT 的全称是抽象窗口工具集（Abstract Window Toolkit），它是 Sun 公司最早提供的 GUI 库，这个 GUI 库提供了一些基本功能，但功能比较有限，所以后来又提供了 Swing 库。通过使用 AWT 和 Swing 提供的图形界面组件库，Java 的图形用户界面编程比较轻松，程序只需要依次创建所需的图形组件，并且以合适的方式将这些组件组织在一起，就可以开发出非常美观的用户界面。

AWT 是窗口框架，它从不同平台的窗口系统抽取出共同组件，当程序运行时，将这些组件的创建和动作委托给程序所在的运行平台。换言之，当使用 AWT 编写图形界面应用时，程序仅指定了界面组件的位置和行为，并未提供真正的实现，JVM 调用操作系统本地的图形界面来创建和平台一致的对等体。正因为如此，AWT 产生的是在各系统看来都同样欠佳的图形用户接口。

7.1.2 Swing

由于 AWT 不能满足开发 GUI 的需要，因此 Swing 出现了。Swing 是以 AWT 为基础的跨平台应用程序，它可以使用任何可插拔的外观风格。Swing 组件是由 100% 纯 Java 实现的，不再依赖于本地平台的 GUI，因此可以在所有平台上都保持相同的界面外观。独立于本地平台的 Swing 组件被称为轻量级组件，而依赖于本地平台的 AWT 组件被称为重量级组件。

由于 Swing 的所有组件完全用 Java 实现，不再调用本地平台的 GUI，所以导致 Swing 图形界面的组件显示速度要比 AWT 图形界面的显示速度慢一些，但相对于快速发展的硬件设施而言，这种微小的速度差别影响并不大。

Swing 组件没有本地代码，不依赖操作系统的支持，这是它与 AWT 组件的最大区别。由于 AWT 组件通过与具体平台相关的对等类实现，因此 Swing 比 AWT 组件具有更强的实用性。Swing 在不同的平台上表现一致，并且有能力提供本地窗口系统，不支持其他特性。开发人员只用很少的代码就可以利用 Swing 丰富、灵活的功能和模块化组件来创建优雅的用户界面。

在 javax.swing 包中，定义了两种类型的组件：顶层容器（JFrame，JApplet，JDialog 和 JWindow）和轻量级组件。Swing 组件都是 AWT 的 Container 类的直接子类或间接子类。Swing 是 AWT 的扩展，它提供了许多新的图形界面组件。Swing 组件以“J”开头，除了有与 AWT 类似的按钮（JButton)、标签（JLabel)、复选框（JCheckBox)、菜单（JMenu）等基本组件外，还增加了一个丰富的高层组件集合，如表格（JTable）、树（JTree）。与 AWT 的部件不同，许多 Swing 组件如按钮、标签，除了使用文字外，还可以使用图标修饰自己。

使用 Swing 组件的基本规则与 AWT 组件不同，Swing 组件不能直接添加到顶层容器中，它必须添加到一个与 Swing 顶层容器相关联的内容面板（Contentpane）上。内容面板是顶层容器包含的一个普通容器，它是一个轻量级组件。

使用 Swing 的基本规则如下：

（1）把 Swing 组件放入一个顶层 Swing 容器的内容面板上。

（2）避免使用非 Swing 的重量级组件。

使用 Swing 开发图形界面有以下几个优势：

（1）Swing 组件不再依赖于本地平台的 GUI，无须采用各种平台的 GUI 交集，因此 Swing 提供了大量图形界面组件，远远超出 AWT 所提供的图形界面组件集。

（2）Swing 组件不再依赖于本地平台的 GUI，所以不会产生与平台相关的 Bug。

（3）Swing 组件在各种平台上运行时可以保证具有相同的图形界面外观。

Swing 存在的这些优势，让 Java 图形用户界面程序真正实现了“Write Once,Run Anywhere”的目标。

项目 7.2 常用 GUI 组件

知识汇总

Java 提供了许多的组件，这些组件可以组成丰富的图形用户界面。根据组件的特点和作用可将常用的 GUI 组件分为窗口、按钮和标签、文本输入类组件、选择类组件、菜单类组件、对话框、表格、树等。

7.2.1 Jframe 窗口

Jframe 类用于创建一个拥有标题、最大化按钮、最小化按钮和关闭按钮的窗口。

Jframe 类的常用方法有以下几个：

（1）setExtendedState(JFrame.MAXIMIZED_BOTH);// 界面显示最大化

（2）setUndecorated(true); // 去掉窗口的装饰，删除标题栏

（3）getRootPane().setWindowDecorationStyle() 方法为窗口指定以下的装饰风格：

NONE	无装饰（即去掉标题栏）
FRAME	普通窗口风格
PLAIN_DIALOG	简单对话框风格
INFORMATION_DIALOG	信息对话框风格
ERROR_DIALOG	错误对话框风格
COLOR_CHOOSER_DIALOG	拾色器对话框风格
FILE_CHOOSER_DIALOG	文件选择对话框风格
QUESTION_DIALOG	问题对话框风格
WARNING_DIALOG	警告对话框风格

（4）setMinimumSize(new Dimension(500,400));// 设置窗口最小的界面

（5）setMaximumSize(new Dimension(500,400));// 设置窗口最大的界面

（6）setDefaultCloseOperation(JFrame.DO_NOTHING_ON_CLOSE);// 设置关闭按钮事件

（7）setIconImage(Toolkit.getDefaultToolkit().createImage("pic.jpg"));// 设置标题栏上左上角的图标

设置单击关闭按钮时执行动作的典型代码如下：

frame.setDefaultCloseOperation(JFrame.EXIT_ON_CLOSE)；

JFrame 窗口的默认显示位置从（0,0）点开始绘制，即从显示器的左上角开始绘制。通常情况下更希望显示在显示器的中央，可以通过 Toolkit 类的静态方法 getDefaultToolkit() 获得一个 Toolkit 类的对象，然后通过 Toolkit 对象的 getScreenSize() 方法获得一个 Dimension 类的对象，通过 Dimension 对象可以得到显示器的大小，例如显示器的宽度和高度，获得 Dimension 对象的代码如下：Dimension displaySize = Toolkit.getDefaultToolkit().getScreenSize();

通过 JFrame 对象的 getSize() 方法也可以得到一个 Dimension 类的对象，通过 Dimension 对象可以得到 JFrame 窗口的大小，例如 JFrame 窗口的宽度和高度，获得 Dimension 对象的典型代码如下：

Dimension frameSize = frame.getSize();

利用上面得到的两个 Dimension 类的对象，就可以计算出显示在显示器中央时的起始绘制点了，然后通过 JFrame 对象的 setLocation（int x, int y）方法，设置 JFrame 窗口在显示器中的起始绘制点，典型代码如下：

frame.setLocation((displaySize.width - frameSize.width) / 2,(displaySize.height - frameSize.height) / 2);

利用 JFrame 创建的窗口默认是不可见的，即在运行时不在显示器上绘制窗口，设置为可见的方法是通过 JFrame 对象的 setVisible（boolean b）方法，并将入口参数设为 true。

使用示例：

```
// 创建指定标题的 JFrame 窗口对象
JFrame frame = new JFrame(" 利用 JFrame 创建窗口 ");
// 关闭按钮的动作为退出窗口
frame.setDefaultCloseOperation(JFrame.EXIT_ON_CLOSE);
frame.setSize(400, 300);        // 设置窗口大小
// 获得显示器大小对象
Dimension displaySize = Toolkit.getDefaultToolkit().getScreenSize();
Dimension frameSize = frame.getSize();   // 获得窗口大小对象
if (frameSize.width > displaySize.width)
frameSize.width = displaySize.width; // 窗口的宽度不能大于显示器的宽度
if (frameSize.height > displaySize.height)
frameSize.height = displaySize.height; // 窗口的高度不能大于显示器的高度
frame.setLocation((displaySize.width - frameSize.width) / 2,
(displaySize.height - frameSize.height) / 2); // 设置窗口居中显示器显示
frame.setVisible(true);        // 设置窗口为可见的，默认为不可见
```

7.2.2　按钮与标签

1. 按钮（JButton）

按钮是一个常用组件，按钮可以带标签或图标。

JButton 常用的构造方法有：

JButton(Icon icon) // 创建一个带图标的按钮

JButton(String text) // 创建一个带文本的按钮

JButton(String text, Icon icon) // 创建一个带初始文本和图标的按钮

【例 7.1】 程序简单示范了如何为按钮设置图标、图标或文本在按钮上的显示方式和键盘助记符等。

```
package com.ldpoly.bbs.util;
```

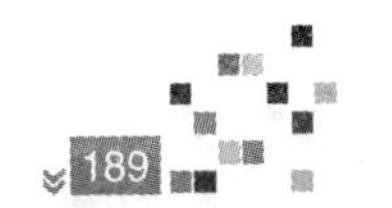

```
import javax.swing.JButton;
public class ButtonDemo extends Jpanel implements ActionListener{
    JButton b1;
    public ButtonDemo() {
        super();
        // 显示在 b1 按钮上的图标
        ImageIcon leftButtonIcon=new ImageIcon("images/left.gif);
        // 按钮 b1 上同时显示文字和图标
        b1=new JButton("Disable middle button",leftButtonIcon);
        // 设置图标和文本在按钮 b1 上的垂直对齐方式
        b1. setVerticalAlignment (SwingConstants.TOP);
        // 设置文本相对于图标的水平位置
        b1.setHorizontalTextPosition(SwingConstants.RIGHT);
    b1.setMnemonic(KeyEvent.VK_1);// 设置按钮 b1 的键盘助记符
    ……
        }
    }
```

注意：setMnemonic(int mnemonic) 方法是设置当前模型上的键盘助记符。助记符是某种键，它与外观的无鼠标修饰符（通常是 Alt）组合时，如果焦点包含在此按钮祖先窗口中的某个地方，则将激活此按钮。一个助记符必须对应键盘上的一个键，并且应该使用 java.awt.event.KeyEvent 中定义的 VK_××× 键代码之一指定。助记符是不区分大小写的，所以具有相应键代码的键盘事件将造成按钮被激活，不管是否按下 Shift 修饰符。如果在按钮的标签字符串中发现由助记符定义的字符，则第一个出现的助记符将是带下划线的，以向用户指示该助记符。

2. JLabel(标签)

JLabel 对象可以显示文本、图像或同时显示二者。标签不对输入事件作出反应，因此，它无法获得键盘焦点。可以通过设置垂直和水平对齐方式，指定标签显示区中标签内容在何处对齐。在默认情况下，标签在其显示区内垂直居中对齐；只显示文本的标签是开始边对齐；而只显示图像的标签则水平居中对齐。常量包括：LEFT,RIGHT,CENTER,NORTH,EAST 等。例如：

JLabel label = new JLabel("name");

在程序运行期间可以使用 setText( ) 和 setIcon( ) 两个方法来分别设置标签的文本和图标。

7.2.3 文本输入类组件

1. JTextField（文本域）

JtextField 用来编辑单行文本。把文本域添加到窗口中的常用方法是将它添加到面板或其他容器中，程序代码如下：

```
JPanel panel = new JPanel();
JTextField textfield = new JTextField(20);// 设置文本域的宽度为 20 列
panel.add(textfield );
```

JtextField 还有其他几个常用方法，用来改变或获取文本域的内容。例如：

```
textfield.setText(“Hello!”);// 改变文本域的内容
textfield.getText();// 获取文本域的内容
textfield.getText().trim();// 获取文本域内容，并去掉内容的前后空格
```

2. JPasswordField（密码域）

JPasswordField 用于编辑单行文本，其视图指示键入内容，但不显示原始字符。JPasswordField 与使用 setEchoChar 方法设置的 TextField 组件效果是基本一致的。

JPasswordField 常用的两个构造方法如下：

```
// 构造一个新 JPasswordField，使其具有默认文档为 null 的开始文本字符串和为 0 的列宽度
JPasswordField();
// 构造一个利用指定文本和列初始化的新 JPasswordField
JPasswordField(String text, int columns);
```

3. JTextArea（文本区）

JTextArea 组件实现一个纯文本的多行区域，可以接受用户输入的多行文本。

java.awt.TextArea 在内部处理滚动。JTextArea 的不同之处在于它不管理滚动，但实现了 Swing Scrollable 接口。允许把它放置在 JScrollPane 的内部（如果需要滚动行为），或者直接使用（如果不需要滚动）。

java.awt.TextArea 具有换行能力。这由水平滚动策略来控制。由于滚动不是由 JTextArea 直接完成的，因此必须通过另一种方式来提供向后兼容性。对 JTextArea 对象，可以通过 setLineWrap(boolean wrap) 方法设置文本是否自动换行，默认为 false，即不自动换行。如果设置为 true，则当行的长度大于所分配的宽度时，将换行。

7.2.4 选择类组件

1.JCheckBox(复选框)

允许用户选择一个或者多个选项，用户通过点击某个复选框来选择相应的选项，再点击则取消选取。

JCheckBox 的构造函数如下：

（1）JCheckBox()：建立一个新的 JChcekBox.。

（2）JCheckBox(Icon icon)：建立一个有图像但没有文字的 JcheckBox。

（3）JCheckBox(Icon icon,boolean selected)：建立一个有图像但没有文字的 JCheckBox, 且设置其初始状态（是否处于选定状态）。

（4）JCheckBox(String text)：建立一个有文字的 JCheckBox。

（5）JCheckBox(String text,boolean selected)：建立一个有文字的 JCheckBox, 且设置其初始状态（是否处于选定状态）。

（6）JCheckBox(String text,Icon icon)：建立一个有文字且有图像的 JCheckBox, 初始状态为未选定状态。

（7）JCheckBox(String text,Icon icon,boolean selected)：建立一个有文字且有图像的 JCheckBox, 且设置其初始状态（是否处于选定状态）。

2.JRadioButton(单选按钮)

实现一个单选按钮，让用户从一组组件中选择唯一的一个选项。此按钮项可被选择或取消选择，并可为用户显示其状态。

单选按钮可以像按钮一样添加到容器中。要将单选按钮分组，需要创建 java.swing.ButtonGroup 的一个实例，并用 add 方法把单选按钮添加到该实例中，例如：

```
JRadioButton jrb1 = new JRadioButton();
JRadioButton jrb2 = new JRadioButton();
ButtonGroup btg = new ButtonGroup();
btg.add(jrb1);
btg.add(jrb2);
```

上述代码创建了一个单选按钮组，这样就不能同时选择 jrb1 和 jrb2。

注意：ButtonGroup 对象为逻辑分组，不是物理分组。要创建按钮面板，仍需要创建一个 JPanel 或类似的容器对象并将 Border 添加到其中，以便将面板与周围的组件分开。

3.JComboBox(组合框)

将按钮或可编辑字段与下拉列表组合的组件。用户可以从下拉列表中选择值，下拉列表在用户请求时显示。如果使组合框处于可编辑状态，则组合框将包括用户可在其中输入值的可编辑字段。

JComboBox 的两个构造方法：

（1）public JComboBox()：创建具有默认数据模型的 JComboBox，默认的数据模型为空对象列表，使用 addItem 方法添加项。在默认情况下，选择数据模型中的第一项。

（2）public JComboBox(Object[] items)：创建包含指定数组中的元素的 JComboBox。在默认情况下，选择数组中的第一项（因而也选择了该项的数据模型）。

setEditable 方法让组合框可编辑。

JComboBox 的常用方法：

（1）public void addItem(Object item)：在组合框中添加一个选项。

（2）public Object getItemAt(int index)：得到组合框中指定序号的项。

（3）public void removeItem(Object anObject)：删除指定的项。

（4）public void removeAllItems()：删除列表中所有项。

（5）public Object getSelectedItem()：获取当前的选项或被编辑的文本。

4. JList (列表框)

JList 有点和 JComboBox 相似。但是，JComboBox 的内容只能用一列显示出来，而 JList 的内容可以多列显示列表框的作用和组合框的作用基本相同，但它允许用户同时选择多项。

JList 的两个构造方法如下：

（1）JList()：创建一个空的列表框。

（2）JList(Object[] stringItems)：创建一个有初始项的列表框。

JList 不会自动滚动。给列表框加滚动条的方法与文本区相同，只需创建一个滚动窗格并将列表框加入其中即可。

7.2.5 菜单类组件

菜单通常有两种使用方式：窗口菜单和快捷菜单。

1. 窗口菜单

窗口菜单式是相对于窗口的，它出现在窗口的标题栏下，总是与窗口同时出现。在 Javax.swing 包中，一共有 3 个菜单子类：菜单栏 JMenuBar、菜单 JMenu 和菜单项 JMenuItem。制作菜单的一般做法是往窗口上添加菜单栏，菜单栏中添加菜单，菜单中添加菜单项或子菜单，这样就形成了窗口菜单的多层结构。菜单栏添加在窗口上方，不受布局管理器的控制。

在一般情况下，菜单由菜单栏 JmenuBar、菜单 Jmenu 和菜单项 JMenuItem 组成。菜单栏 JMenuBar 设置在框架 JFrame 的菜单挂靠区，是容纳菜单的一个容器；菜单 JMenu 用于提供下一级菜单；菜单项 JMenuItem 关联具体操作。

下面是创建菜单的简单例子：

```
// 创建一个框架 frm
JFrame frm = new JFrame(" 测试窗口 ");
// 创建一个菜单栏 jmb
JMenuBar jmb = new JMenuBar();
// 创建一个菜单 menuFile
JMenu menuFile = new JMenu(" 文件 ");
```

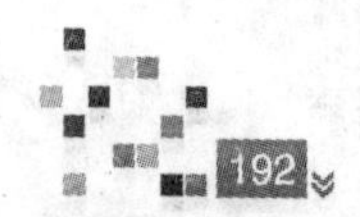

```
//创建两个菜单项 menuItemNew 和 menuItemQuit
JMenuItem menuItemNew = new JMenuItem(" 新建 ");
JMenuItem menuItemQuit = new JMenuItem(" 退出 ");
//将菜单项 menuItemNew 和 menuItemQuit 添加到菜单 menuFile 中
menuFile.add(menuItemNew);
menuFile.add(menuItemQuit);
//将菜单 menuFile 添加到菜单栏 jmb 中
jmb.add(menuFile);
//将菜单栏挂靠在框架上
frm.setJMenuBar(jmb);
//设置窗口的大小
frm.setSize(400,300);
//设置窗口可见性
frm.setVisible(true);
```

2. 快捷菜单

快捷菜单则是相对于某个制订组件的，当鼠标指向某组件并单击右键时，则会弹出一个菜单，这个菜单称为快捷菜单。快捷菜单也由若干菜单项组成，快捷菜单的结构比较简单，一般只有二级子菜单。

Java 的快捷菜单是 JPopupMenu 组件。任何 Component 组件都可以调用 add() 方法添加快捷菜单，快捷菜单也不受布局管理器的控制。显示快捷菜单时，必须为其指定位置。

7.2.6 对话框

Dialog 类和 Frame 类都是 window 的子类。对话框必须依赖于某个窗口或组件，当它所依赖的窗口或组件消失时，对话框也消失；当它所依赖的窗口或组件可见时，对话框会自动恢复。

1.Dialog 类的主要方法

（1）Dialog(Frame f,String s)：构造一个具有标题 s 的初始不可见的对话框，f 是对话框所依赖的窗口。

（2）Dialog(Frame f,String s,boolean b)：构造一个具有标题 s 的初始不可见的对话框，f 是对话框所依赖的窗口，b 决定对话框是有模式或无模式。

（3）getTitle()：获取对话框的标题。

（4）setTitle()：设置对话框的标题。

（5）setModal(boolean b)：设置对话框的模式。

（6）setSize()：设置对话框的大小。

（7）setVisible(boolean b)：显示或隐藏对话框。

2. 对话框的模式

对话框可分为模态对话框和非模态对话框。模态对话框只让程序响应对话框内部的事件，程序不能再激活它所依赖的窗口或组件，并堵塞其他线程的执行。也就是说，用户在 Windows 应用程序的对话框中，想要对对话框以外的应用程序进行操时，必须首先对该对话框进行响应。如单击“确定”或“取消”按钮等将该对话框关闭。相对应的另一种对话框是非模态对话框，非模态对话框处于非激活状态，程序仍能激活它所依赖的窗口或组件，它也不堵塞线程的执行。

3. 文件对话框

FileDialog 是 Dialog 的子类，FileDialog 类显示一个对话框窗口，用户可以从中选择文件。由于它是一个模态对话框，当应用程序调用其 show 方法来显示对话框时，它将阻塞其余应用程序，直到

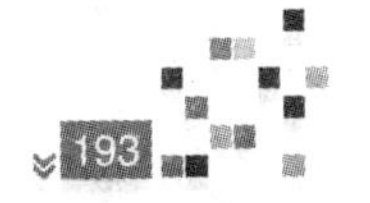

用户选择一个文件。

其主要方法如下：

（1）FileDialog(Dialog parent,String title,int mode)：创建一个具有指定标题的文件对话框窗口，用于加载或保存文件。如果 mode 的值为 LOAD，那么文件对话框将查找要读取的文件，所显示的文件是当前目录中的文件。如果 mode 的值为 SAVE，则文件对话框将查找要写入文件的位置。

（2）getDirectory()：获取当前对话框所显示的文件目录。

（3）public String getFile()：获取此文件对话框的选定文件的字符串表示。如果用户选择 CANCEL，即没有文件被选择，则返回 null。

4. 消息对话框

消息对话框是模态对话框，可以调用 Javax.swing 包中的 JOptionPane 类的静态方法创建。例如：

public static void showMessageDialog(Component parentComponent,
Object message,String title,int messageType)

它显示由 messageType 参数确定的图标消息对话框。上面方法各参数意义如下：

（1）parentComponent：对话框所依赖的组件。

（2）message：对话框上显示的消息。

（3）title：对话框的标题字符串 。

（4）messageType：要显示的消息类型，其取值有以下几种：

（5）ERROR_MESSAGE：错误消息，其默认图标是一个红色 X。

（6）INFORMATION_MESSAGE：普通消息，其默认图标是蓝色感叹号。

（7）WARNING_MESSAGE：警告消息，其默认图标是黄色感叹号。

（8）QUESTION_MESSAGE：问题消息，其默认图标是绿色问号。

（9）PLAIN_MESSAGE：普通消息，没有默认图标。

5. 确认对话框

确认对话框也是模态对话框，与消息对话框的创建方法大致相同。例如：

public static int showConfirmDialog(Component parentComponent,
  Object message,String title,int optionType)

它显示由 optionType 参数确定其中选项数的对话框。optionType 的取值如下：

JOptionPane.YES_NO_OPTION

JOptionPane.YES_NO_CANCEL_OPTION

JOptionPane.OK_CANCEL_OPTION

当对话框消失后，showConfirmDialog 方法会返回下列整数之一：

JOptionPane.YES_OPTION

JOptionPane.NO_OPTION

JOptionPane.CANCEL_OPTION

JOptionPane.OK_OPTION

JOptionPane.CLOSED_OPTION

6. 颜色对话框

javax.swing 包中 JColorChooser 类提供一个用于允许用户操作和选择颜色的控制器窗格。调用该类的 showDialog 静态方法，可以创建一个颜色对话框。

public static Color showDialog(Component component,String title,

Color initialColor)：显示一个模态的颜色选取器，在隐藏对话框之前一直阻塞。方法中各参数意义如下：

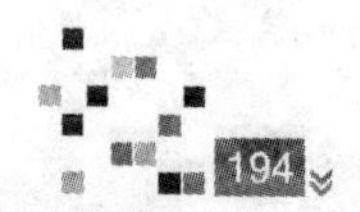

（1）component：对话框所依赖的组件。

（2）title：对话框的标题。

（3）initialColor：显示颜色选取器时的初始 Color。

7.2.7 表格

表格是一个由多行、多列组成的二维显示区。Swing 的 JTable 以及相关类提供了这种表格支持。JTable 是 Swing 新增加的组件，它可以把一个二维数据包装成一个表格，这个二维数据既可以是一个二维数组，也可以是集合元素是 Vector 的 Vector 对象（Vector 里包含 Vector 形成二维数组）。除此之外，为了给该表格的每一列指定列标题，还需要传入一个一维数据作为列标题，这个一维数据既可以是一维数据，也可以是 Vector 对象。

下面是使用二维数组和一维数组来创建一个简单表格的例子程序：

```
package com.ldpoly;
import javax.swing.*;
public class SimpleTable {
JFrame jf = new JFrame(" 我的简单表格 ");
JTable table = null;
// 定义一个二维数组作为表格数据
Object[][] tableData = {
      new Object[]{" 张良 ",35," 男 "},
      new Object[]{" 麦当娜 ",42," 女 "},
      new Object[]{" 小龙女 ",25," 女 "},
      new Object[]{" 杨康 ",31," 男 "},
      new Object[]{" 赵敏 ",22," 女 "}
};
// 定义一个一维数组作为表格的列标题
Object[] tableTitle = {" 姓名 "," 年龄 "," 性别 "};

public void initTable(){
      // 用二维数组和一维数组来创建一个 JTable 对象
      table = new JTable(tableData, tableTitle);
      // 将 JTable 对象放在 JScrollPane 中，并将该 JScrollPane 放在窗口中显示出来
      jf.add(new JScrollPane(table));
      jf.pack();
      jf.setDefaultCloseOperation(JFrame.EXIT_ON_CLOSE);
      jf.setVisible(true);
}
      public static void main(String[] args) {
      new SimpleTable().initTable();
}
}
```

运行结果如图 7.1 所示。

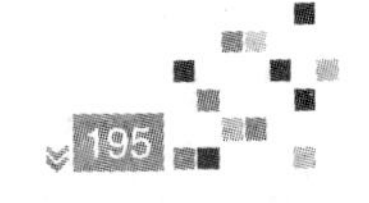

我的简单表格

姓名	年龄	性别
张良	35	男
麦当娜	42	女
小龙女	25	女
杨康	31	男
赵敏	22	女

图7.1 “我的简单表格”对话框

在默认情况下，JTable 的所有单元格、列标题显示的全部是字符串内容。除此之外，通常应该将 JTable 对象放在 JScrollPane 容器中，由 JScrollPane 为 JTable 提供 ViewPort。因为使用 JScrollPane 来包装 JTable 不仅可以为 JTable 增加滚动条，还可以让 JTable 的列标题显示出来，如果不把 JTable 放在 JScrollPane 中显示，JTable 默认不会显示列标题。

当拖动图 7.1 表格两列分界线来调整某列的宽度时，将看到该列后面的所有列的列宽都会发生相应的改变，但该列前面的所有列的列宽都不会发生改变，整个表格的宽度也不会发生改变。

JTable 提供了一个 setAutoResizeMode(int mode) 方法来控制表格的调整方式，其中 mode 可取以下几个值：

（1）JTable.AUTO_RESIZE_OFF：关闭 JTable 的自动调整，当调整某一列的宽度时，其他列的宽度不会发生改变，只有表格的宽度会随之改变。

（2）JTable.AUTO_RESIZE_NEXT_COLUMN：只调整下一列的宽度，其他列及表格宽度不会发生改变。

（3）JTable.AUTO_RESIZE_SUBSEQUENT_COLUMNS：平均调整当前列后面所有列的宽度，当前列的前面所有列和表格宽度都不会发生变化，这是默认的调整方式。

（4）JTable.AUTO_RESIZE_LAST_COLUMN：只调整最后一列的宽度，其他列及表格宽度不会发生改变。

（5）JTable.AUTO_RESIZE_ALL_COLUMNS：平均调整表格中所有列的宽度，表格的宽度不会发生改变。

JTable 默认采用平均调整当前列后面所有列的宽度的方式，这种方式允许用户从左到右、依次调整每一列的宽度，以达到最好的显示效果。在应用时需要注意的是：尽量避免使用平均调整表格中所有列的宽度的方式，这种方式将会导致用户调整某一列时，其余所有列都随之发生改变，从而使得用户很难把每一列的宽度都调整到最好的显示效果。

在默认情况下，当用户单击 JTable 的任意一个单元格时，系统默认会选中该单元格所在行的整行，也就是说，JTable 表格默认的选择单元是行。JTable 的 setRowSelectionAllowed(boolean flag) 方法可以改变这种设置，如果给该方法传入的参数是 false，则可以关闭这种每次选取一行的方式。

另外，JTable 还提供了一个 setColumnSelectionAllowed(boolean flag) 方法，该方法用于控制选择单元是否是列，如果为该方法传入的参数是 true，则当用户单击某个单元格时，系统会选中该单元格所在的列。

JTable 采用了 TableModel 来保存表格中的所有状态数据，TableModel 不强制保存该表格显示的数据。前面的程序是直接利用一个二维数组来创建 JTable 对象，但也可以通过 TableModel 对象来创建表格。如果需要利用 TableModel 来创建表格对象，则可以利用 Swing 提供的 AbstractTableModel 抽象类，该抽象类已经实现了 TableModel 接口里大部分的方法，程序只须为该抽象类实现如下 3 个抽象方法：

（1）getColumnCount()：返回该 TableModel 对象的列数。JTable 使用此方法来确定在默认情况下它应该创建并显示多少列。

（2）getRowCount()：返回该 TableModel 对象的行数。JTable 使用此方法来确定它应该显示多少行。

（3）getValueAt(int rowIndex,int columnIndex)：返回指定行 columnIndex 和指定列 rowIndex 位置的单元格值。

重写这 3 个方法后只是让该 JTable 对象具备所需的基本信息，如果想让 JTable 生成表格时具有列信息，还需要重写 getColumnName 方法，该方法返回一个字符串数组（数组长度应与 getColumnCount 返回的值相等），这个字符串数组将会作为该表格的列名。

在默认情况下，AbstractTableModel 的 isCellEditable(int rowIndex, int colIndex) 方法返回 false，表明该表格的单元格处于不可编辑状态，如果程序想让用户直接修改单元格的内容，则需要重写该方法，并让该方法返回 true。重写该方法后，只实现了界面上单元格的可编辑，如果需要控制实际的编辑操作，还需要重写该类的 setValueAt(Object aValue,int rowIndex,int columnIndex) 方法。

关于 TableModel 的经典应用就是用于封装 JDBC 编程里的 ResultSet，程序可以利用 TableModel 来封装数据库查询得到的结果集，然后再使用 JTable 把该结果集显示出来。程序还可以允许用户直接编辑表格的单元格，当用户编辑完成后，程序将用户所做的修改写入数据库。

7.2.8 树

如果要显示一个层次关系分明的一组数据，用树状图表示能给用户一个直观而易用的感觉，JTree 类如同 Windows 的资源管理器的左半部，通过点击可以“打开”、“关闭”文件夹，展开树状结构的图表数据。JTree 也是依据 MVC 的思想来设计的，JTree 的主要功能是把数据按照树状进行显示，其数据来源于其他对象。

这里的树是对自然界实际的树抽象而来，它由一系列具有严格父子关系的节点组成。每个节点既可以是其上一级节点的子节点，也可以是下一级节点的父节点，因此，同一个节点可以既是父节点，又是子节点。

如果按节点是否包含子节点来分，节点可以分为以下两种：

（1）普通节点：包含子节点的节点。

（2）叶子节点：没有子节点的节点，因此叶子节点不可作为父节点。

如果按节点是否具有唯一的父节点来分，节点又可分为以下两种：

（1）根节点：没有父节点的节点，根节点不可作为子节点。

（2）普通节点：具有唯一父节点的节点。

一棵树只能有一个根节点，如果一棵树有了多个根节点，那么它已经不再是一棵树，而是多棵树的集合，有时也被称为森林。

Swing 使用 JTree 对象来代表一棵树（实际上，JTree 也可以代表一个森林，因为我们可以在使用 JTree 创建树时传入多个根节点），JTree 树中节点可使用 TreePath 来标识，该对象封装了当前节点及其所有父节点，实际上，节点及其所有父节点才能唯一地表示一个节点，也可使用行数来标识。

当一个节点具有子节点时，该项节点有两种状态：

（1）展开状态：当父节点处于展开状态下时，其子节点才可见。

（2）折叠状态：当父节点处于折叠状态下时，其子节点都是不可见的。

如果某个节点是可见的，则该节点的父节点（包括直接父节点和间接父节点）都必须处于展开状态，只要有任意一个父节点处于折叠状态，则该节点将是不可见的。

为了利用根节点来创建 JTree，程序需要创建一个 TreeNode 对象，TreeNode 是一个接口，该接口有一个 MutableTreeNode 子接口，Swing 为该接口提供了默认的实现类 DefaultMutableTreeNode，程序可以通过 DefaultMutableTreeNode 为树创建节点，并通过 DefaultMutableTreeNode 提供的 add 方法建立各节点之间父子关系，然后调用 JTree 的 JTree(TreeNode root) 构造方法来创建一棵树。

下面的程序创建了一棵简单的树。

```
package com.ldpoly;
import javax.swing.JFrame;
import javax.swing.JScrollPane;
import javax.swing.JTree;
import javax.swing.tree.DefaultMutableTreeNode;
import javax.swing.tree.TreePath;
public class TreeTest{
JFrame jf = new JFrame(" 我的简单树 ");
JTree tree = null;
DefaultMutableTreeNode root = null;
DefaultMutableTreeNode male = null;
DefaultMutableTreeNode female = null;
DefaultMutableTreeNode jordan = null;
DefaultMutableTreeNode james = null;
    DefaultMutableTreeNode Madonna = null;
    DefaultMutableTreeNode Diana = null;
    TreePath movePath = null;
    public void init(){
    // 依次创建树中所有节点
    root = new DefaultMutableTreeNode(" 明星 ");
    male = new DefaultMutableTreeNode(" 男明星 ");
    female = new DefaultMutableTreeNode(" 女明星 ");
    jordan = new DefaultMutableTreeNode(" 乔丹 ");
    james = new DefaultMutableTreeNode(" 詹姆斯 ");
    Madonna = new DefaultMutableTreeNode(" 麦当娜 ");
    Diana = new DefaultMutableTreeNode(" 戴安娜 ");
    // 通过 add 方法建立树节点之间的父子关系
    male.add(jordan);
    male.add(james);
    female.add(Madonna);
    female.add(Diana);
    root.add(male);
    root.add(female);
    // 通过根节点来创建一棵树
    tree = new JTree(root);
    jf.add(new JScrollPane(tree));
    jf.pack();
    jf.setDefaultCloseOperation(JFrame.EXIT_ON_CLOSE);
    jf.setVisible(true);
    }
    public static void main(String[] args){
    new TreeTest().init();
    }}
```

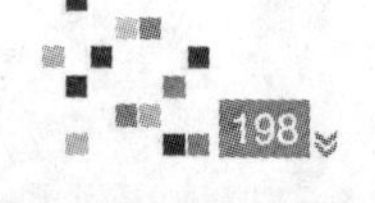

运行结果如图 7.2 所示。

图7.2　“我的简单树”对话框

项目 7.3 布局管理器

知识汇总

因为 Java 是跨平台语言，使用绝对坐标显然会导致出现问题，即在不同平台、不同分辨率下的显示效果不一样。Java 为了实现跨平台的特性并且获得动态的布局效果，Java 将容器内的所有组件安排给一个“布局管理器”负责管理，如排列顺序、组件的大小、位置等，当窗口移动或调整大小后组件如何变化等功能授权给对应容器的布局管理器来管理时，不同的布局管理器使用不同算法和策略，容器可以通过选择不同的布局管理器来决定布局。Java 常用的布局管理器一共有 6 种，通过使用这 6 种布局管理器组合，能够设计出复杂的界面，而且在不同操作系统平台上都能够有一致的显示界面。这 6 种布局管理器分别是 FlowLayout，BorderLayout，GirdLayout，GirdBagLayout，BoxLayout 和 CardLayout。其中 CardLayout 必须和其他 5 种配合使用，用的情况不多。

7.3.1　FlowLayout

流式布局管理器把容器看成一个行集，好像平时在一张纸上写字一样，一行写满就换下一行。行高是由一行控件中最高的那个控件决定。FlowLayout 是小应用程序 Applet 和面板 JPanel 的默认布局管理器，组件从左上角开始，按从左至右的方式排列。在生成流式布局时能够指定控件显示的对齐方式，在默认情况下是居中。在下面的示例中，可以用如下语句指定居左：

JPanel panel= new JPanel (new FlowLayout (FlowLayout.LEFT));

其构造函数如下：

（1）FlowLayout()：生成一个默认的流式布局，组件在容器里居中，每个组件之间留下 5 个像素的距离。

（2）FlowLayout(int alinment)：构造一个新的 FlowLayout，它具有指定的对齐方式，默认的水平和垂直间隙是 5 个像素的距离。

（3）FlowLayout(int alignment,int horz,int vert)：设定组件对齐方式并设定组件水平和垂直的距离。

当容器大小发生变化时，用 FlowLayout 管理的组件会发生变化，变化规律是组件的大小不变，但是相对位置会发生变化。

7.3.2 BorderLayout

边框布局管理器把容器内的空间简单地划分为东、西、南、北、中 5 个区域，每个区域最多只能包含一个组件，并通过相应的常量进行标识：NORTH，SOUTH，EAST，WEST，CENTER。当容器使用边框布局时，将一个组件添加到容器中时，要使用这 5 个常量之一来指明把这个组件添加在哪个区域中。例如：

```
Panel p = new Panel();
p.setLayout(new BorderLayout());
p.add(new Button("Okay"), BorderLayout.SOUTH);
```

当没有指明把组件加到 BorderLayout 容器哪个区域时，会按 CENTER 值来执行。

BorderLayout 是顶层容器 Jframe 和 JDialog 的默认布局管理器。在使用 BorderLayout 时，如果容器的大小发生变化，其变化规律为：组件的相对位置不变，大小发生变化。例如，容器变高了，则 North 和 South 区域不变，West，Center 和 East 区域变高；如果容器变宽了，West 和 East 区域不变，North，Center 和 South 区域变宽。在实际应用中，不一定所有的区域都有组件，如果四周的区域（West，East，North 和 South）没有组件，则由 Center 区域去补充，但是如果 Center 区域没有组件，则保持空白。

程序如下：

```
import java.awt.*;
import java.applet.Applet;
public class ButtonDir extends Applet {
public void init() {
 setLayout(new BorderLayout());
 add(new Button("North"), BorderLayout.NORTH);
 add(new Button("South"), BorderLayout.SOUTH);
 add(new Button("East"), BorderLayout.EAST);
 add(new Button("West"), BorderLayout.WEST);
 add(new Button("Center"), BorderLayout.CENTER);
 }
}
```

7.3.3 GridLayout

网格布局管理器把容器分割成纵横线分割的网格，每个网格所占的区域大小相同。当向使用 GridLayout 的容器中添加组件时，默认从左向右、从上向下依次添加到每个网格中。与 FlowLayout 不同的是，放在 GridLayout 布局管理器中的各组件的大小由组件所处的区域来决定（每个组件将自动涨大到占满整个区域）。

GridLayout 的基本布局策略是把容器的空间划分成若干行乘若干列的网格区域，组件就位于这些划分出来的小区域中，所有的区域大小一样。组件按从左到右、从上到下的方法加入。容器中各个组件呈网格状布局，平均占据容器的空间。当所有组件大小相同时，使用此布局。下面是一个将 6 个按钮布置到三行两列中的 applet。

```
import java.awt.*;
import java.applet.Applet;
public class ButtonGrid extends Applet {
    public void init() {
```

```
        setLayout(new GridLayout(3,2));
        add(new Button("1"));
        add(new Button("2"));
        add(new Button("3"));
        add(new Button("4"));
        add(new Button("5"));
        add(new Button("6"));
      }
    }
```

7.3.4 GridBagLayout

网格包布局管理器是一个灵活的布局管理器，它不要求组件的大小相同，便可以将组件垂直、水平或沿它们的基线对齐。每个 GridBagLayout 对象维持一个动态的矩形单元网格，每个组件占用一个或多个这样的单元，该单元被称为显示区域。

网格的总体方向取决于容器的 ComponentOrientation 属性。对于水平从左到右的方向，网格坐标 (0,0) 位于容器的左上角，其中 X 向右递增，Y 向下递增。对于水平的从右到左的方向，网格坐标 (0,0) 位于容器的右上角，其中 X 向左递增，Y 向下递增。

每个由 GridBagLayout 管理的组件都与 GridBagConstraints 的实例相关联。GridBagContraints 包含 GridBagLayout 类用来定位及调整组件大小所需要的全部信息。其使用步骤如下：

（1）创建网格包布局的一个实例，并将其定义为当前容器的布局管理器。

（2）创建 GridBagContraints 的一个实例。

（3）为组件设置约束。

（4）通过方法设置布局管理器有关组件及其约束等信息。

（5）将组件添加到容器。

（6）对各个将被显示的组件重复以上步骤。

GridBagLayout 是在 GridLayout 的基础上发展起来的，是 5 种布局策略中使用最复杂、功能最强大的一种。因为 GridLayout 中每个网格都大小相同，并且强制组件与网格的大小也相同，使得容器中的每个组件都的大小也相同，显得很不自然，而且不够灵活。在 GridBagLayout 中，可以为每个组件指定其包含的网格个数，组件可以保留原来的大小，可以以任意顺序随意地加入容器的任意位置，从而实现真正自由地安排容器中每个组件的大小和位置。

为了有效使用网格包布局，必须自定义与组件关联的一个或多个 GridBagConstraints 对象。可以通过设置一个或多个实例变量来自定义 GridBagConstraints 对象。

```
package com.ldpoly;
import java.awt.*;
import java.applet.Applet;
public class GridBagEx1 extends Applet {
protected void createButton(String name,GridBagLayout gridbag,GridBagConstraints c) {
    Button button = new Button(name);
    gridbag.setConstraints(button, c);
    add(button);
    }
public void init() {
    GridBagLayout gridbag = new GridBagLayout();
```

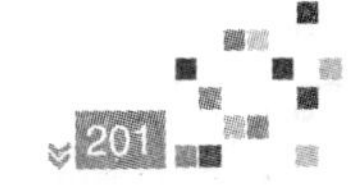

```
        GridBagConstraints c = new GridBagConstraints();
        setFont(new Font("SansSerif", Font.PLAIN, 14));
        setLayout(gridbag);
        c.fill = GridBagConstraints.BOTH;
        c.weightx = 1.0;
        createButton("Button1", gridbag, c);
        createButton("Button2", gridbag, c);
        createButton("Button3", gridbag, c);
        c.gridwidth = GridBagConstraints.REMAINDER;
        createButton("Button4", gridbag, c);
        c.weightx = 0.0;
        createButton("Button5", gridbag, c);
        c.gridwidth = GridBagConstraints.RELATIVE;
        createButton("Button6", gridbag, c);
        c.gridwidth = GridBagConstraints.REMAINDER;
        createButton("Button7", gridbag, c);
        c.gridwidth = 1;
        c.gridheight = 2;
        c.weighty = 1.0;
        createButton("Button8", gridbag, c);
        c.weighty = 0.0;
        c.gridwidth = GridBagConstraints.REMAINDER;
        c.gridheight = 1;
        createButton("Button9", gridbag, c);
        createButton("Button10", gridbag, c);
        setSize(300, 120);
    }
}
```

运行上面的程序将看到如图 7.3 所示的效果。

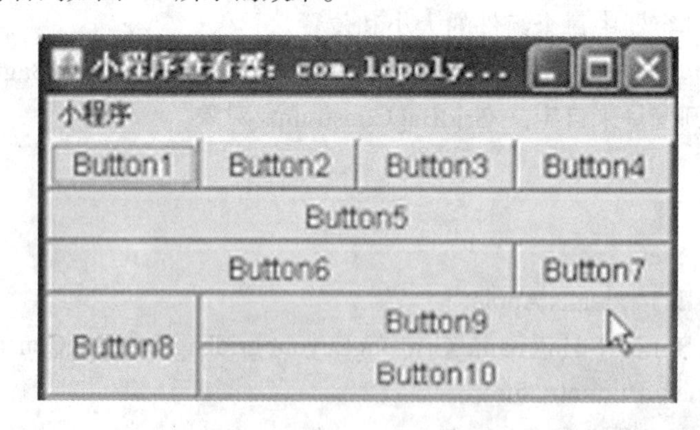

图7.3　GridBagLayout的简单应用

另外要注意的是，Swing 虽然有顶层容器，但是不能把组件直接添加到顶层容器中，Swing 窗体中含有一个称为内容面板的容器（ContentPane），在顶层容器上放内容面板，然后把组件加入到内容面板中。所以，在 Swing 中，设置布局管理器是针对于内容面板的，另外，Swing 新增加了一个 BoxLayout 布局管理器，显示上与 AWT 略有不同。

7.3.5 BoxLayout

BoxLayout 是允许垂直或水平布置多个组件的布局管理器，这些组件将不包装。举例来说，垂直排列的组件在重新调整框架的大小时仍然被垂直排列。

BoxLayout 试图按照组件的首选宽度（对于水平布局）或首选高度（对于垂直布局）来排列它们。对于水平布局，如果并不是所有的组件都具有相同的高度，则 BoxLayout 会试图让所有组件都具有最高组件的高度。如果对于某一特定组件而言这是不可能的，则 BoxLayout 会根据该组件的 Y 调整值对它进行垂直调整。在默认情况下，组件的 Y 调整值为 0.5，这意味着组件的垂直中心应该与其他 Y 调整值为 0.5 的组件的垂直中心具有相同 Y 坐标。

同样的，对于垂直布局，BoxLayout 试图让列中的所有组件具有最宽组件的宽度。如果这样做失败，则 BoxLayout 会根据这些组件的 X 调整值对它进行水平调整。对于 PAGE_AXIS 布局，基于组件的开始边水平调整。换句话说，如果容器的 ComponentOrientation 表示从左到右，则 X 调整值为 0.0，意味着组件的左边缘，否则它意味着组件的右边缘。

许多程序使用 Box 类，而不是直接使用 BoxLayout。Box 类是使用 BoxLayout 的轻量级容器。它还提供了一些帮助用户很好地使用 BoxLayout 的便利方法。要获取用户想要的排列，将组件添加到多个嵌套的 box 中是一种功能强大的方法。

```
package com.ldpoly;
import java.awt.*;
import javax.swing.*;
public class Test {
public static void main(String[] args) {
    MyFrame f=new MyFrame();
    f.setVisible(true);
    }
}
class MyFrame extends JFrame
    {
public MyFrame()
{
    super("BoxLayout 演示程序 ");
    this.setBounds(80,60,350,250);
    this.setDefaultCloseOperation(JFrame.DISPOSE_ON_CLOSE);
    final int SIZE=3;
    Container c =getContentPane();
    c.setLayout(new BorderLayout(30,30));
    Box boxes[] = new Box[4];
    boxes[0]=Box.createHorizontalBox();
    boxes[1]=Box.createVerticalBox();
    boxes[2]=Box.createHorizontalBox();
    boxes[3]=Box.createVerticalBox();
    for(int i=0;i<SIZE;i++){
        boxes[0].add(new JButton("boxes[0]:"+i));
    }
```

```
for (int i=0;i<SIZE;i++){
    boxes[1].add(new JButton("boxes[1]:"+i));
}

for (int i=0;i<SIZE;i++){
    boxes[2].add(new JButton("boxes[2]:"+i));
}

for (int i=0;i<SIZE;i++){
    boxes[3].add(new JButton("boxes[3]:"+i));
}
c.add(boxes[0],BorderLayout.NORTH);
c.add(boxes[1],BorderLayout.EAST);
c.add(boxes[2],BorderLayout.SOUTH);
c.add(boxes[3],BorderLayout.WEST);
    }
}
```

运行上面的程序将看到如图 7.4 所示的效果。

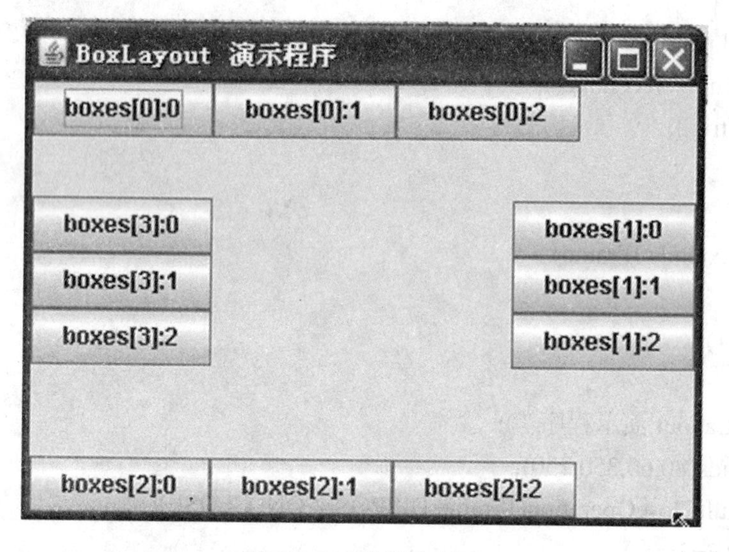

图7.4　Box的简单应用

7.3.6　CardLayout

卡片布局管理器能够帮助用户处理两个或者更多的成员共享同一显示空间。它把容器分成许多层，每层的显示空间占据整个容器的大小，但是每层只允许放置一个组件，当然，每层都可以利用 Panel 来实现复杂的用户界面。布局管理器（CardLayout）就像一副叠得整整齐齐的扑克牌一样，有 54 张牌，但是只能看见最上面的一张牌，每一张牌就相当于布局管理器中的每一层。其实现过程如下：

第一步，定义两个面板，为每个面板设置不同的布局，并根据需要在每个面板中放置组件。例如：

```
panelOne.setLayout(new FlowLayout());
panelTwo.setLayout(new GridLayout(2,1));
```

第二步，设置主面板的布局管理器。例如：

```
CardLayout card = new CardLayout();
panelMain.setLayout(card);
```

第三步，将开始准备好的面板添加到主面板 。例如：

```
panelMain.add("red panel",panelOne);
panelMain.add("blue panel",panelTwo);
```

add() 方法带有两个参数，第一个为 String 类型用来表示面板标题，第二个为 Panel 对象名称。

完成以上步骤以后，必须给用户提供在卡片之间进行选择的方法。一个常用的方法是每张卡片都包含一个按钮，通常用来控制显示哪张面板。actionListener 被添加到按钮，actionPerformed() 方法可定义显示哪张卡片。与 CardLayout 的显示内容相关方法如下：

```
card.next(panelMain);           // 下一个
card.previous(panelMain);       // 前一个
card.first(panelMain);          // 第一个
card.last(panelMain);           // 最后一个
card.show(panelMain,"red panel"); // 显示某个面板
```

项目 7.4 事件处理机制

知识汇总

事件处理机制是 Java 的一项重要技术，用于管理用户与组成程序图形用户界面的组件间的交互，是实现 GUI 的关键技术。在 Java 语言中，事件处理机制是一个较为复杂和抽象的问题，事件处理模型及模型中各对象之间的相互关系的理解程度决定了读者对整个 Java 可视化编程原理的理解。

7.4.1 事件处理机制简介

Java 使用了基于代理的事件处理模式，主要由事件、事件源、事件监听器 3 部分相互关联而成。当事件发生时，由事件源委托给事件监听器进行处理，继而执行事件处理代码，产生执行效果。该机制中事件发生和事件处理是分离的，用户操作与程序逻辑相对独立，如果希望事件源上发生的事件被程序处理，就要把事件源注册给能够处理该事件源上那种类型事件的监听器。

为了使图形用户界面能够接收用户的操作，必须给各个组件加上事件处理机制。在事件处理的过程中，主要涉及以下 3 类对象：

（1）Event Source（事件源）：事件发生的场所，通常就是各个组件，如按钮、窗口、菜单等。

（2）Event（事件）：事件封装了 GUI 组件上发生的特定事情。事件是用户对 GUI 组件的某种操作或系统中某个事情的发生，如单击按钮、键盘输入等。根据用户操作的不同，会产生不同的事件类型。如果程序需要获得 GUI 组件上所发生事件的相关信息，则通过 Event 来获取。

（3）Event Listener（事件监听器）：是接收事件并实现事件处理的对象。事件监听器必须实现与事件源所产生的事件相对应的监听接口，执行接口中提供的事件处理方法，就可实现监听和处理功能。事件监听器负责监听事件源所发生的事件，并对各种事件作出响应处理。

整个事件处理机制是由事件源和监听器协调完成，并由用户以及事件源、事件和监听器 3 种对象参与。在 Java 的事件处理机制中，不同的事件由不同的监听器处理，所以 java.awt.event 包中还定

义了 11 个监听接口，每个接口内部包含了若干处理相关事件的抽象方法。一般来说，每个事件类都有一个监听接口与之相对应，每个接口还要求定义一个或多个方法。当发生特定的事件时，就会调用这些方法。

实现 Java 的事件处理机制一般步骤如下：

（1）创建事件监听器类，该监听器类是一个特殊的 Java 类，必须实现一个 ×××Listener 接口，此类的对象即为监听器对象。

（2）创建普通组件（事件源）。

（3）普通组件调用 add×××Listener 方法将事件监听器对象注册给事件源。这样，当事件源上发生指定事件时，Swing 会触发事件监听器，由事件监听器调用相应的方法（事件处理器）来处理事件，事件源上所发生的事件会作为参数传入事件处理器。

7.4.2 创建监听器对象的几种方式

在事件处理过程中，监听器对象的创建是非常关键的，由于程序的规模和要求存在差异性，可以选择不同的创建监听器对象的方式，从而进行 Java 事件处理。

下面以 Jbutton 事件处理为例讲述创建监听器对象的几种方式，并以实现单击命令按钮后使命令按钮的标题文字发生改变的程序为例。

1. 本类对象作为事件监听器

监听器对象就是事件源所在的实现了事件抽象接口的类的对象。例如：

```
package com.ldpoly;
import java.awt.event.*;
import javax.swing.*;
public class ThisClassEvent extends JFrame implements ActionListener{
JButton btn = null;
public ThisClassEvent(){
    btn = new JButton(" 请单击我！ ");
    btn.addActionListener(this);//this（本类对象）作为监听器对象
    getContentPane().add(btn);// 将按钮添加到窗口容器面板中
    setTitle(" 本类对象作为事件监听器 ");
    setDefaultCloseOperation(JFrame.EXIT_ON_CLOSE);// 设置窗口关闭
    setSize(280, 100);// 设置窗口大小
    setVisible(true);// 设置窗口可见性
}
public static void main(String[] args){
    new ThisClassEvent();
}

public void actionPerformed(ActionEvent e) {
    btn.setText(" 单击按钮动作完成 ");
    }
}
```

运行上面的序将看到如图 7.5 和 7.6 所示的效果。

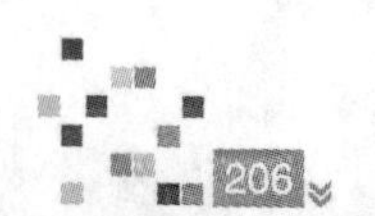

图7.5 单击按钮前

图7.6 单击按钮后

2. 外部类对象作为事件监听器

在主类之外创建一个新类，通过这个新类来实现事件抽象接口，完成事件的监听和处理工作。例如：

```
package com.ldpoly;
import java.awt.event.*;
import javax.swing.*;
public class OuterClassEvent extends JFrame{
JButton btn = null;
public OuterClassEvent(){
    btn = new JButton(" 请单击我！ ");
    // 创建 MonitorButton 实例作为监听器对象
    btn.addActionListener(new MonitorButton());
    getContentPane().add(btn);// 将按钮添
    加到窗口容器面板中
    setTitle(" 外部类对象作为事件监听器 ");
    setDefaultCloseOperation(JFrame.EXIT_ON_CLOSE);// 设置窗口关闭
    setSize(280, 100);// 设置窗口大小
    setVisible(true);// 设置窗口可见性
}
    public static void main(String[] args){
    new OuterClassEvent();
    }
}
class MonitorButton implements ActionListener{
public void actionPerformed(ActionEvent e) {
    JButton jbn = (JButton)e.getSource();
    jbn.setText(" 单击按钮动作完成 ");
    }
}
```

3. 内部类对象作为事件监听器

在主类中创建一个新类，通过这个新类来实现事件抽象接口，完成事件的监听和处理工作。例如：

```
package com.ldpoly;
import java.awt.event.*;
import javax.swing.*;
public class InnerClassEvent extends JFrame{
JButton jbn = null;
public InnerClassEvent(){
```

```
        jbn = new JButton(" 请单击我！ ");
        // 创建 MonitorButton 实例作为监听器对象
        jbn.addActionListener(new MonitorButton());
    getContentPane().add(jbn);// 将按钮添加到窗口容器面板中
        setTitle(" 内部类对象作为事件监听器 ");
        setDefaultCloseOperation(JFrame.EXIT_ON_CLOSE);// 设置窗口关闭
        setSize(280, 100);// 设置窗口大小
        setVisible(true);// 设置窗口可见性
    }
        public static void main(String[] args){
        new InnerClassEvent();
    }

    class MonitorButton implements ActionListener{
        public void actionPerformed(ActionEvent e) {
            jbn.setText(" 单击按钮动作完成 ");
            }
        }
    }
```

4. 匿名内部类对象作为事件监听器

此方式在注册监听器时，参数为一个用 new 开始的匿名事件类对象，其中包含事件处理方法。例如：

```
package com.ldpoly;
import java.awt.event.*;
import javax.swing.*;
public class AnonymousClassEvent extends JFrame{
JButton jbn = null;
public AnonymousClassEvent(){
    jbn = new JButton(" 请单击我！ ");
    jbn.addActionListener(new ActionListener() {
        public void actionPerformed(ActionEvent e) {
            jbn.setText(" 单击按钮动作完成 ");
        }
    });// 监听器是一个匿名内部类对象
    getContentPane().add(jbn);// 将按钮添加到窗口容器面板中
    setTitle(" 匿名内部类对象作为事件监听器 ");
    setDefaultCloseOperation(JFrame.EXIT_ON_CLOSE);// 设置窗口关闭
    setSize(280, 100);// 设置窗口大小
    setVisible(true);// 设置窗口可见性
}

public static void main(String[] args){
    new AnonymousClassEvent();
```

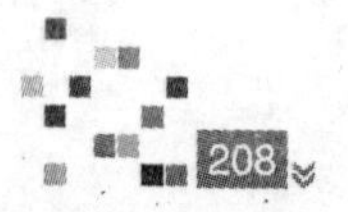

```
    }
}
```

从上面的例子可以看到，在 Java 中可以用多种方法实现事件处理机制。但人们通常用两种方法：第一种方法是只利用一个监听器以及多个 if 语句来决定是哪个组件产生的事件；第二种方法是使用多个内部类来响应不同组件产生的各种事件，其具体实现又分两种方式，一种是匿名内部类，一种是一般内部类。

7.4.3 事件适配器

事件适配器是监听接口的空实现。事件适配器实现了监听器接口，并为该接口里每个方法都提供了实现，这种实现是一种空实现（方法体内没有任何代码的实现）。当需要创建监听器时，可以通过继承事件适配器，而不是实现监听器接口。因为事件适配器已经为监听器接口的每个方法提供了空实现，所以程序自己的监听器无需实现监听器接口里的每个方法，只需要重写自己感兴趣的方法，从而可以简化事件监听器的实现类代码。

需要注意的是，如果某个监听器接口只包含一个方法，则该监听器接口就无需提供适配器，因为该接口对应的监听器没有其他选择，只能重写该方法，如果不重写该方法，就没有必要实现该监听器了。

监听器接口和适配器对照情况见表 7.1。

表 7.1　监听器接口和适配器对照表

监听器接口	事件适配器
ContainerListener	ContainerAdapter
MouseListener	MouseAdapter
KeyListener	KeyAdapter
MouseMotionListener	MouseMotionAdapter
WindowListener	WindowAdapter
FocusListener	FocusAdapter
ComponentListener	ComponentAdapter

从表 7.1 中可以看出，所有包含多个方法的监听器接口都有一个对应的适配器，但只包含一个方法的监听器接口却没有对应的适配器。虽然表 7.1 只列出了几个常用的监听器接口对应的事件适配器，但实际上，所有包含多个方法的监听器接口都有对应的事件适配器，包括 Swing 中的监听器接口也是如此。

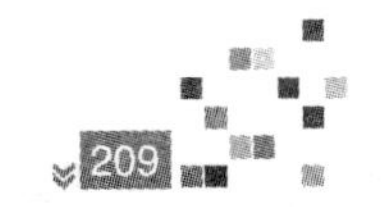

重点串联

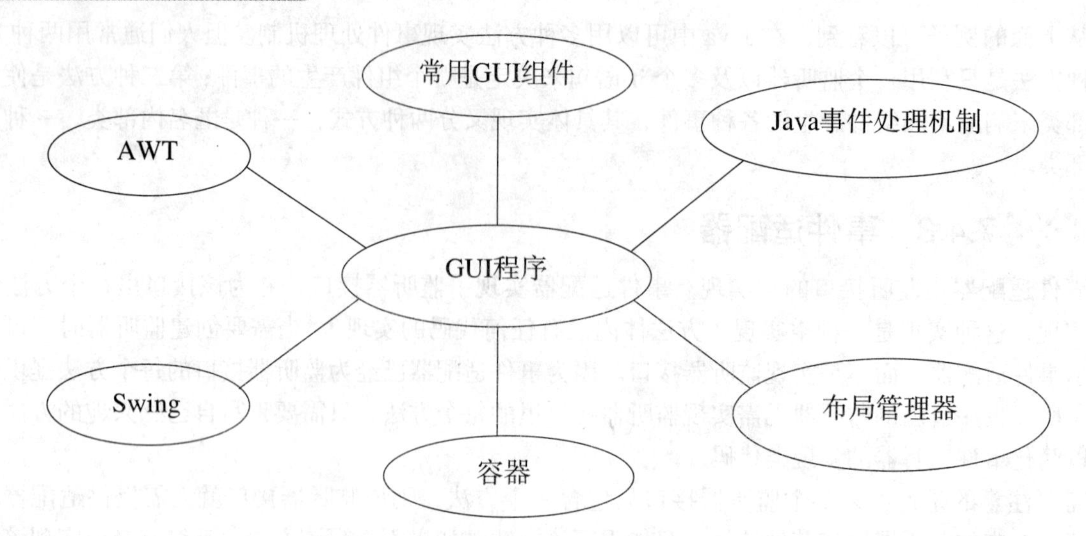

拓展与实训

技能训练

技能训练 7.1:Java 图形界面编程的应用。

任务：编写一个程序，实现 windows 附件中标准计算器的图形用户界面和基本功能。其运行效果如图 7.7 所示。

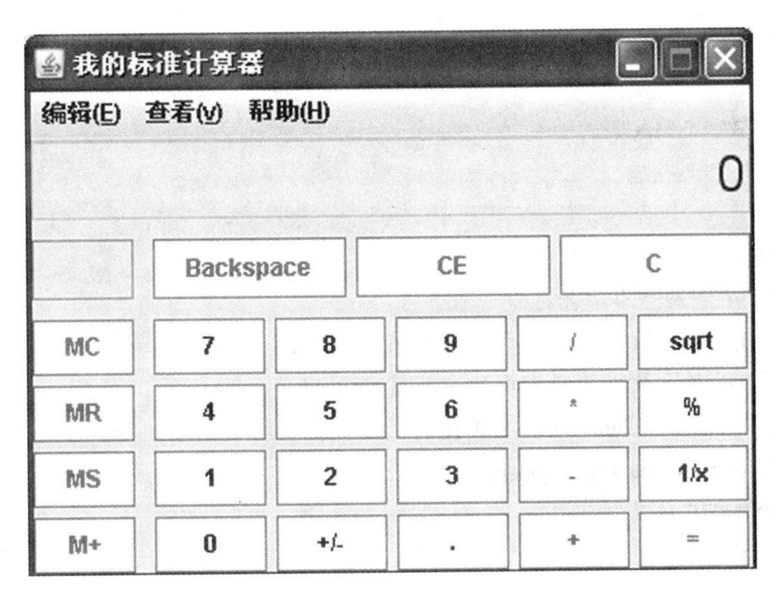

图7.7　我的标准计算器

技能目标：

（1）掌握 GUI 编程技巧。

（2）掌握常用组件的使用。

（3）掌握布局管理的方法。

实现代码：

```
package com.ldpoly;
import javax.swing.*;
import java.awt.*;
import java.awt.event.*;
public class Calculator extends JFrame{
    JMenuBar jmb = null;
    JMenu jm = null;
    JMenuItem jmi = null;
    JPanel p1 = null;
    JPanel p2 = null;
    JPanel p3 = null;
    JPanel p4 = null;
    JPanel p5 = null;
```

```
JButton btn = null;
JTextField jt=new JTextField("0");
    String[][] menit_name={
    {" 编辑 (E)"," 复制 "," 粘贴 "},
    {" 查看 (v)"," 科学型 "," 标准型 "," 数字分组 "},
    {" 帮助 (H)"," 帮助主题 "," 关于计算器 "}
};
String[] left={"MC", "MR", "MS", "M+"};
String[] top={"Backspace", "CE", "C"};
String[] bottom={
    "7","8","9","/","sqrt",
    "4","5","6","*","%",
    "1","2","3","-","1/x",
    "0", "+/-",".","+","="
};
String jtstr;// 用来记录文本框的内容
char oper='=';// 记录上次运算符
double d1 = 0.0; // 记录上一步的运算结果值。
double d2 = 0.0; // 记录当前文本框的内容的 double 值。
boolean isOperator = false;// 记录上次按的是否是运算符键
boolean isOperatorEqualsign = false;
String copyStr="0";// 复制内容
public void init(){
    createMenu();
    createFace();
    this.setTitle(" 我的标准计算器 ");
    this.setDefaultCloseOperation(JFrame.EXIT_ON_CLOSE);
    this.setJMenuBar(jmb);
    this.pack();
    this.setVisible(true);
    this.setResizable(false);
}
    public void createMenu(){
    jmb = new JMenuBar();
    for(int i=0;i<menit_name.length;i++){
        for(int j=0;j<menit_name[i].length;j++){
            if(j==0){
                jm=new JMenu(menit_name[i][j]);
            }
            else{
                jmi=new JMenuItem(menit_name[i][j]);
                jm.add(jmi);
            }
```

```
            }
            if (i == 0) {
                jm.setMnemonic(KeyEvent.VK_E);
            } else if (i == 1){
                jm.setMnemonic(KeyEvent.VK_V);
            }else if (i == 2){
                jm.setMnemonic(KeyEvent.VK_H);
            }
            jmb.add(jm);
        }
}
            /**
 * 创建计算器主界面，使用布局管理器对 JButton 组件进行布局。
 */
public void createFace(){
    p1=new JPanel();
    for(int i=0;i<top.length;i++){
        btn=new JButton(top[i]);
        btn.setForeground(Color.RED);
        btn.setBackground(Color.WHITE);
        btn.addActionListener(new BtnActionListener());
        p1.setLayout(new GridLayout(1,3,5,5));
        p1.add(btn);
    }
    p2=new JPanel();
    for(int i=0;i<left.length;i++){
        btn=new JButton(left[i]);
        btn.setForeground(Color.RED);
        btn.setBackground(Color.WHITE);
        btn.addActionListener(new BtnActionListener());
        p2.setLayout(new GridLayout(4,1,5,5));
        p2.add(btn);
    }
    p3=new JPanel();
    for(int i=0;i<bottom.length;i++){
        btn=new JButton(bottom[i]);
        if((i-3)%5==0 || i==19){
            btn.setForeground(Color.RED);
        }
        else{
            btn.setForeground(Color.BLUE);
        }
        btn.setBackground(Color.WHITE);
```

```
            btn.addActionListener(new BtnActionListener());
            p3.setLayout(new GridLayout(4,1,5,5));
            p3.add(btn);
        }
        btn=new JButton(" ");
        btn.setOpaque(false);
        btn.setContentAreaFilled(false);
        btn.setEnabled(false);
        p4=new JPanel();
        p4.setLayout(new BorderLayout(10,10));
        p4.add(p2,BorderLayout.SOUTH);
        p4.add(btn,BorderLayout.CENTER);
        p5=new JPanel();
        p5.setLayout(new BorderLayout(10,10));
        p5.add(p3,BorderLayout.SOUTH);
        p5.add(p1,BorderLayout.CENTER);
        jt.setFont(new Font("cur",Font.PLAIN,25));
        jt.setEditable(false);
        jt.setHorizontalAlignment(JTextField.RIGHT);
        jt.addKeyListener(new KeyActionListener());
        this.setLayout(new BorderLayout(10,10));
        this.add(jt,BorderLayout.NORTH);
        this.add(p4,BorderLayout.WEST);
        this.add(p5,BorderLayout.CENTER);
    }
    public static void main(String[] args) {
        new Calculator().init();
    }
    /**
     * 定义一个监听键盘事件的类，该类实现 KeyListener 接口
     */
    public class KeyActionListener implements KeyListener{
        public void keyReleased(KeyEvent e){
            jtstr = jt.getText();
            int in = e.getKeyCode();
            char ch = ' ';
            String str = "";
            if(e.isShiftDown()){
                if(in == 53){
                    ch = '%';//%
                }else if(in == 56){
                        ch = '*';
                }else if(in == 61){
```

```
                ch = '+';
            }
        }else if(in>=48 && in<=57 || in>=96 && in<=105){
            ch = e.getKeyChar();
        }else{
            switch(in){
            case 45:// -
            case 47:// /
            case 111:// /
            case 109:// -
            case 107:// +
            case 106:// *
                ch = e.getKeyChar();
                break;
            case 61:
            case 10:// =
                ch = '=';
                break;
            case 27://ESC
                ch = 'C';
                break;
            case 46:
            case 110://.
                ch = e.getKeyChar();
                break;
            case 8://Backspace
                ch = 'B';
                break;
            case 127://DEL
                ch = 'C';
                str = "CE";
                break;
            }
        }
        new MatheOperator().listenerOrOperator(ch, str);
    }
    public void keyPressed(KeyEvent e){
    }
    public void keyTyped(KeyEvent e){
    }
}

/**
```

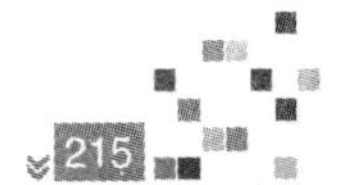

```
    * 定义一个监听按钮事件的类，该类实现 ActionListener 接口
    */
    public class BtnActionListener implements ActionListener{
        public void actionPerformed(ActionEvent e){
            jtstr=jt.getText();
            new MatheOperator().listenerOrOperator(e.getActionCommand().charAt(0),
e.getActionCommand());
        }
    }
    /**
    * 对监听类作出输出的运算类
    */
    public class MatheOperator{
        /**
        * 对监听的事件作出输出或者运算
        */
        public void listenerOrOperator(char ch ,String str){
            switch(ch){
            case'0':
            case'1':
                try {
                    if (str.equals("1/x")) {
                        if (Double.parseDouble(jtstr) == 0) {
                            jtstr = " 除数不能为零 ";
                        } else {
                            d2 = 1 / Double.parseDouble(jtstr);
                            jtstr = Double.toString(d2);
                            isOperator = true;
                        }
                        break;
                    }
                } catch (Exception e2) {
                    e2.printStackTrace();
                }
            case'2':
            case'3':
            case'4':
            case'5':
            case'6':
            case'7':
            case'8':
            case'9':
                if(!checkCharisnumber(jtstr)){
```

```
        }else if(jtstr.equals("0") ||isOperator){
            if(isOperatorEqualsign){
                oper='=';
            }
            jtstr=""+ch;
        }else{
            if(jtstr.length()<25){
                jtstr+=ch;
            }
        }
        isOperator=false;
        isOperatorEqualsign=false;
        break;
    case'C':
        if(!checkCharisnumber(jtstr) || !str.equals("CE")){
            d1=0;
            d2=0;
            isOperator=false;
            isOperatorEqualsign=false;
            jtstr="0";
            oper='=';
        }else{
            d2=0;
            jtstr="0";
        }
        break;
    case'B':
        if (checkCharisnumber(jtstr)) {
            if (jtstr.length() <= 1) {
                jtstr = "0";
            } else {
                jtstr = jtstr.substring(0, jtstr.length() - 1);
            }
        }
        break;
    case'%':
        try {
            if (oper != '=') {
                jtstr = Double.toString(d1 * Double.parseDouble(jtstr)
                        * 0.01);
            } else {
                jtstr = "0";
            }
```

```
        } catch (Exception e2) {
            // TODO: handle exception
        }
        break;
    case'.':
        if (checkCharisnumber(jtstr)) {
            if (!jtstr.contains(".")) {
                jtstr += ".";
            }
        }
        break;
    case's':
        try {
            if (!jtstr.startsWith("-")) {
                d2 = Math.sqrt(Double.parseDouble(jtstr));
                jtstr = Double.toString(d2);
                isOperator = true;
            } else {
                jtstr = " 函数输入无效 ";
            }
        } catch (Exception e2) {
            // TODO: handle exception
        }
        break;
    case'+':
        if(str.equals("+/-")){
            if(!checkCharisnumber(jtstr) ||
                    jtstr.equals("0")){

            }else if(jtstr.startsWith("-")){
                jtstr=jtstr.substring(1);
            }else{
                jtstr="-"+jtstr;
            }
            break;
        }
    case'-':
    case'*':
    case'/':
        if(isOperator){// 当连续输入运算符时
            oper='=';
            isOperator=false;
        }
```

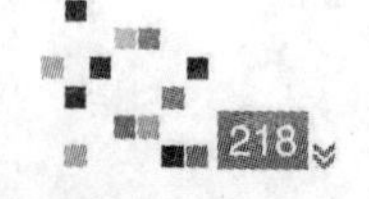

```
    case'=':
        try {
            if (!isOperator || isOperator && !isOperatorEqualsign{
                d2 = Double.parseDouble(jtstr);
            }
            if (oper == '/' && jtstr.equals("0")) {// 当除数为零时
                jtstr = " 除数不能为零 ";
                break;
            }
            arithmetic(d2, oper);
            if (ch != '=') {// 如果不是等号时，将储存运算符号
                oper = ch;
                isOperatorEqualsign = false;
            } else {
                isOperatorEqualsign = true;
            }
            isOperator = true;
            jtstr = Double.toString(d1);
        } catch (Exception e2) {
            // TODO: handle exception
        }
        break;
    }
    removeEndZero();
}
/**
 * 判断字符串是否为数字。
 * @param str 所要判断的字符串
 * @return 如果是字符串是数字类型，则返回 true; 否则，返回 false。
 */
public boolean checkCharisnumber(String str){
    if(str.equals(" 函数输入无效 ") ||
            str.equals(" 除数不能为零 ")){
        return false;
    }else{
        return true;
    }
}
/**
 * 删除字符串中的 ".0"，获取新的字符串
 */
public void removeEndZero(){
    if(jtstr.endsWith(".0") && isOperator){
```

```
                jtstr = jtstr.substring(0, jtstr.length()-2);
            }
            jt.setText(jtstr);
        }
        /**
         * 四则运算
         * @param d2 第二个数
         * @param oper 数学运算符
         */
        public void arithmetic(double d2,char oper){
            switch(oper){
                case'+':
                    d1+=d2;
                    break;
                case'-':
                    d1-=d2;
                    break;
                case'*':
                    d1*=d2;
                    break;
                case'/':
                    d1/=d2;
                    break;
                case'=':
                    d1=d2;
                    break;
                }
            }
        }
}
```

模块8 JDBC编程

教学聚焦

◆ JDBC 的基本概念
◆ DriverManager，Connection，Statement，ResultSet 类和接口
◆ JDBC 连接、操作数据库的方法

知识目标

◆ 了解 JDBC 的基本概念
◆ 了解 JDBC 的框架结构
◆ 掌握 JDBC 编程的基本步骤
◆ 熟练使用 JDBC API 提供的主要接口和类
◆ 掌握 JDBC 连接和操作数据库的基本方法

技能目标

◆ 编程中正确使用 JDBC API 提供的主要接口和类
◆ JDBC 连接、操作数据库的基本方法
◆ JDBC 在实际项目中的综合应用

课时建议

16 学时

项目 8.1 JDBC 概述

知识汇总

JDBC（Java DataBase Connectivity,Java 数据库接口）是 Java 应用程序访问数据库的通用接口，是用 Java 语言实现的若干类和接口。使用这些类和接口可以实现与数据库连接，执行 SQL 语句，从数据库返回结果集等操作。

8.1.1 简单的 JDBC 编程

数据库是用来组织、存储和管理数据的软件，多数软件系统都涉及对数据库进行编程。JDBC 就提供了针对不同数据库的操作方法。为了让读者对本章的内容有一个总体的认识，让我们先来看一个例子，认识一下 JDBC 编程的总体思路。

【例 8.1】 使用 JDBC 编程访问 SQL Server 2005 数据库，实现对员工管理系统信息的查询操作。

使用 Microsoft SQL Server 2005 作为后台数据库系统，建立一个名为 Employees 的数据库，建立 employee 表，表中有员工编号（eNum）、员工姓名（eName）、员工性别（eSex）、员工年龄（eAge）、员工部门（eDep）5 个字段。表 employee 的结构如图 8.1 所示。

表 - dbo.employee

列名	数据类型	允许空
eNum	varchar(8)	☐
eName	varchar(20)	☐
eSex	varchar(2)	☐
eAge	int	☐
eDep	varchar(30)	☐
		☐

图8.1 表employee的结构

然后在该表中插入部分测试用数据，表 employee 中的记录如图 8.2 所示。

eNum	eName	eSex	eAge	eDep
1001	Ann	女	21	人事部
1002	高健琳	女	24	人事部
1006	卢强	男	29	财务部
1003	刘海全	男	37	财务部
1004	赵楠楠	女	26	策划部
1005	林丽丽	女	28	财务部
1007	李双	男	30	市场部
1008	杨雪	女	28	策划部

图8.2 表employee中的数据

在 Eclipse 中运行该项目，结果如图 8.3 所示。

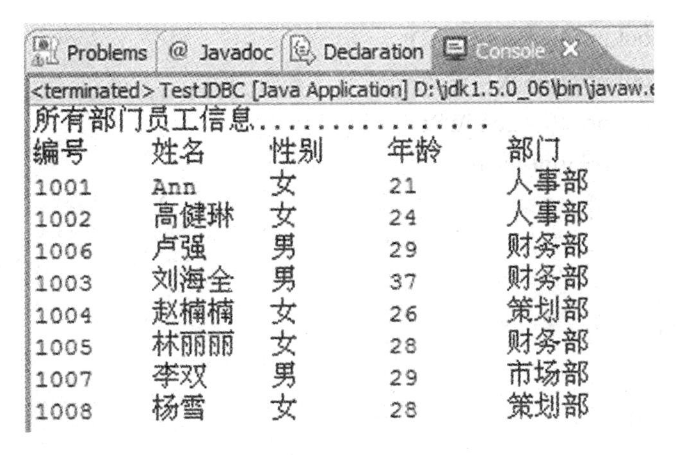

所有部门员工信息................

编号	姓名	性别	年龄	部门
1001	Ann	女	21	人事部
1002	高健琳	女	24	人事部
1006	卢强	男	29	财务部
1003	刘海全	男	37	财务部
1004	赵楠楠	女	26	策划部
1005	林丽丽	女	28	财务部
1007	李双	男	29	市场部
1008	杨雪	女	28	策划部

图8.3　查询全体员工信息

打开 Eclipes，创建一个名字为 Employee 的 Java Project，在该工程下新建名为 TestJDBC 类。然后把下面的代码写入 TestJDBC 类。

```
import java.sql.Statement;
import java.sql.Connection;
import java.sql.DriverManager;
import java.sql.ResultSet;
public class TestJDBC {
private static Connection conn=null;
private static Statement stmt=null;
private static ResultSet rs=null;
private final static String username="sa";
private final static String password="123456";
private final static String
url="jdbc:sqlserver://localhost:1433;DataBaseName=Employees";
private final static String DriverName="com.microsoft.sqlserver.jdbc.SQLServerDriver";
    public static void main(String[] args) {
    try{
        Class.forName(DriverName);
        conn=DriverManager.getConnection(url,username,password);
        stmt=conn.createStatement();
        String sql="select * from employee";
        rs=stmt.executeQuery(sql);
        System.out.println(" 所有部门员工信息 ................");
        System.out.println(" 编号 "+"\t"+" 姓名 "+"\t"+" 性别 "+"\t"+" 年龄 "+"\t"+" 部门 "+"\t");
        while(rs.next()){
            String eNum=rs.getString(1);
            String eName=rs.getString(2);
            String eSex=rs.getString("eSex");
            Integer eAge=rs.getInt("eAge");
            String eDep=rs.getString("eDep");
            System.out.print(eNum+"\t");
```

```
                    System.out.print(eName+"\t");
                    System.out.print(eSex+"\t");
                    System.out.print(eAge+"\t");
                    System.out.println(eDep);
                                }
                rs.close();
                stmt.close();
                conn.close();
                }
            catch(Exception e){
                e.printStackTrace();
            }
        }
    }
```

运行该程序，发现不能正常显示出员工信息，并出现如图 8.4 所示的错误提示信息。

```
java.lang.ClassNotFoundException: com.microsoft.sqlserver.jdbc.SQLServerDriver
        at java.net.URLClassLoader$1.run(URLClassLoader.java:200)
        at java.security.AccessController.doPrivileged(Native Method)
        at java.net.URLClassLoader.findClass(URLClassLoader.java:188)
        at java.lang.ClassLoader.loadClass(ClassLoader.java:306)
        at sun.misc.Launcher$AppClassLoader.loadClass(Launcher.java:268)
        at java.lang.ClassLoader.loadClass(ClassLoader.java:251)
        at java.lang.ClassLoader.loadClassInternal(ClassLoader.java:319)
        at java.lang.Class.forName0(Native Method)
        at java.lang.Class.forName(Class.java:164)
        at TestJDBC.main(TestJDBC.java:18)
```

图8.4 错误信息

其原因是程序在运行中找不到一个名字叫 com.microsoft.sqlserver.jdbc.SQLServerDriver 的类，该类是使用 JDBC 连接 SQL2005 数据库的驱动类，所以需要将该类引入到项目中，具体方法是：下载一个名字叫 sqljdbc.jar 的包，com.microsoft.sqlserver.jdbc.SQLServerDriver 类就封装在此包中。接下来将该包加载到项目中，在 Eclipse 中右键项目名 Employee，选择“properies”项，在弹出的对话框中选择左侧的“Java Build Path”项，然后在右侧的对话框中选择“Libraries”项，单击“Add External Jar”按钮，找到下载的 sqljdbc.jar 包所在的位置，最后单击“ok”按钮。这样就将 jar 包引入到了解的项目中，如图 8.5 所示。

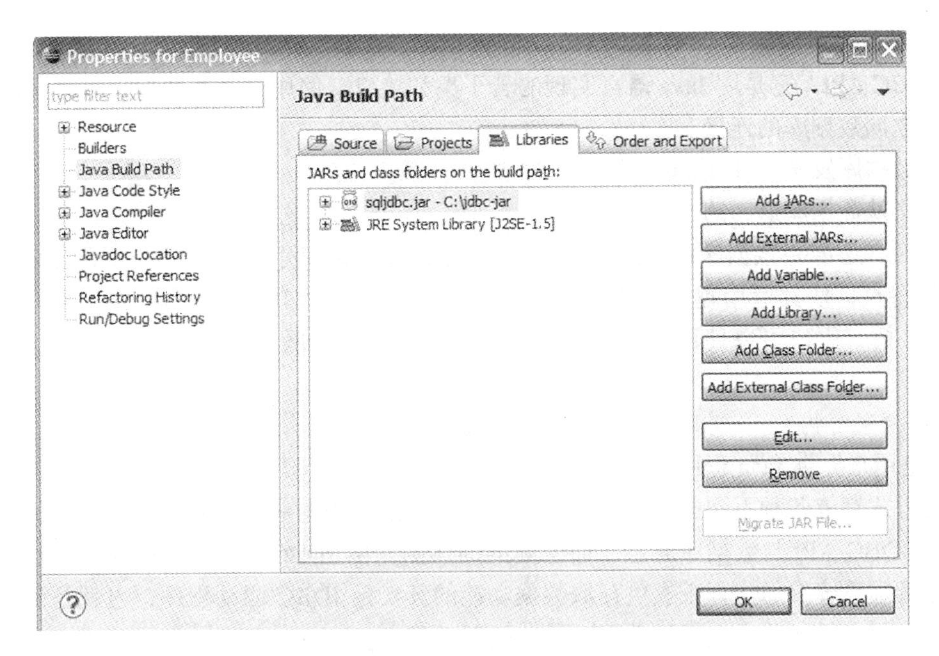

图8.5 引入Jar包

由于后面章节会具体的讲解 JDBC 编程中所涉及到的知识点，因此这里只是简单地了解每行代码的功能。1~4 行，是引入 JDBC API 的接口和类，其中 Connection，Statement，ResultSet，DriverManager 是进行 JDBC 编程最常用到的类和接口。6~8 行对类和接口进行初始化。9、10 行定义了访问 SQL2005 数据库系统登录时所用到的用户名和密码。此用户名和密码是在安装 SQL Server 2005 数据库时所设置好的用户名和密码。11 行是访问 Employees 数据库的 url 地址，不同的项目如果使用不同的数据库软件，此 url 地址的写法也不同，但格式固定。例如，如果我们的项目所用到的数据库是 MySQL 关系数据库，那么 url 地址的写法是：jdbc:mysql://localhsot:3306/Employees。12 行是本项目中要用到的驱动类名。16 行是加载数据库驱动类。17 行建立数据库链接。18 行生成 Statement 类的对象执行 SQL 语句。19 行是要执行的 SQL 语句内容。20 行执行查询操作。23 行利用循环操作访问数据库里的字段。其中 ResultSet 类的 get××× 方法里面的参数，可以是数据库中字段名，也可以是该字段的序号。get××× 方法中的 ××× 代表的是该字段的数据类型。35~37 行是关闭与数据库的访问操作。

通过这个小项目，相信读者对 JDBC 编程有了初步的了解。在此项目中，读者比较陌生的类和方法将会在接下来的章节中重点讲解。

8.1.2 JDBC 简介

1. JDBC 的概念

数据库是用来组织、存储和管理数据的软件，多数软件系统都涉及对数据库进行编程。目前存在的数据库产品很多，使用较多的是关系型数据库，如比较熟悉的 Access，MySQL，SQL Server，Oracle 等。虽然它们均为关系型数据库，各种产品之间依然存在着较大差别，编程和操作方法也不尽相同，但它们都支持结构化查询语言 SQL。使用 SQL 语言可以实现对数据库系统中的数据进行各种操作。

作为编程语言，要实现对数据进行操作，必须解决如何将 SQL 语句发送给数据库，并将对数据库操作的结果返回给程序的问题。对编程者而言，发送相同的 SQL 语句给不同的数据库，应当采用相同的方法。但由于不同数据库之间存在着差异，因而中间需要提供实现这种转换的工具，即驱动程序。驱动程序是应用程序和数据库之间的接口，应用程序通过使用特定的方法能够调用驱动程序中的相应方法，进而通过驱动程序中的方法对数据库进行相应的操作，从而实现应用程序对数据库的访问。

应用程序是通过应用程序接口即 API 访问数据库，JDBC 是 Java 应用程序访问数据库的通用接口，称为 JDBC API，它是用 Java 语言实现的若干类和接口。使用这些类和接口可以实现以下功能：

（1）建立同数据库的连接。

（2）向数据库发送 SQL 语句。

（3）取得从数据库返回的结果集。

在编程时，还需要数据库厂商或是 Java 提供的 JDBC 驱动程序。由于 Java 具有健壮性、安全性和跨平台的特点，使其应用越加广泛，许多数据库厂商提供了 JDBC 驱动程序。另外，Java 提供了 JDBC-ODBC 桥，用户可以使用 JDBC-ODBC 桥和 ODBC 驱动程序开发基于 JDBC-ODBC 的数据库应用系统。

2.JDBC 框架结构

JDBC 是用来提供 Java 程序连接与存取数据库的中间件，包含了一组类和接口，使得程序员可以通过一致的方式存取各种不同的关系数据库系统，而不必再为每一种关系数据库系统编写不同的程序代码。应用 JDBC API 与数据库联系，而实际的动作则是由 JDBC Driver Manager 通过 JDBC 驱动程序与数据库管理系统沟通。真正提供存取数据功能的其实是 JDBC 驱动程序，也就是说，存取某一种数据库系统，就必须加载对应于该数据库系统的驱动程序。

以连接 Access 数据库为例，需要有 JDBC-ODBC 连接驱动程序，这个驱动程序在安装 Java SDK 时就会自动安装在系统，若要连接其他类型的数据库，就必须要加载适当的驱动程序。图 8.6 所示为 JDBC 的框架结构图。

JDBC 框架结构包括 4 个组成部分，即 Java 应用程序、JDBC API、JDBC DriverManager 和 JDBC 驱动程序。应用程序调用统一的 JDBC API，再由 JDBC API 通过加载数据库驱动程序，建立与数据库的连接，向数据库提交 SQL 请求，并将数据库处理结果返回给 Java 应用程序。

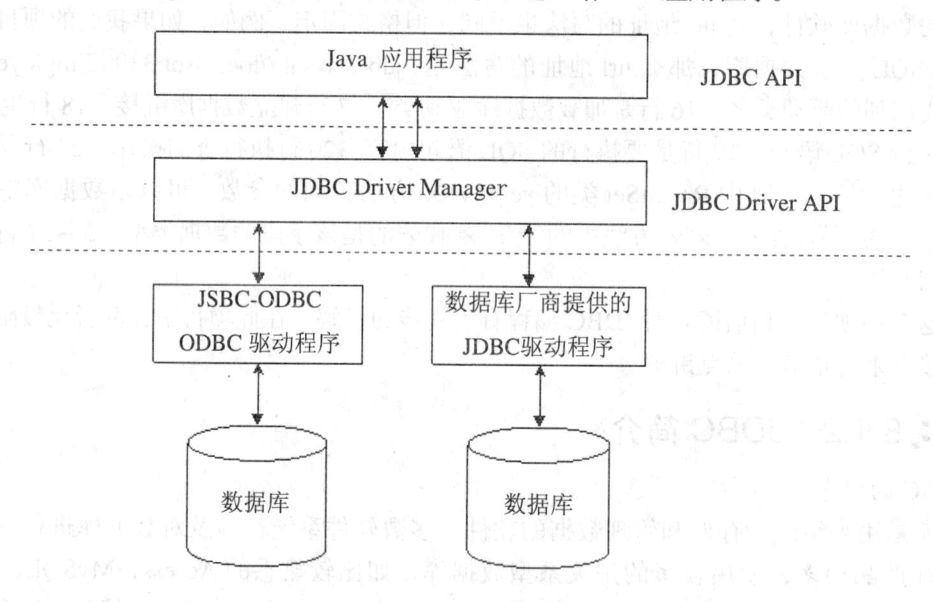

图8.6 JDBC框架结构图

3. JDBC 驱动程序的类型

在开发数据库应用程序时，除了使用 JDBC API 以外，还需要装载相应的驱动程序。目前存在 4 种类型的驱动程序。

1.JDBC-ODBC 桥加 ODBC 驱动程序

JDBC-ODBC 桥是由 Java 提供的基于 Java 的驱动程序，该驱动程序通过调用数据库的 ODBC 驱动程序实现 Java 对数据库的访问。由此可见，采用这种方案需要在客户端加载数据 ODBC 驱动程

序，并配置数据源。由于 ODBC 驱动程序是用 C 语言实现的，采用这种方案不能发挥 Java 跨平台的特性。

2.Java 加本地代码实现的驱动程序

用 Java 可以调用本地程序代码，如 C 语言代码或函数，可以在 Java 中嵌入本地程序代码，实现对数据库的操作。这种驱动程序是采用部分 Java 和部分本地代码实现的。驱动程序是由数据库厂商提供的，操作数据库时需要在客户端加载该驱动程序。由于在驱动程序中使用了本地代码，这种方法也存在着影响 Java 跨平台和安全性的问题。

3. 基于网络协议的纯 Java 驱动程序

这种驱动程序完全是用 Java 代码实现的，使用专用的网络协议同服务器上的 JDBC 中间件通信，再由中间件把网络协议转换成对特定数据库操作的方法调用。该方案只需要在服务器上配置驱动程序，不必在客户机上配置，因此是应用最灵活，适于用在 Internet 上编程。

4. 基于数据库协议的纯 Java 驱动程序

这种驱动程序也是用纯 Java 程序实现的，它使用专用的数据库协议与数据库直接通信。这种方案使用客户端的 Java 程序通过网络调用数据库服务器端的驱动程序，不需要在客户端安装 JDBC 驱动程序。JDBC 驱动程序由数据库厂商提供，不同的数据库驱动程序也不同。

以上 4 种驱动程序中，使用前两种驱动程序会影响到 Java 的跨平台、安全性，且需要在客户端安装数据库驱动程序。使用后两种驱动程序会有效地发挥 Java 的优势，而且不需要在客户端安装驱动程序，是适合在 Internet 上部署的 JDBC 最佳方案。

8.1.3 JDBC 应用模型

在实际应用中，可以采用两种开发模型：一种是两层开发模型，另一种是三层或多层开发模型。

在两层模型中，用户的 SQL 语句被传送给数据库，而这些语句执行的结果将被传回给用户。数据库可以在同一计算机上，也可以在另一计算机上通过网络进行连接（图 8.7）。这种称为“C/S”的结构，用户的计算机作为 Client，运行数据库的计算机作为 Server。这个网络可以是 Intranet，比如连接全体员工的企业内部网，也可以是 Internet。

但是两层结构存在很多问题，比如，由于应用程序与数据库直接相连，更换数据库时要在应用程序中修改很多代码。例如：

客户端　　JDBC 或

JDBC-ODBC

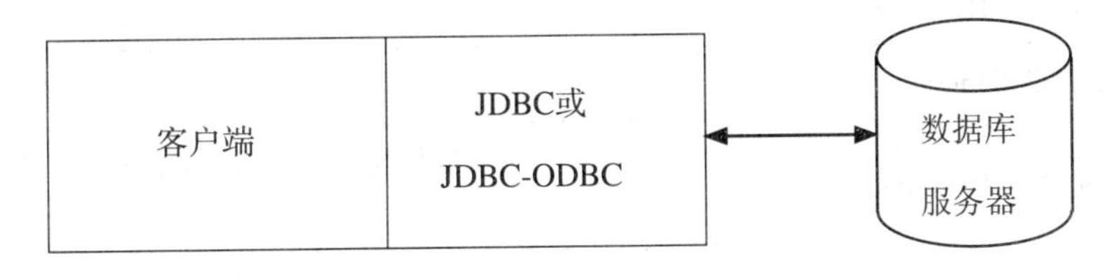

图8.7　两层结构模型

三层模型增加了服务的中间层，充当客户端和服务器端的接口。客户端将命令发送到中间层，中间层再将 SQL 语句发送到数据库。数据库处理语句将结果返回给中间层，然后中间层再将它们返回给客户端（图 8.8）。客户端可以是 Java 应用程序，也可以是浏览器。当客户端是 Java 应用程序时，可以通过 RMI（ ）远程方法调用与中间层联系。当客户端是浏览器时，可以通过 HTTP 协议将操作命令传送给中间层。三层模型是开发的主流，可以提供更好的服务性能。

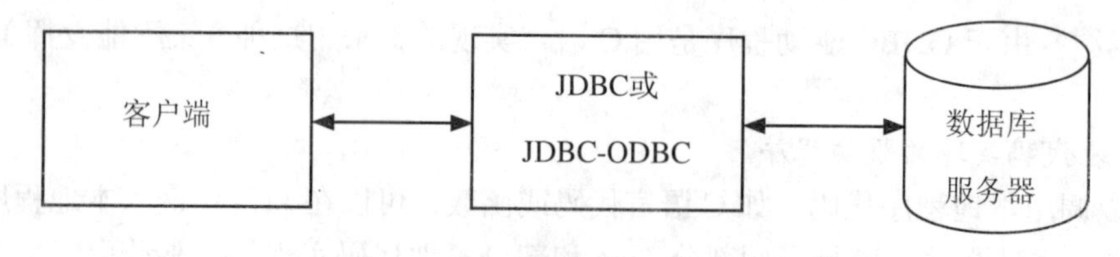

图8.8　三层结构模型

项目 8.2　创建与数据库的连接

知识汇总

使用 JDBC API 提供的常用类和接口完成对数据库的连接操作，JDBC 连接常用的主流数据库的步骤和方法。

8.2.1　JDBC API 简介

JDBC API 提供的类和接口在 java.sql 包中定义，这些类和接口分为两种类型：面向应用程序 API 和面向驱动程序设计的 API。前者主要用于创建数据库的连接、执行 SQL 语句并返回结果，后者主要用于创建数据库的驱动程序。表 8.1 列出了 JDBC API 包中定义的类和接口。

表 8.1　JDBC API 包中定义的类和接口

类和接口名称	作　用
java.sql.Driver	定义一个数据库驱动程序的接口
java.sql.DriverManager	用于 JDBC 驱动程序
java.sql.Connection	用于与特定数据库的连接
java.sql.Statement	Statement 的对象用于执行 SQL 语句并返回执行结果
java.sql.PreparedStatement	创建一个可以预编译的 SQL 对象
java.sql.ResultSet	用于创建表示 SQL 查询结果的结果集
java.sql.CallableStatement	用于执行 SQL 存储过程
java.sql.DatabaseMetaData	用于取得与数据库相关的信息，如数据库、驱动程序、版本等
java.sql.SQLException	处理访问数据库产生的异常

在程序设计时，主要使用 DriverManager，Connection，Statement，PreparedStatement，ResultSet 等几个类和接口。它们之间的关系是：通过 DriverManager 类的相关方法能够建立同数据库的连接，建立连接后返回一个 Connection 类的对象，再通过该对象的方法创建 Statement 或 PreparedStatement 的对象，最后用 Statement 或 PreparedStatement 的方法执行 SQL 语句得到 ResultSet 类的对象，该对象包含了 SQL 语句的检索结果，通过这个检索结果可以得到数据库中的数据。

8.2.2 连接数据库

连接数据库采用 DriverManager 类的 getConnection 方法，该方法返回 Connection 类对象。连接语句如下：

Connection conn=DriverManager.getConnection(url, user,passwrod);

getConnection 方法有 3 个参数：url 表示要连接数据库的 url 地址；user 和 passwordwv 分别表示连接数据库的用户名和密码。

数据库的 url 的一般格式为：

jdbc:drivertype:driversubtype://parameters

其中，drivertype 表示驱动程序的类型；driversubtype 是可选的参数；parameters 通常用来设定数据库服务器的 IP 地址、端口号和数据库的名称。

常见的几种数据库的 url 如下：

1. 用 JDBC-ODBC 桥连接的数据库

采用如下形式：

jdbc:odbc:datasource

其中 datasource 为 ODBC 数据源的名字。

2. 对于 SQL Server

采用如下形式：

jdbc:microsoft:sqlserver://localhost:1433;DatabaseName=MyDB

其中 MyDB 是用户建立的 SQL Server 数据库名字。

3. 对于 MySQL 数据库

采用如下形式：

jdbc:mysql://localhost:3306/MyDB

其中 MyDB 是用户建立的 MySQL 数据库名字。

4. 对于 Oracle 数据库

采用如下形式：

jdbc:oracle:thin@localhost:1521;orcl

其中 orcl 是数据库的 SID。

【例 8.2】 编程实现与数据库 Employees 的连接，并输出数据库的相关信息。

在 SQL Server 2005 下建立 Employees 数据库，程序运行结果如图 8.9 所示。

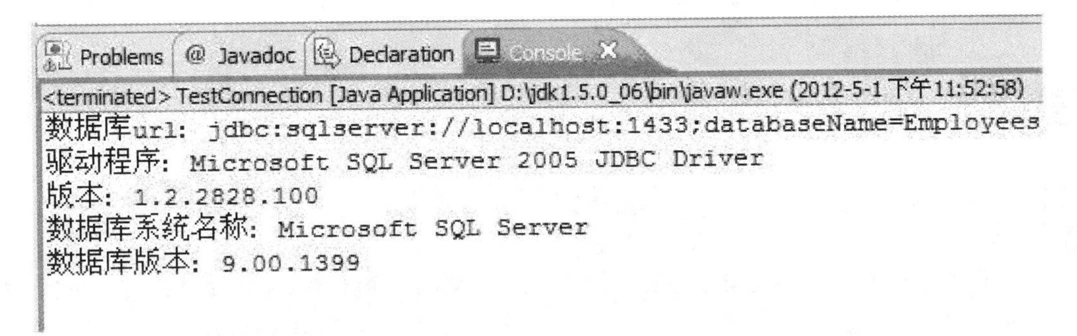

图8.9 数据库相关信息

打开 Eclipes，创建一个名字为 Employee 的 Java Project，在该工程下新建名为 TestConnection 类。然后把下面的代码写入 TestConnection 类。

```
import java.sql.Connection;
import java.sql.DatabaseMetaData;
```

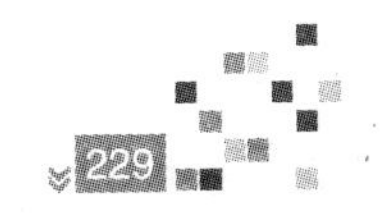

```
import java.sql.DriverManager;
public class TestConnection {
private final static String username="sa";
    private final static String password="123456";
    private final static String url="jdbc:sqlserver://localhost:1433;DataBaseName=Employees";
    private final static String DriverName="com.microsoft.sqlserver.jdbc.SQLServerDriver";
    public static void main(String[] args) {
        try{
            Class.forName(DriverName);
            Connection conn=DriverManager.getConnection(url,username,password);
            DatabaseMetaData dmd=conn.getMetaData();
            System.out.println(" 数据库 url ："+dmd.getURL());
            System.out.println(" 驱动程序："+dmd.getDriverName());
            System.out.println(" 版本："+dmd.getDriverVersion());
            System.out.println(" 数据库系统名称："+dmd.getDatabaseProductName());
            System.out.println(" 数据库版本："+dmd.getDatabaseProductVersion());
            conn.close();
              }catch(Exception e){
            e.printStackTrace();
                  }
            }}
```

对数据库的操作，首先应该加载驱动程序类，JDBC 连接 SQL Server2005 的驱动类是 com.microsoft.sqlserver.jdbc.SQLServerDriver，该类被封闭在 sqljdbc.jar 包中，所以应该在程序运行前将 sqljdbc.jar 包引入到项目中。其方法是：在“Eclipse”的项目中单击右键，选择“properies”项，在弹出的对话框中选择左侧的“Java Build Path”项，然后在右侧的对话框中选择“Libraries”项，单击“Add External Jar”按钮，找到下载的 sqljdbc.jar 包所在的位置，最后单击“ok”按钮。

程序中的 Class.forName(DriverName) 就是加载数据库驱动类，然后使用 DriverManager 类的 getConnection 方法进行数据库的连接。JDBC 连接不同数据库的步骤或是方法几乎是相同的，不同的地方在于不同的数据库厂商所提供的数据库驱动类是不同的，还有就是连接数据库的 url 地址不同，以及登录数据库时所用到的用户名和密码不同。

项目 8.3 访问数据库

知识汇总

JDBC 与数据库完成连接操作之后，便可以执行 SQL 语句对数据库表结构及表中的记录进行增、删、改、查等操作。

8.3.1 使用 Statement 类实现查询操作

【例 8.3】 使用 Statement 类按照员工编号字段查询员工的具体信息。

使用 8.1 节已经建立的 Employees 数据库和 employee 表。在 Eclipse 中运行该项目，结果如图 8.10 所示。

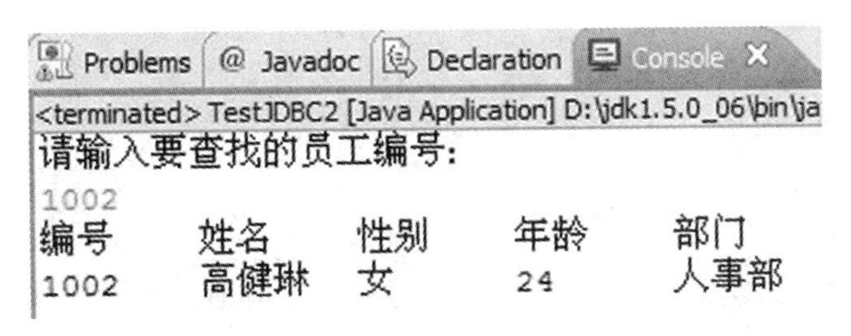

图8.10　查询结果

打开 Eclipes，创建一个名字为 Employee 的 Java Project，在该工程下新建名为 TestJDBC2 类。然后把下面的代码写入 TestJDBC2。

```
import java.sql.*;
import java.util.Scanner;
public class TestJDBC2 {
        private static Connection conn=null;
        private static Statement stmt=null;
        private static ResultSet rs=null;
        private final static String username="sa";
        private final static String password="123456";
        private final static String url
               ="jdbc:sqlserver://localhost:1433;DataBaseName=Employees";
        private final static String DriverName
               ="com.microsoft.sqlserver.jdbc.SQLServerDriver";
        public static void main(String[] args) {
            try{
               Class.forName(DriverName);
               conn=DriverManager.getConnection(url,username,password);
               stmt=conn.createStatement();
               System.out.println(" 请输入要查找的员工编号：");
               Scanner sc=new Scanner(System.in);
               String eNumber=sc.next();
               String sql="select * from employee where eNum="+eNumber;
               rs=stmt.executeQuery(sql);
    System.out.println(" 编号 "+"\t"+" 姓名 "+"\t"+" 性别 "+"\t"+" 年龄 "+"\t"+" 部门 "+"\t");
               while(rs.next()){
                    String eNum=rs.getString(1);
                    String eName=rs.getString(2);
                    String eSex=rs.getString("eSex");
                    Integer eAge=rs.getInt("eAge");
                    String eDep=rs.getString("eDep");
                    System.out.print(eNum+"\t");
                    System.out.print(eName+"\t");
```

```
                        System.out.print(eSex+"\t");
                        System.out.print(eAge+"\t");
                        System.out.println(eDep);
                                }
                rs.close();
                stmt.close();
                conn.close();
                }
            catch(Exception e){
                e.printStackTrace();
            }
        }
    }
```

对数据库进行一般查询使用 Statement 对象及其相关方法。数据库连接对象的 createStatement 方法能够返回 Statement 类的对象。具体方法为：

```
conn=DriverManager.getConnection(url,username,password);
stmt=conn.createStatement();
```

stmt 是 Statement 的类的对象。stmt 的 executeQuery(sql) 方法用于执行 SQL 的查询语句，即 select 语句，执行结果将返回一个 ResultSet 类型的对象，该对象代表一个查询结果。

程序的查询结果可以通过 ResultSet 对象的相关方法获得。ResultSet 对象包含执行查询语句后得到的所有记录，记录的行号从 1 开始。一个 Statement 对象在同一时刻只能返回一个 ResultSet 对象。使用 ResultSet 的 next 方法，可以移动游标到下一记录，当游标指向记录末尾时，该方法将返回 false。通过 ResultSet 的 get××× 方法（其中 ××× 表示 J 的基本数据类型），可以取得某个字段的值。如：getString(int columnIndex) 返回指定字段的字符串值，columnIndex 代表字段的序号；getInt(String columnName) 返回指定字段的整型值，columnName 代表字段的名字。如果要访问 eNum 字段可以用以下语句：rs.getString("eNum"); 或 rs.getString(1); 两种访问字段的方法结果是相同的。数据库操作结束后，要调用 Connection，Statement，ResultSet 类的 close 方法释放掉资源。

Scanner 类的 next 方法可以使用户从 System.in 中读取一个字符串，该类位于 java.util 包下，如果要读取的是整型数，可以使用 Scanner 类的 nextInt 方法。

通过例 8.3 可以看出，利用 JDBC 实现数据库的操作可以分为以下几个步骤：

（1）加载 JDBC 驱动程序。

（2）获取连接接口。

（3）创建 Statement 对象。

（4）执行 Statement 对象。

（5）查看返回的结果集。

（6）关闭结果集对象。

（7）关闭 Statement 对象。

（8）关闭连接接口。

8.3.2 使用 PreparedStatement 类执行查询操作

【例 8.4】 使用 PreparedStatement 类按条件查询数据库记录。

使用 8.1 节已经建立的 Employees 数据库和 employee 表。在 Eclipse 中运行该项目，结果如图 8.11 所示。

Problems @ Javadoc Declaration Console
<terminated> TestJDBC3 [Java Application] D:\jdk1.5.0_06\bin\ja
请输入 部门名称:
财务部
请输入 员工性别:
男

编号	姓名	性别	年龄	部门
1006	卢强	男	29	财务部
1003	刘海全	男	37	财务部

图8.11　查询结果

打开 Eclipes，创建一个名字为 Employee 的 Java Project，在该工程下新建名为 TestJDBC3 类。然后把下面的代码写入 TestJDBC3。

```
import java.sql.*;
import java.util.Scanner;
public class TestJDBC3 {
private static Connection conn=null;
private static PreparedStatement pStmt=null;
private static ResultSet rs=null;
private final static String uName="sa";
private final static String uPassword="123456";
private final static String url
    ="jdbc:sqlserver://localhost:1433;DataBaseName=Employees";
private final static String DriverName ="com.microsoft.sqlserver.jdbc.SQLServerDriver";
    public static void main(String[] args) {
    try{
       Class.forName(DriverName);
       conn=DriverManager.getConnection(url,uName,uPassword);
       System.out.println(" 请输入部门名称：");
       Scanner sc=new Scanner(System.in);
       String eDepartment=sc.next();
       System.out.println(" 请输入员工性别：");
       String eMale=sc.next();
       String sql="select * from employee where eDep=? and eSex=?";
       pStmt=conn.prepareStatement(sql);
       pStmt.setString(1,eDepartment);
       pStmt.setString(2,eMale);
       rs=pStmt.executeQuery();
       System.out.println(" 编号 "+"\t"+" 姓名 "+"\t"+" 性别 "+"\t"+" 年龄 "+"\t"+" 部门 "+"\t");
       while(rs.next()){
            String eNum=rs.getString(1);
            String eName=rs.getString(2);
            String eSex=rs.getString("eSex");
            Integer eAge=rs.getInt("eAge");
```

```
                String eDep=rs.getString("eDep");
                System.out.print(eNum+"\t");
                System.out.print(eName+"\t");
                System.out.print(eSex+"\t");
                System.out.print(eAge+"\t");
                System.out.println(eDep);
                        }
            rs.close();
            pStmt.close();
            conn.close();
            }
        catch(Exception e){
            e.printStackTrace();}
        }}
```

String sql="select * from employee where eDep=? and eSex=?"; 语句中的"？"表示要动态获得的参数。PreparedStatement 接口继续了 Statement 接口，PreparedStatement 的对象可以执行带参数的查询语句，在执行查询语句前，用对象的 set×××() 方法设置参数的值，其中的 ××× 代表参数的数据类型。setString(1,eDepartment); 方法中的第一个参数是 where 表达式中"？"代表的参数的序号，第二个参数中"？"代表参数的值。在实际应用中，预编译提高了 SQL 执行效率，建议尽量使用 PreparedStatement。

【例 8.5】 使用 JDBC-ODBC 桥访问 Access 数据库。

1. 建立 Access 数据库

打开 Access，建立 Employee.mdb 数据库，建立 employee 表，见表 8.2。

表 8.2　employee 表结构

字段名	数据类型	长度	含义	备注
eNum	文本	4	员工编号	主键
eName	文本	20	员工姓名	
eSex	文本	2	员工性别	
eAge	数字		员工年龄	
eDep	文本	20	员工部门	

在 employee 表中添加一些记录，如图 8.12 所示。添加记录完成后关闭 Access 数据库。

employee : 表

eNum	eName	eSex	eAge	eDep
1001	Ann	女	21	人事部
1002	高健琳	女	24	人事部
1003	刘海金	男	37	财务部
1004	赵楠楠	女	26	策划部
1005	林丽丽	女	28	财务部
1006	卢强	男	29	财务部
1007	李双	男	29	市场部
1008	杨雪	女	28	策划部

图8.12　表employee数据

2. 建立 ODBC 数据源

（1）选择“开始菜单”→“控制面板”命令，双击“管理工具”→数据源（ODBC）图标。

（2）在打开的“ODBC 数据源管理器”对话框中选择“系统 DNS”项，如图 8.13 所示。

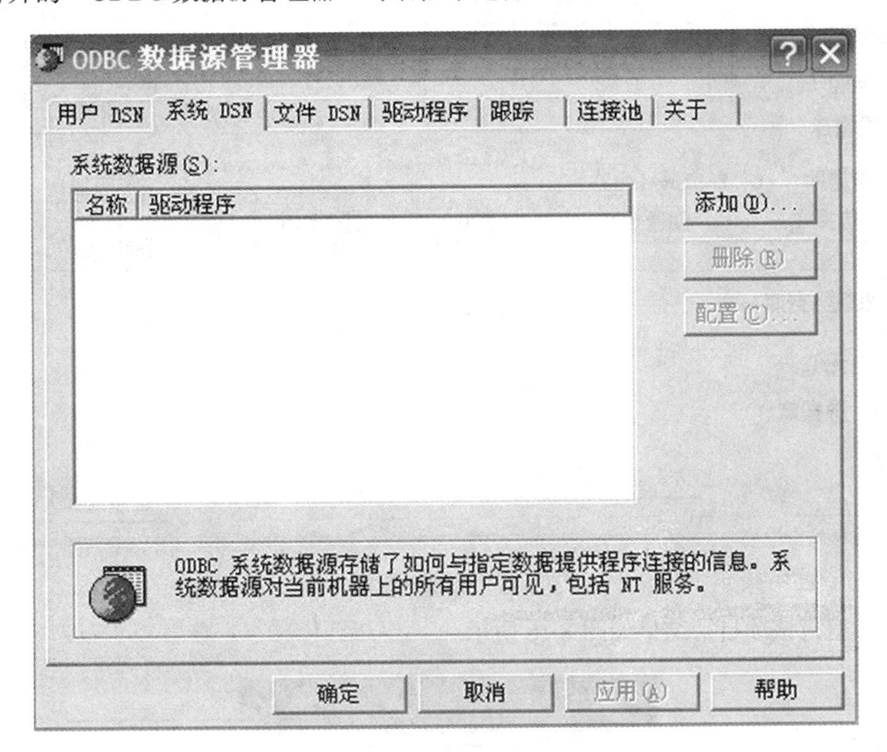

图8.13　ODBC数据源管理器

（3）单击“添加”按钮，在弹出的对话框中选择“Microsoft Access Driver(*.mdb)”项，如图 8.14 所示。

图8.14　ODBC数据源管理器

（4）单击“完成”按钮，在对话框中输入“数据源名”为“db”（db 为用户自定义的数据名），然后单击“选择”按钮，选定创建好的 Employee.mdb 文件，如图 8.15 所示。

（5）单击“确定”按钮，ODBC 数据源设置完成。

图8.15　设置数据源

在 Eclipse 中运行该项目，结果如图 8.16 所示。

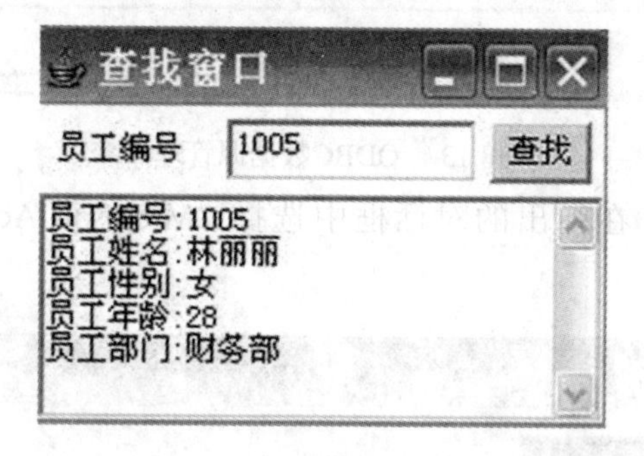

图8.16　显示查询结果

打开 Eclipes，创建一个名字为 Employee 的 Java Project，在该工程下新建名为 JDBC_ODBC 类。然后把下面的代码写入 JDBC_ODBC 类。

```
import java.awt.*;
import java.awt.event.*;
import java.sql.*;
public class JDBC_ODBC extends WindowAdapter implements ActionListener{
Frame f=new Frame(" 查找窗口 ");
Label l1=new Label(" 员工编号 ");
TextField t1=new TextField(10);
Button b1=new Button(" 查找 ");
TextArea ta=new TextArea(10,10);
Panel p1=new Panel();
public void init(){
    f.add(p1,"North");
    f.add(ta,"Center");
    p1.add(l1);
```

```
        p1.add(t1);
        p1.add(b1);
        f.setVisible(true);
        f.pack();
        f.addWindowListener(this);
        b1.addActionListener(this);
    }
    public void windowClosing(WindowEvent e){
        System.exit(0);
    }
    public void actionPerformed(ActionEvent e){
        Connection conn=null;
        PreparedStatement pStmt=null;
        ResultSet rs=null;
        String url="jdbc:odbc:db";
        String DriverName="sun.jdbc.odbc.JdbcOdbcDriver";
        try{
            if(e.getSource()==b1){
                    String s1=t1.getText();
                    Class.forName(DriverName);
                    conn=DriverManager.getConnection(url);
                String sql="select * from employee where eNum='"+s1+"'";
                    pStmt=conn.prepareStatement(sql);
                    rs=pStmt.executeQuery();
                    while(rs.next()){
                        String eNum=rs.getString(1);
                        String eName=rs.getString(2);
                        String eSex=rs.getString(3);
                        int eAge=rs.getInt(4);
                        String eDep=rs.getString(5);
                        ta.append(" 员工编号 :"+eNum+"\n");
                        ta.append(" 员工姓名 :"+eName+"\n");
                        ta.append(" 员工性别 :"+eSex+"\n");
                        ta.append(" 员工年龄 :"+eAge+"\n");
                        ta.append(" 员工部门 :"+eDep+"\n");
                            }
                    }
            }
        catch(Exception e1)
          {
            e1.printStackTrace();
            }
        }
```

```
    public static void main(String[] args) {
        new JDBC_ODBC().init();
        }
}
```

本程序主要是演示如何利用JDBC-ODBC桥连接Access数据库的方法，关键的地方在于如何配置数据源。程序界面部分是用java.awt包下的组件完成设计的，并实现了布局管理，JDBC_ODBC类继承了WindowAdapter类，重写了里面的windowClosing方法，该方法实现了关闭Frame的功能。JDBC_ODBC类实现了ActionListener接口，重写了actionPerformed方法，该方法会触发“查找”按钮的事件，把和数据库操作有关的代码写在actionPerformed方法里。String url="jdbc:odbc:db"; 其中db建立数据源时代表删除、插入和修改的记录数。String DriverName="sun.jdbc.odbc.JdbcOdbcDriver"; 访问Access数据库的驱动类，该类不用在项目中加载。conn=DriverManager.getConnection(url); 创建数据链库接Connection类的对象，此时在getConnection(url)方法中，只写访问Access数据库的url地址，而不需要写入访问数据库的用户名和密码。通过此程序能够发现，当JDBC访问不同数据库时，方法和步骤大体相同，只是数据库的url地址和驱动类名有所不同。

8.3.3 更新操作

数据库的更新操作包括：创建和删除表，增加或删除表的列，修改、插入和删除记录等。这些操作用到以下的SQL语句：crreate，delete，drop，insert和update等。数据库更新操作的步骤和查询步骤类似，只是在执行SQL语句时使用Statement或PreparedStatement对象的executeUpdate方法。executeUpdate方法的返回值类型是一个整数，该整数代表delete，insert和update影响的记录数。对于无返回结果的SQL语句，该返回值为0。

【例8.6】 根据员工姓名删除员工信息。

使用8.1节已经建立的Employees数据库和employee表。在Eclipse中运行该项目，结果如图8.17所示。

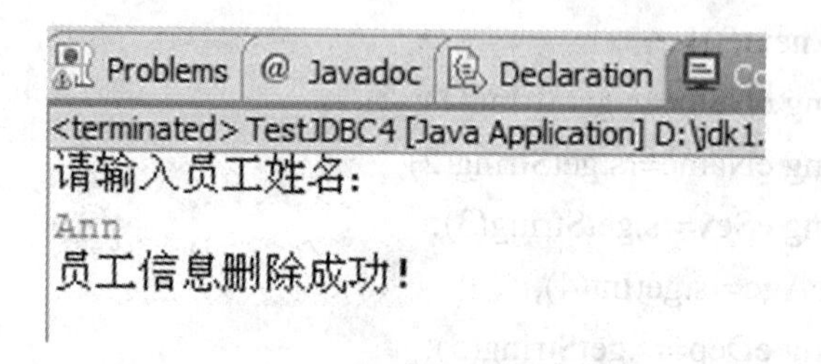

图8.17 删除员工信息

打开Eclipes，创建一个名字为Employee的Java Project，在该工程下新建名为TestJDBC4类。然后把下面的代码写入JTestJDBC4类。

```
import java.sql.Connection;
import java.sql.DriverManager;
import java.sql.PreparedStatement;
import java.util.Scanner;
public class TestJDBC4 {
private static Connection conn=null;
private static PreparedStatement pStmt=null;
private static ResultSet rs=null;
private final static String uName="sa";
private final static String uPassword="123456";
```

```
private final static String url  ="jdbc:sqlserver://localhost:1433;DataBaseName=Employees";
private final static String DriverName ="com.microsoft.sqlserver.jdbc.SQLServerDriver";
    public static void main(String[] args) {
    try
        {
        Class.forName(DriverName);
        conn=DriverManager.getConnection(url,uName,uPassword);
        System.out.println(" 请输入员工姓名：");
        Scanner sc=new Scanner(System.in);
        String eName1=sc.next();
        String sql="delete from employee where eName=?";
        pStmt=conn.prepareStatement(sql);
        pStmt.setString(1,eName1);
        int i=pStmt.executeUpdate();
        System.out.println(" 员工信息删除成功！  ");
        pStmt.close();
        conn.close();
        }
    catch(Exception e){
        e.printStackTrace();
    }
}}
```

String sql="delete from employee where eName=?"; 程序根据输入的员工姓名作为条件进行删除员工信息操作。调用 PreparedStatement 接口的 executeUpdate 方法执行删除操作。

【例 8.7】 实现对数据库的插入操作。

使用 8.1 节已经建立的 Employees 数据库和 employee 表。在 Eclipse 中运行该项目，结果如图 8.18 所示。

图8.18　添加用户

打开 Eclipes，创建一个名字为 Employee 的 Java Project，在该工程下新建名为 TestJDBC5 类。然后把下面的代码写入 JTestJDBC5 类。

```
import java.sql.Connection;
import java.sql.DriverManager;
import java.sql.PreparedStatement;
import java.util.Scanner;
public class TestJDBC5 {
private static Connection conn=null;
private static PreparedStatement pStmt=null;
private final static String uName="sa";
private final static String uPassword="123456";
private final static String url ="jdbc:sqlserver://localhost:1433;DataBaseName=Employees";
private final static String DriverName ="com.microsoft.sqlserver.jdbc.SQLServerDriver";
    public static void main(String[] args) {
    try
      {
        Class.forName(DriverName);
        conn=DriverManager.getConnection(url,uName,uPassword);
        System.out.println(" 请输入员工编号：");
            Scanner sc=new Scanner(System.in);
            String eNum1=sc.next();
            System.out.println(" 请输入员工姓名：");
            String eName1=sc.next();
            System.out.println(" 请输入员工性别：");
            String eMale1=sc.next();
            System.out.println(" 请输入员工年龄：");
            int eAge1=sc.nextInt();
            System.out.println(" 请输入部门名称：");
            String eDepartment1=sc.next();
            String sql="insert into employee values(?,?,?,?,?)";
            pStmt=conn.prepareStatement(sql);
            pStmt.setString(1,eNum1);
            pStmt.setString(2,eName1);
            pStmt.setString(3,eMale1);
            pStmt.setInt(4,eAge1);
            pStmt.setString(5,eDepartment1);
            int i=pStmt.executeUpdate();
            System.out.println(" 员工信息添加成功！ ");
            pStmt.close();
            conn.close();
      }
    catch(Exception e){
        e.printStackTrace();
    }
}
```

}

String sql="insert into employee values(?,?,?,?,?)"; 表示要向 employee 表中插入一条记录，并利用 PreparedStatement 接口的 set × × × 方法向要执行的 SQL 语句中 5 个 "？" 号动态的输入值。

重点串联

由于 JDBC API 为 Java 语言访问和操作数据库提供了统一的接口，所以 JDBC 编程的核心在于熟悉掌握 java.sql 包下的核心接口和类及其常用的方法的使用。JDBC 编程步骤比较固定，针对不同类型的数据库只需要引入相关数据库提供的驱动类以及 getConnection（url,name,password）方法里的参数即可。

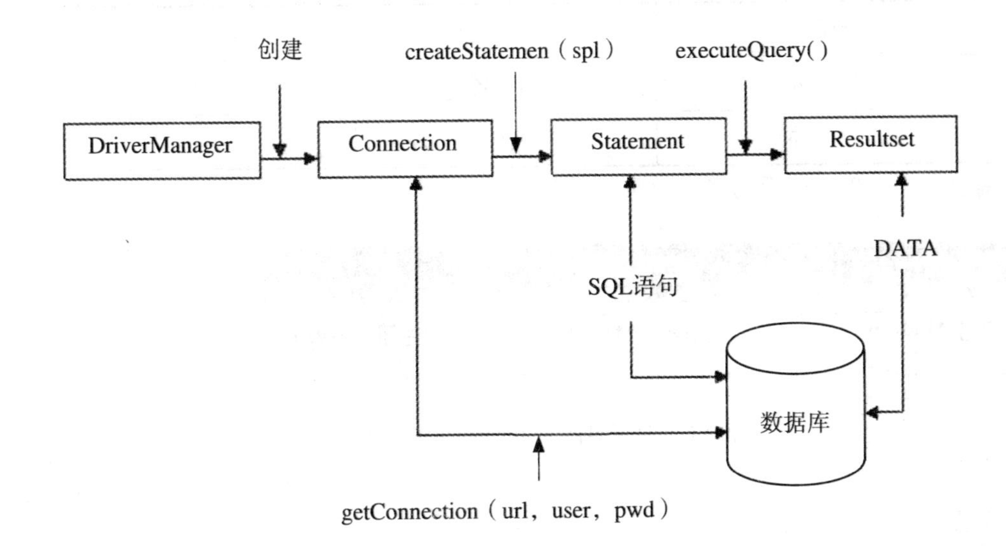

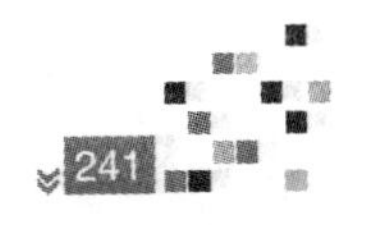

拓展与实训

技能训练

技能训练 8.1:JDBC 编程的具体应用。

任务：用 SQL Server 2005 建立数据库 Login，在该数据库中创建 userLogin 表，见表 8.3。

表 8.3　userLogin 表结构

字段名	数据类型	含　义	备　注
username	文本	用户名	主键
password	文本	密码	

利用 GUI+JDBC 编程，实现用户注册功能。效果如图 8.19 所示。

图8.19　注册界面

技能目标：

（1）掌握 GUI 编程技巧。

（2）掌握 JDBC 编程的方法。

（3）掌握面向对象编程的方法。

实现代码：

1. 数据库操作类

```
import java.sql.*;
public class myDb{
private Connection conn=null;
private Statement stmt=null;
private ResultSet rs=null;
public void connection() // 连接数据库
    {
    String name="sa";
    String pwd="123456";
    try
    {
Class.forName("com.microsoft.sqlserver.jdbc.SQLServerDriver");
String url="jdbc:sqlserver://localhost:1433;DataBaseName=Login";//
conn=DriverManager.getConnection(url,name,pwd);
stmt=conn.createStatement();
}
```

```
catch(Exception e){}
    }
    public ResultSet query(String sql)
    {
     try{
    rs=stmt.executeQuery(sql);
    }
    catch(Exception e){}
    return rs;
    }
    public int update(String sql)
    {
    int n=0;
    try
    {
    n=stmt.executeUpdate(sql);
    }
    catch(Exception e){}
    return n;
    }
    public void close(){
    try{
         rs.close();
         stmt.close();
         conn.close();
         }
    catch(Exception e){
    e.printStackTrace();
            }
        }}
```

该类的功能是将数据库的连接、查询、更新操作写成方法，封装在名字为 myDb 的类中。那么在后面具体的业务类实现过程中，就可以创建 myDb 的对象，调用相应的方法，实现对应的数据库存取操作。将数据库的操作封装成一个类，好处在于如果业务实现类中存在着大量的数据库操作，直接调用数据库操作的封装类就可以了。

2. 实现功能类

```
import java.awt.*;// 引入组件和部局管理类所在的包
import java.awt.event.*;// 引入事件处理类所在的包
public class Test1 extends WindowAdapter implements ActionListener{
TextField t1,t2;// 创建组件类的对象
Button b1,b2;
Frame f;
Label l1,l2;
void init(){
```

```
f=new Frame(" 注册窗口 ");
l1=new Label(" 用户名 ",Label.CENTER);
l2=new Label(" 密码 ",Label.CENTER);
t1=new TextField(11);
t2=new TextField(11);
b1=new Button(" 注册 ");
b2=new Button(" 取消 ");
f.setLayout(new FlowLayout());// 流式布局管理
f.add(l1);
f.add(t1);
f.add(l2);
f.add(t2);
f.add(b1);
f.add(b2);
f.setVisible(true);
f.pack();
t2.setEchoChar('*');
t1.addActionListener(this);// 注册监听器
t2.addActionListener(this);
f.addWindowListener(this);
b1.addActionListener(this);
b2.addActionListener(this);
f.setLocation(300,300);
f.setResizable(false);
}
public void windowClosing(WindowEvent e){// 实现 Frame 窗体的关闭操作
System.exit(0);
}
public void actionPerformed(ActionEvent e){// 注册操作
if(e.getSource()==b1){
String username=t1.getText();
String password=t2.getText();
myDb mydb=new myDb();// 创建数据库链接类的对象
mydb.connection();// 实现数据库的链接
String sql="insert into userLogin(username,password) values
        ('"+username+"','"+password+"');";
mydb.update(sql);// 实现插入操作
System.out.println(" 注册成功！ ");
}
else if(e.getSource()==b2)
{
    t1.setText("");
    t2.setText("");
```

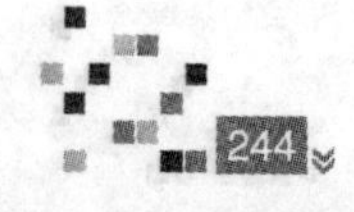

```
            }
        }
    public static void main(String[] args) {
        new Test1().init();
    } }
```

技能训练 8.2：使用 JDBC 操作 mySQL 数据库的具体应用。

任务：使用 MySQL 建立一个数据库 Employees，然后在该数据库中创建员工表 employee，见表 8.4，利用 JDBC 编程在创建的空表中添加两条记录，并显示出添加的记录。

表 8.4　Employee 表结构

字段名	数据类型	长　度	含　义
eNum	varchar	4	员工编号
eName	varchar	20	员工姓名
eSex	varchar	2	员工性别
eAge	int		员工年龄
eDep	varchar	20	员工部门

技能目标：

（1）掌握 MySQL 数据库的安装与应用。

（2）掌握 JDBC 操作 MySQL 数据库的方法。

同学们可能是第一次使用 MySQL 数据库，那么接下来将比较详细地介绍如何使用 MySQL 作为开发时使用的后台数据库系统的方法。MySQL 是一个小型关系型数据库管理系统，MySQL 支持 SQL“结构化查询语言”。SQL 是用于访问数据库的最常用标准化语言。MySQL 软件采用了 GPL（GNU 通用公共许可证）。由于其体积小、速度快、总体拥有成本低，尤其是开放源码这一特点，许多中小型网站为了降低网站总体拥有成本而选择了 MySQL 作为网站数据库。首先到 MySQL 的官方网址下载 MySQL 数据库，Java 访问 MySQL 时也需要加载驱动类，该类封装在 mysql-connector-java-5.0.6-bin.jar 中。本项目使用的是 MySQL5.0 的版本。下载完成之后就是 MySQL 数据库的安装，安装过程比较简单，但是需要注意的是，MySQL 数据库的默认管理员用户的登录名是 root，在安装的过程中需要设置 root 的密码。安装完成之后用户登录 MySQL 时，需要输入在安装过程中所设置密码。进入 MySQL 的操作界面后便可以通过 SQL 语句使用该数据库了。还有一种使用 MySQL 数据库的方法，就是把操作 MySQL 数据库的 SQL 语句写入一个文件中，如图 8.20 所示。

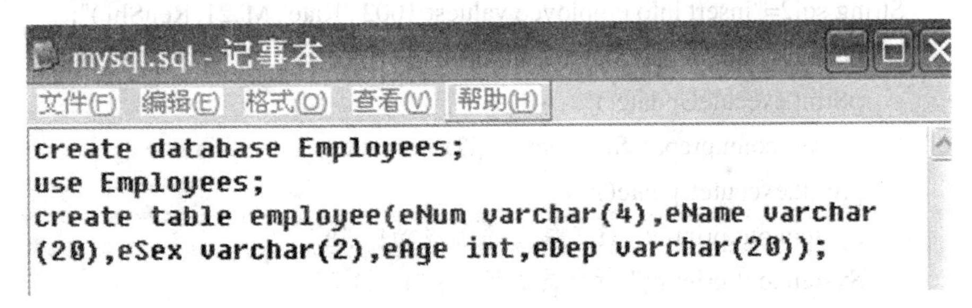

图8.20　mysql.sql文件

然后登录 MySQL 数据库，通过命令引入该数据库文件，数据库操作的语句就会被移植到 MySQL 中，如图 8.21 所示，这样该项目的数据库操作部分就已经完成了。

```
mysql> \. c:\\mysql.sql
Query OK, 1 row affected (0.00 sec)

Database changed
Query OK, 0 rows affected (0.01 sec)

mysql> select * from employee;
+------+--------+------+------+--------+
| eNum | eName  | eSex | eAge | eDep   |
+------+--------+------+------+--------+
| 1001 | Tom    | F    |   29 | CaiWu  |
| 1002 | Kate   | M    |   21 | RenShi |
+------+--------+------+------+--------+
2 rows in set (0.00 sec)
```

图8.21 MySQL语句

实现代码：

```
import java.sql.Connection;
import java.sql.DriverManager;
import java.sql.PreparedStatement;
import java.sql.ResultSet;
public class TestInsert {
    private static Connection conn=null;
    private static PreparedStatement pStmt=null;
    private final static String uName="root";
    private final static String uPassword="123456";
    private final static String url ="jdbc:mysql://localhost:3306/Employees";
    private final static String DriverName ="com.mysql.jdbc.Driver";
        public static void main(String[] args) {
        try
          {
           Class.forName(DriverName);
           conn=DriverManager.getConnection(url,uName,uPassword);
           String sql1="insert into employee values('1001','Tom','F',29,'CaiWu')";
           String sql2="insert into employee values('1002','Kate','M',21,'RenShi')";
              pStmt=conn.prepareStatement(sql1);
              pStmt.executeUpdate();
              pStmt=conn.prepareStatement(sql2);
              pStmt.executeUpdate();
              System.out.println(" 员工信息添加成功！ ");
              System.out.println(" 所有员工记录：");
              String sql3="select * from employee";
              pStmt=conn.prepareStatement(sql3);
              ResultSet rs=pStmt.executeQuery();
              while(rs.next()){
                  String eNum=rs.getString(1);
```

```
                String eName=rs.getString(2);
                String eSex=rs.getString(3);
                Integer eAge=rs.getInt(4);
                String eDep=rs.getString(5);
                System.out.print(eNum+"\t");
                System.out.print(eName+"\t");
                System.out.print(eSex+"\t");
                System.out.print(eAge+"\t");
                System.out.println(eDep);
            }
            rs.close();
            pStmt.close();
            conn.close();
        }
    catch(Exception e){
        e.printStackTrace();
    }
  }
}
```

代码编写完成之后，还需要在项目中加载连接 MySQL 数据库的驱动类，方法和在项目中加载 SQL Server 2005 数据库的驱动类方法类似。详见 8.1 节的操作步骤。

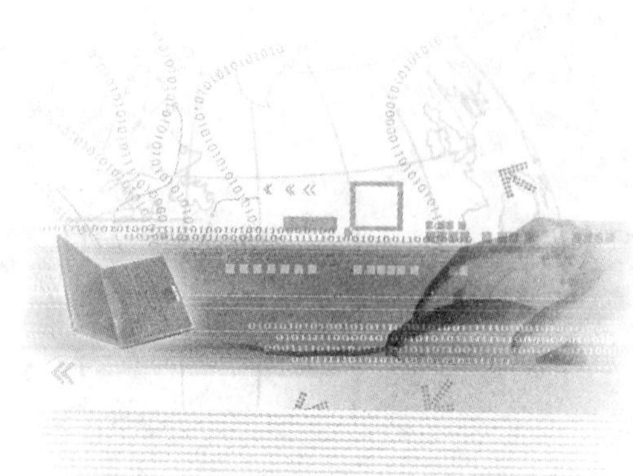

模块9 Java网络编程

教学聚焦

- 网络通信协议
- 网络类和接口
- 网络套接字
- 服务器、客户机程序编写模式
- 数据报

知识目标

- Java 网络类和接口
- URL 和 URLConnection 类
- InetAddress 类
- TCP/IP 服务器与客户端套接字
- Datagram 套接字
- Socket，SeverSocket 类

技能目标

- 正确使用 Java 网络类和接口
- 使用 Socket 类编写 C/S 程序
- 使用 URL 类编写 B/S 程序
- 使用 Datagram 编写数据报程序

课时建议

16 学时

项目 9.1 网络基础知识概述

知识汇总

计算机网络是众多单独的终端通过通信线路连接起来的一组计算机，通过约定的协议进行通信，比较流行的通信协议有 TCP/IP 协议、UDP 协议等。

在各种网络协议中，最重要的网络协议族就是 TCP/IP 协议。

TCP 是“传输控制协议（Transport Control Protocol）”的缩写，IP 表示的是“Internet 协议”。然而，TCP/IP 协议并不仅仅是表示这两种协议，它所表示的是一个协议集合，称为 TCP/IP 协议族（Protocol Suite），一个协议集合就是指由一系列相互补充又相互协作的协议的集合。

在 TCP/IP 协议集合中，除了“传输控制协议”和“Internet 协议”以外，还包括其他一些协议，表 9.1 中列出了常用的 TCP/IP 协议。

表 9.1　TCP/IP 协议

协　　议	说　　明
TCP	传输控制协议，用于应用程序之间传送数据
IP	Internet 协议，用于主机之间传送数据
UDP	用户数据包协议
ICMP	Internet 控制报文协议
UUCP	UNIX 之间拷贝协议
SNMP	简单网络管理协议
SMTP	简单邮件传送协议
NNTP	网络新闻传送协议
FTP	文件传送协议
PPP	点对点通信协议
SLIP	串行线路 IP 协议
HTTP	超文本传送协议

项目 9.2 java.net 包

知识汇总

java.net 包中包含了常用的 Java 网络通信类，利用这些类可以编写网络资源访问类程序，访问主机、地址类程序。这些类包括 URL 和 URLConnection 类，用这两个类可以确定网络数据的来源，进而达到访问的目的。java.net 包中比较常用的类还包括 InetAddress 类以及套接字 Socket 类，用于建立局域网通信，传送数据。

Java 中有关网络方面的功能都定义在 java.net 程序包中。Java 所提供的网络功能大致分为 3 大类。

9.2.1 URL 和 URLConnection

URL 和 URLConnection 是 3 大类功能中最高级的一种。通过 URL 的网络资源表达方式，很容易确定网络上数据的位置。利用 URL 的表示和建立，Java 程序可以直接读入网络上所放的数据，或把自己的数据传送到网络的另一端。

1.URL 类

URL 对象有以下 4 种方法：

（1）public URL(String spec);throws MalformedeURLException

例如：URL u1 = new URL("http://home.netscape.com/home/");

（2）public URL(URL context, String spec); throws MalformedeURLException

例如：URL u2 = new URL(u1, "welcome.html");

（3）public URL(String protocol, String host, String file); throws MalformedeURLException

例如：URL u3 = new URL("http", "www.sun.com", "developers/index.html");

（4）public URL (String protocol,String host,int port,String file); throws MalformedeURLException

例如：URL u4 = new URL("http", "www.sun.com", 80, "developers/index.html");

其中参数含义如下所示。

String spec：表示 URL 的字符串的构造器。

String protocol：协议。

String host：主机口。

int port：端口。

String file：文件名。

【例 9.1】 获取指定 URL（http://www.tsinghua.edu.cn/）的源文件 URLReader.java。

```
import java.io.*;
import java.net.*;
public class URLReader {
    public static void main(String args[]){
        try{
            URL tirc = new URL("http://www.tsinghua.edu.cn/");
            BufferedReader in = new BufferedReader(new
                InputStreamReader(tirc.openStream()));
String s;
while((s = in.readLine())!=null)
                System.out.println(s);
            in.close();
        }catch(MalformedURLException e) {
            System.out.println(e);
        }catch(IOException e){
            System.out.println(e);
        }
    }
}
```

除了上述的构造方法，URL 类还有一些常用的方法如下：

（1）public final Obect getContent()：取得传输协议。

（2）public String getFile()：取得资源的文件名。

（3）public String getHost()：取得机器的名称。

（4）public int getPort()：取得端口号。

（5）public String getProtocol()：取得传输协议。

（6）public String toString()：把 URL 转化为字符串。

【例 9.2】 访问指定 URL 的协议、主机名、端口和文件 Myurl.java。

```
import java.net. *;
import java.io.*;
 class Myurl
 {
   public static void main(String args[])
   {
       try {
         URL url=new URL("http://www.tsinghua.edu.cn/chn/index.htm");
         System.out.println("the Protocol: "+url.getProtocol());
         System.out.println("the hostname: " +url.getHost());
         System.out.println("the port: "+url.getPort());
         System.out.println("the file:"+url.getFile());
         System.out.println(url.toString());}
       catch(MalformedURLException e) {
         System.out.println(e);
       }
   }
 }
```

程序的输出结果：

```
the Protocol: http
the hostname: www.tsinghua.edu.cn
the port: -1
the file:/chn/index.htm
http://www.tsinghua.edu.cn/chn/index.htm
```

2.URLConnection 类

URLConnection 是一个抽象类，代表与 URL 指定的数据源的动态连接，URLConnection 类提供比 URL 类更强的服务器交互控制。URLConnection 允许用 POST 或 PUT 和其他 HTTP 请求方法将数据送回服务器。在 java.net 包中只有抽象的 URLConnection 类，其中许多方法和字段与单个构造器一样是受保护的，这些方法只可以被 URLConnection 类及其子类访问。

URLConnection 提供方法来检验 HTTP 头，获得关于 URL 内容的信息和输入输出流。对于不同的协议有不同的 URLConnetion 类，例如，处理 HTTP 协议的 URLConnection 类，处理 FTP 协议的 URLConnection 类。

URLConnection 对象不会自己产生，可以利用 URL 类的 openConnection（ ）方法得到，使用 URLConnection 对象的一般方法如下：

（1）创建一个 URL 对象。

（2）调用 URL 对象的 openConnection() 方法创建这个 URL 的 URLConnection 对象。

（3）配置 URLConnection。

（4）读首部字段。

（5）获取输入流并读数据。

（6）获取输出流并写数据。

（7）关闭连接。

当然我们并不需要完成所有这些步骤。比如，若可以接受 URL 类的默认设置，则可以不设置 URLConnection；若仅仅需要从服务器读取数据，并不需要向服务器发送数据，则可以省去获取输出流并写数据这一步。当创建 URLConnection 对象后，可以使用 URLConnection 对象的操作方法：

public int getContentLength()：获得文件的长度。

public String getContentType()：获得文件的类型。

public long getDate()：获得文件创建的时间。

public long getLastModified()：获得文件最后修改的时间。

public InputStream getInputStream()：获得输入流，以便读取文件的数据。

如果 URL 类的构造函数的参数有问题，比如，字符内容不符合 URL 位置表示法的规定，指定的传输协议不是 Java 所能接受时，那么构造函数就会抛出 MalformedURLException 异常，这时一定要用 try 和 catch 语句处理。

【例 9.3】 使用 URLConnection 从 Web 服务器读取文件 URLDemo.java。

```
import java.io.*;
import java.net.*;
import java.util.Date;
class   URLDemo{
public static void   main(String args[]) throws Exception
    {
    System.out.println("starting....");
    int c;
    URL url=new URL("http://www.sina.com.cn");
    URLConnection   urlcon=url.openConnection();
    System.out.println("the date is :"+new Date(urlcon.getDate()));
    System.out.println("content_type :"+urlcon.getContentType());
            InputStream in=urlcon.getInputStream();
    while (((c=in.read( ))!=-1))
    {
  System.out.print((char)c);
    }
    in.close();
    }
  }
```

在第程序中我们实例化了一个 URL，接着就通过调用 URL 对象的 openConnection() 方法返回一个 URLConnection 类的对象 urlcon。然后分别调用 URLConnectin 类的常用方法，返回 URL 的一些基本信息。这些方法是：getDate() 返回日期，getContentType() 返回文件类型 text/html，getInputStream() 获得输入流，然后通过输入流取得文件（in.read()），并在标准输出上输出（System.out.println()），我们看到的是一个网页源代码文件。在 IE 中我们可以查看源代码文件，其实就是通过这种方法实现的。

9.2.2 InetAddress 类

java.net.InetAddress 类是 Java 的 IP 地址封装类，它不需要用户了解如何实现地址的细节。该类的定义如下：

public final class InetAddress extends object implements Serializable

该类里有两个字段：hostName(String) 和 address(int)，即主机名和 IP 地址。这两个字段是不公开的，不能直接访问它们。

下面介绍 InetAddress 类提供的 Internet 地址的操作。

1.创建 InetAddress 对象的方法

InetAddress 类没有构造方法，要创建该类的实例对象，可以通过该类的静态方法获得该对象。这些静态方法如下：

public static InetAddress getLocalHost()

方法 getLocalHost() 获得本地机的 InetAddress 对象，当查找不到本地机器的地址时，触发一个 UnknownHostException 异常。示范代码如下：

```
try {
InetAddress address=InetAddress.getLocalHost( );
……; // 其他处理代码
}
catch(UnknownException e) {
……; // 异常处理代码
}
```

public static InetAddress getByName (String host)

方法 getByName(String host) 获得由 host 指定的 InetAddress 对象，host 是计算机的域名（也就是名字），其作用跟 IP 地址相同，只不过域名标识计算机比 IP 标识计算机更易于记忆。如果找不到主机会触发 UnknownHostException 异常。示范代码如下：

```
try {
InetAddress   address=InetAddress.getByName( host );
……;    // 其他处理代码
}
catch(UnknownException e) {
…… // 异常处理代码
}
```

public static InetAddress[] getAllByName(String host)

在 Internet 上不允许多台计算机共用一个名字（或者说是 IP 地址），但是在 Web 中，可以用相同的名字代表一组计算机。通过方法 InetAddress [ ] getAllByName(String host) 可以获得具有相同名字的一组 InetAddress 对象，出错了同样会抛出 UnknownException 异常。示范代码如下：

```
try {
InetAddress   address=InetAddress.getAllByName( host );
……;  // 其他处理代码
}
catch(UnknownException e) {
…… // 异常处理代码
}
```

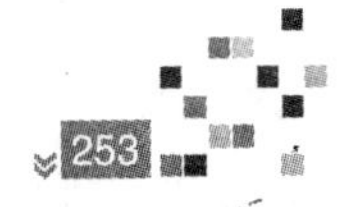

【例 9.4】 查询 IP 地址的版本。

InteAddress 类有一个 getAddress() 方法，该方法将 IP 地址以网络字节顺序作为字节数组返回。当前 IP 只有 4 个字节，但是当实行 IPV6 时，就有 16 个字节了。如果需要知道数组的长度，可以用数组的 length 字段。使用 getAddress( ) 方法的方法如下：

```
InetAddress inetaddress=InetAddress.getLocalHost( );
byte[ ] address=inetaddress.getAddress( );
```

需要注意的是，返回的 byte[ ] 字节是无符号的。但是 Java 没有无符号字节的基本数据类型，因此如果要对返回的字节操作时，必须要将 int 作适当的调整。下面的方法就实现了这个目的。

```
int unsignbyte = signbyte < 0 ? signbyte + 256 : signbyte;
```

如果 signbyte 是负数，就加 256 使其成为正数，否则就保持不变。

下面的程序示例可以查询 IP 地址是 IPV4 还是 IPV6，还能查询 IP 的类别。

```
import java.net.*;
import java.io.*;
public class IPVersion
{
public static void main(String args[])
{
try
{
InetAddress inetadd=InetAddress.getLocalHost();
byte[ ] address=inetadd.getAddress( );
if (address.length==4)
{
     System.out.println("The ip version is ipv4");
int firstbyte=address[0];
if (firstbyte<0)
firstbyte += 256;
if((firstbyte&0x80)==0 )
System.out.println("the ip class is A");
else if ((firstbyte&0xC0)==0x80 )
System.out.println("The ip class is B");
else if((firstbyte&0xE0)==0xC0 )
System.out.println("The ip class is C");
else if((firstbyte&0xF0)==0xE0)
System.out.println("The ip class is D");
else if((firstbyte&0xF8)==0xF0 )
System.out.println("The ip class is E");
}
else if(address.length==16)
System.out.println("The ip version is ipv6");
}
catch (Exception e)
```

```
{ };
}
}
```

程序输出结果：

The ip version is ipv4

The ip class is C

在第 8 行用 getLocalHost() 方法得到本地的 InetAddress 对象 inetadd，然后调用 getAddress() 方法返回 IP 字节数组，如果是 4 个字节的，就是 IPV4，如果是 16 个字节的，就是 IPV6。最后就可以根据第一个字节数判断网络类型。如果第一字节的形式是 0*******，则这个地址就是 A 类地址。以表 9.2 判定可以得到 B、C、D、E 类地址。

表 9.2　判断网络类型的位串类高位串

IP 地址类型	高位串
A	0……
B	10……
C	110……
D	1110……
E	11110……

本书所用主机的 IP 地址是 C 类地址，所以程序的输出结果为“The ip class is C”。如果运行该程序的主机的 IP 地址为其他类型，输出结果会随之改变。

下面再介绍 InetAddress 类的另外两个方法。

（1）public String getHostName()。

getHostName() 方法返回一个字符串，就是主机名字。如果被查询的机器没有主机名，或者如果使用了 Applet，但是它的安全性却禁止查询主机名，则该方法就返回一个具有点分形式的数字 IP 地址。使用方法如下：

```
InetAddress inetadd = InetAddress.getLocalHost( );
String localname= inetadd.getHostName( );
```

（2）public String toString()。

toSring() 方法得到主机名和 IP 地址的字符串，其具体形式如下：

主机名 / 点分地址

如果一个 InetAddress 对象没有主机名，则点分格式的 IP 地址将会被代替。

9.2.3　网络套接字

TCP 是一种面向连接的网络协议，常用于客户端 / 服务器的 C/S 模型的网络程序设计之中。在 Java 语言中基于 TCP 协议进行网络通信是较为常见的一种通信方式，所使用的通信网络套接字是 java.net 中 Socket 类对象，它用于描述 IP 地址和端口，是一个通信链的句柄。应用程序通常通过“套接字”向网络发出请求或者应答网络请求。根据功能的不同，套接字分为服务器端套接字与客户端套接字，分别用 ServerSocket，Socket 对象进行描述。ServerSocket 用于服务器端，Socket 用于客户端。在连接成功时，应用程序两端都会产生一个 Socket 实例，操作这个实例，完成所需的会话。对于一个网络连接来说，套接字是平等的，并没有差别，不因为在服务器端或在客户端而产生不同级别。不管是 Socket 还是 ServerSocket，它们的工作都是通过 SocketImpl 类及其子类完成的。

建立 Socket 连接有下面的 4 种方式：

（1）public Socket(String host,int port) throws UnknownHostException；

（2）public Socket(InetAddress address,int port) throws IOException；

（3）public Socket(String host,int port, InetAddress address,int localPort) throws IOException；

（4）public Socket(InetAddress address,int port, InetAddress localAddr,int localPort) throws IOException；

其中参数如下所示：

String host：主机地址，如 202.78.96.46。

int port：主机监听端口，如 8080。

InetAddress address：主机地址。

InetAddress localAddr：本地地址。

int localPort：本地端口。

服务器 Socket 用 ServerSocket 类来描述，它可以用来监听进入指定服务器的连接，为每个新的连接都产生一个 Socket 对象。

建立 ServerSocket 对象有以下 3 种方法：

（1）public ServerSocket(int port) throws IOException;

（2）public ServerSocket(int port,int backlog) throws IOException;

（3）public ServerSocket(int port,int backlog,InetAddress bindAddr) throws IOException;

其中参数如下所示：

int port：端口号。

int backlog：最大的连接数。

InetAddress bindAddr：要绑定的本地服务 InetAddress。

依据 TCP 协议，在 C/S 架构的通信过程中，客户端和服务器的 Socket 动作如下。

客户端：

（1）用服务器的 IP 地址和端口号实例化 Socket 对象。

（2）调用 connect 方法，连接到服务器上。

（3）将发送到服务器的 IO 流填充到 IO 对象里，如 BufferedReader/PrintWriter。

（4）利用 Socket 提供的 getInputStream 和 getOutputStream 方法，通过 IO 流对象，向服务器发送数据流。

（5）通信完成后，关闭打开的 IO 对象和 Socket。

服务器：

（1）在服务器，用一个端口来实例化一个 ServerSocket 对象。此时，服务器就可以通过这个端口时刻监听从客户端发来的连接请求。

（2）调用 ServerSocket 的 accept 方法，开始监听连接从端口上发来的连接请求。

（3）利用 accept 方法返回的客户端的 Socket 对象，进行读写 IO 的操作，通信完成后，关闭打开的流和 Socket 对象。

Socket，ServerSocket 类常用方法及功能见表 9.3、9.4。

表 9.3　Socket 类常用方法及功能

方　法	功　能
public InetAddress getInetAddress()	返回 socket 连接的 InetAddress 类对象
public InetAddress getLocalAddress()	返回本地 InetAddress 类对象

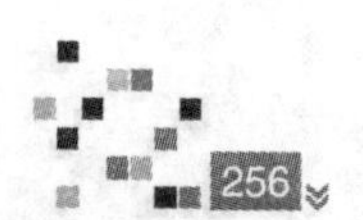

续表 9.3

方　　法	功　　能
public int getPort()	返回 socket 的端口号
public int getLocalPort()	返回 socket 的本地端口号
public InputStream	
getInputStream() throws IOException	得到 socket 的输入流
public OutputStream getOutputStream() throws IOException	得到 socket 的输出流

表 9.4　ServerSocket 类常用方法及功能

方　　法	功　　能
public InetAddress getInetAddress()	返回 Serversocket 连接的 InetAddress 类对象
public int getLocalPort()	返回本地服务的端口号
public Socket accetp() throws IOException	接收制定客户端连接请求
public void close()	关闭连接

【例 9.5】　制作 TCP 服务器端和客户端通信实例。

本实例需要启动两个命令窗口一起使用，当本例中的服务器端启动之后，运行本例的客户端程序，可以看到服务器给客户端发送的字符串显示。

编程思路：本例因为要制作 TCP 服务器端和客户端的实例，所以首先要制作套接字，在 SimpleServer.java 文件中：先通过语句 ServerSocket s = null 和 s = new ServerSocket(5432) 生成服务器端的套接字，在 5432 端口启动服务；然后在 SimpleClient.java 文件中，通过语句 Socket s1 和 s1 = new Socket("bimr",5432) 在本地机器上的 5432 端口生成套接字；其次，实现服务器端和客户端的通信，服务器端通过语句 s1=s.accept() 等待连接，当两者连接完成之后，服务器端通过语句 s1out = s1.getOutputStream() 和 dos = new DataOutputStream (s1out) 得到通信的数据流，通过语句 dos.writeUTF(sendString) 发送数据；客户端通过语句 s1In = s1.getInputStream() 和 dis = new DataInputStream(s1In) 得到文件句柄，通过语句 String st = new String (dis.readUTF()) 读取字符串，最后通过语句 System.out.println(st) 将字符串打印在屏幕上。

程序实现及注释：

```
// SimpleServer.java
    import java.net.*;
    import java.io.*;
    public class SimpleServer {
    public static void main(String args[]) {
    ServerSocket s = null;
    Socket s1;
    String sendString = "Hello Net World!";
    OutputStream s1out;
    DataOutputStream dos;
    // 在 5432 端口启动服务
    try {
```

```
s = new ServerSocket(5432);
} catch (IOException e) { }
// 循环监听连接
while (true) {
try {
// 等待连接
s1=s.accept();
// 得到通信的数据流
s1out = s1.getOutputStream();
dos = new DataOutputStream (s1out);
// 发送数据
dos.writeUTF(sendString);
// 关闭连接
s1out.close();
s1.close();
} catch (IOException e) { }
} } }
//SimpleClient.java
import java.net.*;
import java.io.*;
public class SimpleClient {
// 主函数
public static void main(String args[]) throws IOException {
int c;
Socket s1;
InputStream s1In;
DataInputStream dis;
// 在本地机器上的 5432 端口生成套接字
s1 = new Socket("bimr",5432);
// 得到文件句柄
s1In = s1.getInputStream();
dis = new DataInputStream(s1In);
String st = new String (dis.readUTF());
System.out.println(st);
// 关闭连接
s1In.close();
s1.close();
} }
```

本实例代码编写完毕，分别存盘为：C:\jdk1.3.1\javaprograms\ SimpleServer.java 和 SimpleClient.java。打开计算机的命令提示符窗口，然后在命令提示符窗口中，定位到 javaprograms 目录，输入 java SimpleServer.java 来编译程序，用 java SimpleServer 命令便可以启动服务器端；然后，另起一个命令提示符窗口，定位到 javaprograms 目录，输入 javac SimpleClient.java 来编译程序，用 java SimpleClient 命令便可以启动客户端。这样就可以从客户端看到程序的执行结果，如图 9.1、9.2 所示。

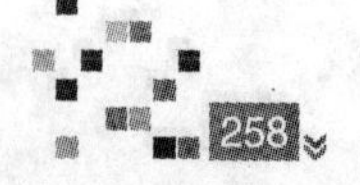

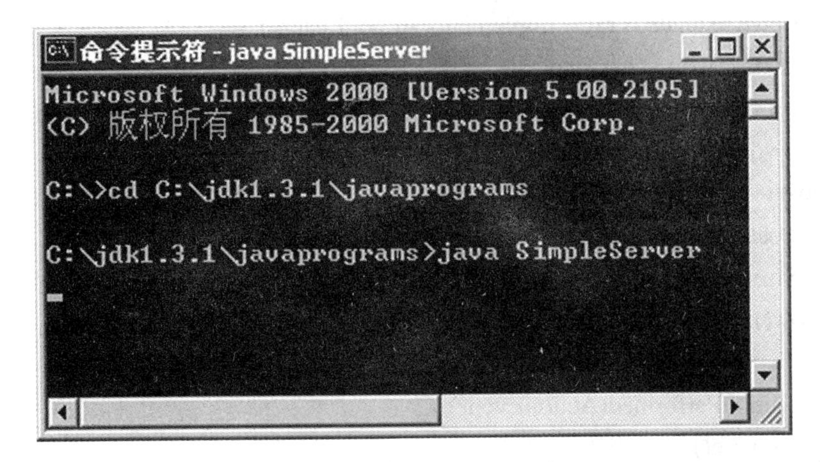

图9.1　客户端

```
命令提示符
Microsoft Windows 2000 [Version 5.00.2195]
(C) 版权所有 1985-2000 Microsoft Corp.

C:\>cd C:\jdk1.3.1\javaprograms

C:\jdk1.3.1\javaprograms>java SimpleClient
Hello Net World!

C:\jdk1.3.1\javaprograms>_
```

图9.2　服务器

9.2.4　DatagramSocket 和 DatagramPacke

DatagramSocket 类实现了一种适合于数据报的 socket。数据报是一种无连接通信服务，在 TCP/IP 协议集合中数据报所对应的协议称为“非可靠数据报协议”(Unreliable Datagram Communication, UDP)。利用数据报服务可以实现一些简单的网络服务，它的速度比有连接协议快，但由于不建立连接，数据报服务不能保证所有的数据都准确、有序地到达目的地，因此，数据报服务一般应用于发送非关键性数据。

1. 接收数据报

同 Socket 连接相类似，接收数据报也需要创建一个 DatagramSocket 实例用来监听本地主机上的指定端口，然后再创建一个 DatagramPacket 对象实例，用以从指定的缓冲区接收数据，最后，类实例 DatagramSocket 对象调用 receive() 方法使其处于堵塞状态，一直到接收到数据为止，并循环重新调用 DatagramSocket 对象的 receive() 方法使其重新处于堵塞状态，等待接收下一次数据。

2. 发送数据报

发送数据报需要首先创建一个 DatagramPacket 实例，指定要发送的数据、数据长度、目的地主机名和端口号，然后再使用 DatagramSocket 类对象的成员方法 send() 来发送这个数据。

【例 9.5】　数据报传送。

接收端程序代码 Receive.java 如下：

```
import java.net.*;
import javax.swing.*;
import java.awt.*;
```

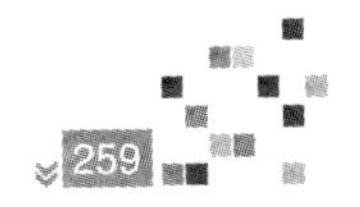

```
import java.awt.event.*;
public class Receive extends JFrame implements ActionListener {
    JTextArea texta = new JTextArea();
    JButton jb1 = new JButton();
    public static void main(String[] args) {
        Receive rec = new Receive();
        rec.setLocation(100, 100);
        rec.setSize(300, 200);
        rec.show();
    }
    public void actionPerformed(ActionEvent e) {
        if (e.getSource() == jb1) {
            System.exit(0);
        }
    }
    public Receive() {
        try {
            jfInit();
        } catch (Exception e) {
            e.printStackTrace();
        }
    }
void waitForData() {
try {
byte[] buffer = new byte[1024];
DatagramPacket packet = new DatagramPacket(buffer, buffer.length);
DatagramSocket socket = new DatagramSocket(9999);
while (true) {
socket.receive(packet);
String s = new String(buffer, 0, 0, packet.getLength());
                texta.append(s + "\n");
                packet = new DatagramPacket(buffer, buffer.length);
            }
        } catch (Exception e) {
        }
    }
    private void jfInit() throws Exception {
        this.setTitle(" 接收数据报 ");
        texta.setText("");
        jb1.setLabel(" 退出 ");
        this.getContentPane().add(texta, BorderLayout.CENTER);
        this.getContentPane().add(jb1, BorderLayout.SOUTH);
        jb1.addActionListener(this);
```

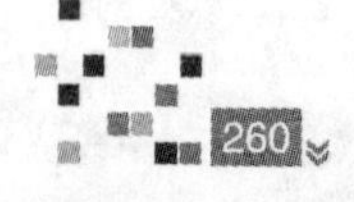

```
    }
}
```

发送端程序代码 send.java

```
import java.net.*;
import java.awt.*;
import java.awt.event.*;
import javax.swing.*;
public class send extends JFrame implements ActionListener {
    JTextField jtf = new JTextField();
    JButton jb1 = new JButton(" 发送 ");
    JButton jb2 = new JButton(" 退出 ");
    public static void main(String[] args) {
            send sd = new send();
            sd.setLocation(100, 100);
            sd.setSize(200, 120);
            sd.show();
    }
    public send() {
            try {
            jbInit();
            } catch (Exception e) {
            e.printStackTrace();
            }
    }
private void jbInit() {
        this.setTitle(" 发送数据报 ");
        jb1.setLabel(" 发送 ");
        jb2.setLabel(" 退出 ");
        this.add(jtf, BorderLayout.NORTH);
        JPanel jp = new JPanel();
        jp.add(jb1);
        jp.add(jb2);
        this.add(jp, BorderLayout.SOUTH);
        jb1.addActionListener(this);
        jb2.addActionListener(this);
        jtf.addActionListener(this);
    }
    public void actionPerformed(ActionEvent e) {
        if (e.getSource() == jb1 || e.getSource() == jtf)
            sendData();
        else
            System.exit(0);
    }
```

```
private void sendData() {
    try {
        String msg = jtf.getText();
        if (msg.equals(""))
                        return;
        jtf.setText("");
        InetAddress address = InetAddress.getByName("219.217.78.47");
        int len = msg.length();
        byte[] message = new byte[len];
        msg.getBytes(0, len, message, 0);
        DatagramPacket packet = new DatagramPacket(message, len, address,
                8000);
        DatagramSocket socket = new DatagramSocket();
        socket.send(packet);
    } catch (Exception e) {        }
}}
```

程序输出结果如图 9.3 所示。

图9.3 数据的发送与接收

项目 9.3 编写客户机 / 服务器程序

知识汇总

利用 Java 网络套接字 socket 编写 C/S 程序，首先要确定服务器及相应的监听接口，然后客户机发送连接请求，由服务器处理来自客户机的请求，并将处理后的结果返回给客户端。

与无连接的数据报服务相比，客户机 / 服务器模式显然是一种比较可靠的通信模式。这种模式首先创建一个 Socket 类，利用这个类的实例来建立一条可靠的连接；然后，客户机 / 服务器再通过这个连接传递数据，由客户机发送传输数据请求，服务器监听来自客户端的请求，并为客户端提供相应的服务。

这种客户机 / 服务器模式是目前广泛应用于各种应用环境的分布式计算模式，Java 语言作为优秀

的网络编程语言，提供了强大的对这种模式编程的类库。下面详细说明如何编写这种模式的程序。

在客户机/服务器工作模式中，需要定义一套通信协议，客户机和服务器都要遵循这套协议来实现一定的数据交换。在数据交换过程中，指令由一台计算机传送到另一台计算机，处于监听状态的机器一旦监听到该指令，则根据指令作出必要的反应（例如，从数据库中提取合适的数据并行处理），随即将相应的数据返回客户机，这种工作模式就是典型的“请求-应答”工作模式，它包含有很多步骤，每一个步骤都有很多个应答选项。下面是客户机/服务器的一个典型的运作过程。

（1）服务器监听相应端口的输入。

（2）客户机发送一个请求。

（3）服务器接收到该请求。

（4）服务器返回处理请求结果到客户机。

（5）服务器监听相应端口的输入。

【例 9.6】 网络聊天程序。

1. 服务器端程序编写过程

服务器端程序主要完成对指定端口的监听并接收从客户机所发送过来的信息，并将经过处理的的数据返回到客户机。

服务器端代码 ChatServer.java 如下：

```
import java.io.*;
import java.net.*;
import java.util.List;
import java.util.ArrayList;
public class ChatServer {
    boolean started = false;
    ServerSocket ss = null;
    List<Client> clients = new ArrayList<Client>();
    public static void main(String[] args) {
        new ChatServer().start();
    }
    public void start() {
        try {
            ss = new ServerSocket(8888);
            started = true;
        } catch (BindException e) {
            System.out.println(" 端口使用中…… .");
            System.out.println(" 关掉程序重新启动，否则后果自负 ");
    System.exit(0);
    } catch (IOException e) {
        e.printStackTrace();
        }
        try {
            while (started) {
                Socket s = ss.accept();
                Client c = new Client(s);
                new Thread(c).start();
```

```
                clients.add(c);
            }
        } catch (EOFException e) {
            System.out.println("Client Closed!!");
        } catch (IOException e) {
            e.printStackTrace();
        } finally {
            try {
                ss.close();
            } catch (IOException e) {
                e.printStackTrace();
            }
        }
}
class Client implements Runnable {
    private Socket s;
    private DataInputStream dis = null;
    private DataOutputStream dos = null;
    private boolean disconnect = false;
    public Client(Socket s) {
        this.s = s;
        try {
            dis = new DataInputStream(s.getInputStream());
            dos = new DataOutputStream(s.getOutputStream());
            disconnect = true;
        } catch (IOException e) {
            e.printStackTrace();
        }
    }
    public void send(String str) {
    try {
            dos.writeUTF(str);
        } catch (IOException e) {
            clients.remove(this);
            System.out.println(" 对方退出了，我下线了 !");
}
        }
        public void run() {
            try {
        while (disconnect) {
            String str = dis.readUTF();
            for (int i = 0; i < clients.size(); i++) {
                Client c = clients.get(i);
```

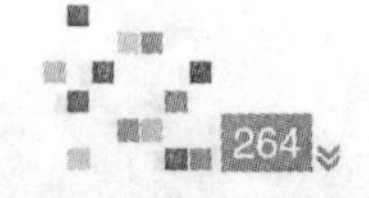

```
                    c.send(str);
                }
            }
        } catch (EOFException e) {
            System.out.println("Client Closed!!");
        } catch (IOException e) {
            e.printStackTrace();
        } finally {

            try {
                if (dis != null)
                    dis.close();
                if (dos != null)
                    dos.close();
                if (s != null)
                    s.close();
            } catch (IOException e) {
                e.printStackTrace();
                }
            }
        }
    }
}
```

2. 客户端代码实现过程

在客户端程序中，首先是对“用户名”和“密码”进行验证，如果验证通过，则调用客户端通信程序进行会话。

用户验证程序 text1.java 如下：

```
import java.awt.*;
import java.awt.event.*;
import javax.swing.*;
import java.awt.Toolkit;
public class text1 {
    public static void main(String[] args) {
        new MyFrame();
    }
    }
    class MyFrame extends JFrame {
        TextField t1 = new TextField(13);
        TextField t2 = new TextField(13);
        Container contentPanel;
        JLabel l4 = new JLabel("");
        MyFrame() {
            int x = Toolkit.getDefaultToolkit().getScreenSize().width;
```

```
        int y = Toolkit.getDefaultToolkit().getScreenSize().height;
        contentPanel = getContentPane();
        contentPanel.setLayout(null);
        setBounds((x - 300) / 2, (y - 200) / 2, 300, 200);
        JLabel l1 = new JLabel();
        JLabel l2 = new JLabel(" 账号 :");
        JLabel l3 = new JLabel(" 密码 :");
        JPanel p1 = new JPanel(new GridLayout(2, 1));
        JPanel p2 = new JPanel(new FlowLayout());
        JPanel p3 = new JPanel(new FlowLayout());
        JPanel p4 = new JPanel(new BorderLayout());
        JButton b1 = new JButton(" 登录 ");
        t2.setEchoChar(' ★ ');
        b1.addActionListener(new denglu());
        int k = (int) (Math.random() * 2);
        if (k == 0)
            l1.setIcon(new ImageIcon("11.jpg"));
        else
            l1.setIcon(new ImageIcon("21.jpg"));
        l1.setBounds(0, 0, 300, 65);
        p1.setBounds(0, 65, 300, 70);
        p4.setBounds(0, 135, 300, 35);
        p1.add(p2);
        p1.add(p3);
        p2.add(l2);
        p2.add(t1);
        p3.add(l3);
        p3.add(t2);
        p4.add(b1, BorderLayout.EAST);
        p4.add(l4, BorderLayout.CENTER);
        p2.setBackground(new Color(227, 244, 254));
        p3.setBackground(new Color(227, 244, 254));
        p4.setBackground(new Color(196, 227, 248));
        l4.setBackground(new Color(196, 227, 248));
add(l1);
        add(p1);
        add(p4);
        setDefaultCloseOperation(JFrame.EXIT_ON_CLOSE);
        setVisible(true);
    }
    class denglu implements ActionListener {
        public void actionPerformed(ActionEvent e) {
            String s1 = t1.getText();
```

```
                String s2 = t2.getText();
                if (s1.equals("a123") && s2.equals("123456")) {
                    setVisible(false);
                    new ChatClient().lanchFrame();
                } else if (s1.equals("b123") && s2.equals("123456")) {
                    setVisible(false);
                    new ChatClient().lanchFrame();
                } else if (s1.equals("c123") && s2.equals("123456")) {
                    setVisible(false);
                    new ChatClient().lanchFrame();
                } else
                    l4.setText(" 用户账号密码错误 ");
            }
        }
    }
```

客户端通信程序主要由两个文本框组成，下面的文本区输入数据，上面的文本区显示下面文本区的输入内容。下面的文本区输入的内容同时发给其他已连接的用户，本程序设置了3个用户，用户名和密码分别为："a123"，"123456"；"b123"，"123456"；"c123"，"123456"。

```
import java.awt.*;
import java.awt.event.*;
import java.io.*;
import java.net.*;
import java.util.*;
import javax.swing.*;
public class ChatClient extends Frame {
Socket s = null;
TextField tf = new TextField();
TextArea ta = new TextArea();
DataOutputStream dos = null;
DataInputStream dis = null;
private boolean bConnected = false;
Thread tRece = new Thread(new ReveThread());
JPanel p1;
public void lanchFrame() {
final int xxx = (int) (Math.random() * 4);
p1 = new JPanel() {
public void paintComponent(Graphics g) {
ImageIcon img;
if (xxx == 0)
            img = new ImageIcon("tt.jpg");
            else if (xxx == 1)
                img = new ImageIcon("jj.jpg");
            else if (xxx == 2)
```

```
                img = new ImageIcon("ll.jpg");
            else
                img = new ImageIcon("hh.jpg");
            super.paintComponent(g);
            g.drawImage(img.getImage(), 0, 0, null);
        }
    };
    p1.setLayout(null);
    setLayout(null);
    p1.setBounds(0, 0, 600, 495);
    ta.setBounds(62, 127, 305, 202);
    tf.setBounds(62, 344, 305, 106);
    setBounds(100, 100, 600, 495);
    add(p1);
    p1.add(tf);
    p1.add(ta);
    this.addWindowListener(new WindowAdapter() {
        public void windowClosing(WindowEvent e) {
            disconnect();
            setVisible(false);
        }
});
    tf.addActionListener(new tfListenner());
    setVisible(true);
    connect();
    tRece.start();
}
public void connect() {
    try {
s = new Socket("127.0.0.1", 8888);
        dos = new DataOutputStream(s.getOutputStream());
        dis = new DataInputStream(s.getInputStream());
        bConnected = true;
    } catch (UnknownHostException e) {
    e.printStackTrace();
    } catch (IOException e) {
        e.printStackTrace();
    }
}
public void disconnect() {
    try {
        dos.close();
        dis.close();
```

```
            s.close();
        } catch (IOException e) {
            e.printStackTrace();
        }
    }
    private class tfListenner implements ActionListener {
        public void actionPerformed(ActionEvent e) {
            String str = tf.getText().trim();
            tf.setText("");
            try {
                dos.writeUTF(str);
                dos.flush();
            } catch (IOException e1) {
                e1.printStackTrace();
            }
        }
    }
    private class ReveThread implements Runnable {
        public void run() {
            try {
                while (bConnected) {
                    String str = dis.readUTF();
                    ta.setText(ta.getText() + str + '\n');
                }
            } catch (SocketException e) {
                System.out.println(" 退出了 ,bye!");
            } catch (EOFException e) {
                System.out.println(" 我退出了 ,Goodbye!");
            } catch (IOException e) {
                e.printStackTrace();
            }
        }
        }
    }
```

运行程序的时候首先启动服务器端程序，服务器端程序运行后即可对指定的端口“8888”进行监听，然后运行登录程序，如图 9.4 所示，输入正确的用户名和密码后即可进入会话界面。利用不同的用户登录会出现多个通话界面，相互之间即可进行通信。如图 9.5 所示的界面是利用“a123”与“b123”两个用户登录得到的界面。需要注意的是，本程序的聊天内容在输入后需在键盘上敲“回车”键，用来相应文本区的监听事件，然后输入的内容会同时出现在当前窗体的上面文本区与其他登录的窗体的上面文本区内。程序中所需图片需程序员自己配置。

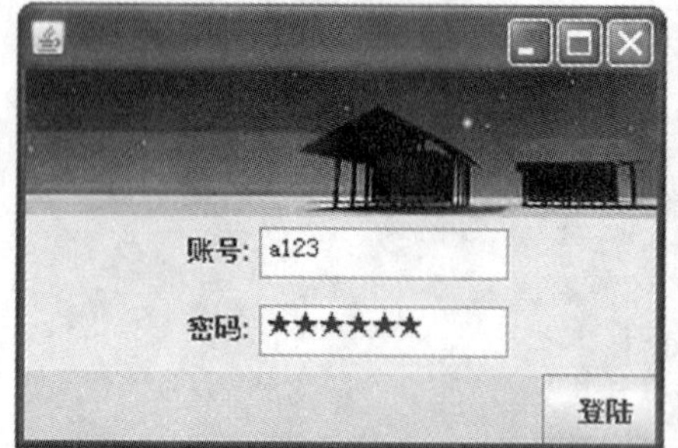

图9.4　登录

图9.5　聊天界面

项目 9.4　回调技术编写客户机 / 服务器程序

上面讲述的客户机 / 服务器程序涉及两台 TCP/IP 主机，一台用来做服务器，另一台做客户机，然而有时候也需要在单机上利用回调技术来编写客户机 / 服务器程序。

回调技术同普通的客户机 / 服务器程序没有什么区别，只不过是客户机和服务器都在同一台机子上面，使用相同的 IP 地址，同时在一个程序运行。下面介绍一个简单的程序示例。

【例 9.7】 回调技术。

```
public class ServerClient {
public ServerClient(int port){
Server server=new Server(port);
server.start();
ServerClient.java
Client client=new Client(port);
client.start();
}
public static void main(String[] args) {
    new ServerClient(7777);
}
}
```

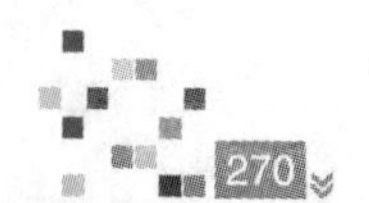

Server.java

```
import java.io.*;
import java.net.*;
// 服务线程
public class Server extends Thread{
// 使用端口号。
int port;
ServerSocket server;
Socket socket;
DataOutputStream outStream=null;
DataInputStream inStream=null;
    public Server(int port) {
    try{
        this.port=port;
        server=new ServerSocket(port);
    }catch(Exception e){
        System.out.println(e.toString());
    }
    }
    public void run(){
        try{
            // 监听用户连接
            socket=server.accept();
            outStream=new DataOutputStream(socket.getOutputStream());
            inStream=new DataInputStream(socket.getInputStream());
            System.out.println("server is ok,please contiue");
            while(true){
                // 读取从客户端发送信息
                String str=inStream.readUTF();
                System.out.println("The server receive String"+str);
            }
            }catch(Exception e){
                System.out.println(e.toString());
        }
    }}
 import java.io.*;
 import java.net.*;
 public class Client extends Thread {
 // 指定通信端口
    int port;
    Socket socket;
    DataOutputStream outStream=null;
    DataInputStream inStream=null;
```

```
    public Client(int port){
        try{
            this.port=port;
            //建立同本地计算机的 Socket 连接。
            socket=new Socket(InetAddress.getLocalHost(),port);
            outStream=new DataOutputStream(socket.getOutputStream());
            inStream=new DataInputStream(socket.getInputStream());
            //客户端准备好，可以进行通信
            System.out.println("client is ok,please continue");
        }catch(Exception e){
            System.out.print(e.toString());
        }
    }
    public void run(){
        try{
            while(true){
                byte[]b=new byte[1024];
                String str="";
                //从键盘读取字符串
                int m=System.in.read(b);
                str=new String(b,0,0,m-1);
                //向服务器发送信息
                outStream.writeUTF(str);
                //从服务器读取信息。
                str=inStream.readUTF();
                System.out.println("The client receive String"+str);
            }
        }catch(Exception e){
            System.out.println(e.toString());
        }
    }
}
```

重点串联

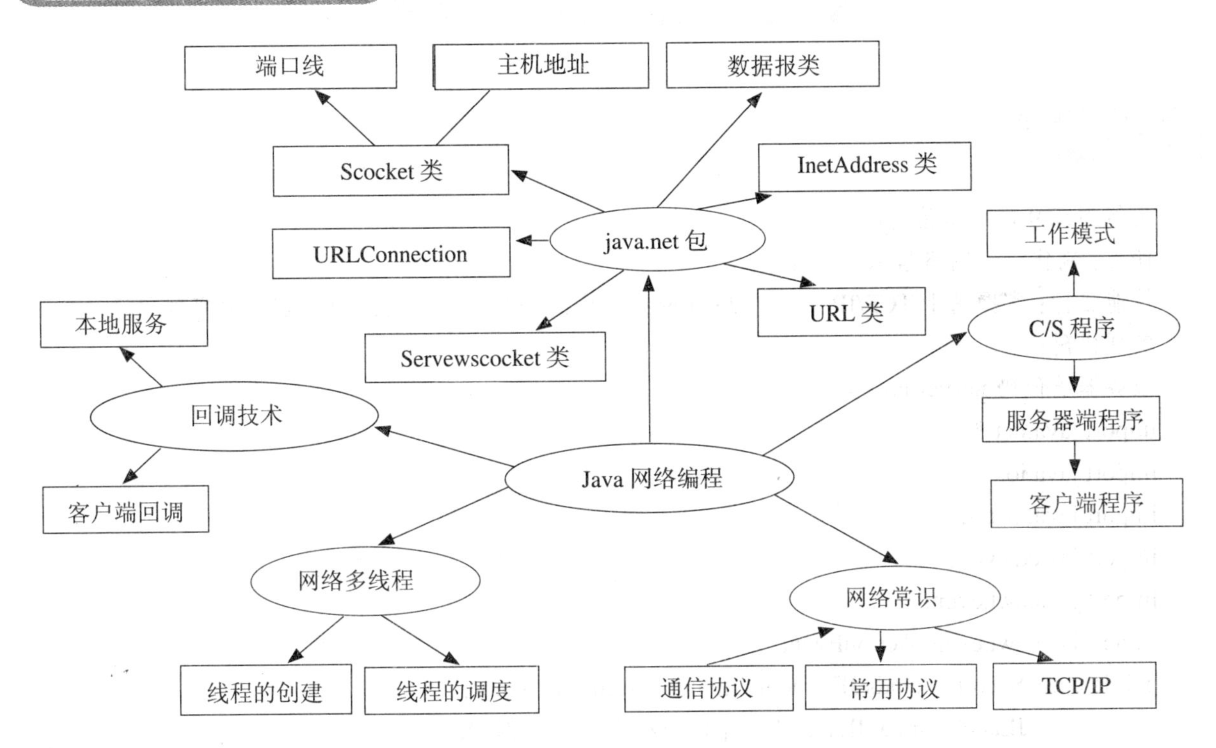
端口线
主机地址
数据报类
Scocket 类
InetAddress 类
URLConnection
java.net 包
工作模式
本地服务
URL 类
C/S 程序
Servewscocket 类
回调技术
服务器端程序
Java 网络编程
客户端回调
客户端程序
网络多线程
网络常识
线程的创建
线程的调度
通信协议
常用协议
TCP/IP

拓展与实训

技能训练

技能训练 9.1: 网络信息广播程序。

任务: 制作一个网络信息广播程序。

技能目标: 掌握基于 TCP/IP 通信的 Java 网络程序的编写方式，灵活使用相关类实现程序目标。

实现代码:

服务器端代码 Server.java 如下:

```
import java.net.*;
import java.io.*;
import java.awt.*;
import javax.swing.*;
import java.awt.event.*;
import java.awt.event.ActionEvent;
public class Server extends JFrame implements ActionListener{
        JLabel jl=new JLabel(" 数据发送程序应用实例 ");
        JButton jb=new JButton(" 发送 ");
        JTextArea jt=new JTextArea();
    ServerSocket s = null;
        public Server(){
            super.setTitle(" 信息发送窗口 ");
            jl.setFont(new Font(" 宋体 ",Font.ITALIC,20));
            this.getContentPane().add(jl,BorderLayout.NORTH);
            this.getContentPane().add(jt,BorderLayout.CENTER);
            this.getContentPane().add(jb,BorderLayout.SOUTH);
            jb.addActionListener(this);
            this.setSize(300,300);
            this.setVisible(true);
        }
        public void actionPerformed(ActionEvent e){
            try {
                    s = new ServerSocket(8888);
            } catch (IOException e1) {}
            while (true) {
                    try {
                Socket s1 = s.accept();
                OutputStream os = s1.getOutputStream();
                DataOutputStream dos = new DataOutputStream(os);
                dos.writeUTF(jt.getText());
```

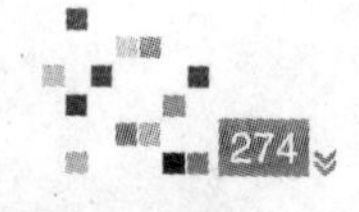

```
                dos.close();
                s1.close();
                } catch (IOException e2) {}
            }
        }

    public static void main(String args[]) {

        new Server();
    }
}
```

客户端代码如下:

```
client.java
import java.net.*;
import java.io.*;

public class Client {
    public static void main(String args[]) {
        try {
            Socket s1 = new Socket("127.0.0.1", 8888);
            InputStream is = s1.getInputStream();
            DataInputStream dis = new DataInputStream(is);
            System.out.println(dis.readUTF());
            dis.close();
            s1.close();
        } catch (ConnectException connExc) {
            System.err.println(" 服务器连接失败！ ");
        } catch (IOException e) {
        }
    }

}
```

模块10 项目实战之学生信息管理系统

教学聚焦

开发一个软件首先要进行系统分析，主要工作是确定系统的规模和范围，确定软件的总体要求以及所需要的硬件环境软件环境，确定待开发软件与外界的接口，根据用户的情况确定软件对操作者的要求以及待开发软件总体上的约束和限制。系统分析有助于弄清对需要开发的软件、硬件环境以及操作人员的要求。

本模块将详细介绍学生信息管理系统的实现过程，如系统的需求分析、概要设计、数据库设计、模块实现和系统测试等。

知识目标

◆ 了解软件开发过程
◆ 了解软件开发需求

技能目标

◆ 掌握学生信息管理系统分析
◆ 掌握学生信息管理系统需求实现过程

课时建议

16 学时

项目 10.1 系统概述

学生信息管理系统主要用于学校学生信息管理，实现学生信息资源的系统化、科学化、规范化和自动化管理，其主要任务是用计算机对学生各种信息进行日常管理，如查询、修改、增加、删除，针对这些要求设计了学生信息管理系统。推行学校信息管理系统的应用，是进一步推进学生学籍管理规范化、电子化、控制辍学和提高义务教育水平的重要举措。

学生信息管理对于学校的管理者来说至关重要，学生信息是高等学校非常重要的一项数据资源，是一个教育单位不可缺少一部分。特别是近几年，国家政策的调整，我国高等院校大规模的扩招，给高等院校的教学管理、学生管理、后勤管理等方面都带来很多新的课题。其包含的数据量大，涉及的人员面广，而且需要及时更新，故较为复杂，而且传统的人工管理方式既不易于规范化，管理效率也不高。随着科学技术的不断提高，计算机科学与技术日渐成熟，计算机应用的普及已进入人类社会生活的各个领域，并发挥着越来越重要的作用。传统手工信息的管理模式必然被以计算机为物质基础的信息管理方法所取代。

学生信息管理系统针对在校学生信息的特点以及管理中实际需要而设计。有效地实现学生信息管理的信息化，高效率、规范化地管理大量的学生信息，并避免人为操作造成的错误和不规范行为，本系统便是针对这样的背景开发而成，同时学生信息管理系统，也可以作为一种教学资源，供学生和教师在日常的教学活动学习和讲解知识时使用的综合案例。

项目 10.2 系统需求

学生信息管理系统，主要是管理学生基本情况信息，对学生信息的管理应该包括对学生信息的添加、删除、修改、查询操作。同时在项目开发的过程中，根据使用本系统的对象，设置不同身份的用户，如管理员、教师、学生等。不同用户对学生信息管理系统的使用权限有所不同。例如，管理员可以对学生信息进行添加、删除、修改、查询操作；教师只有学生信息的浏览权限；学生用户也只具有对学生信息的浏览权限。同时根据日常需要，系统对不同身份的用户也实现了管理操作，如管理员可以查询系统所有用户的信息，可以添加使用系统的用户身份，可以删除使用本系统的人员信息；教师可以修改自己登录系统时使用的密码；学生可以修改登录时使用的原始密码。系统使用完成后，可以退出系统的功能。

本系统开发过程中使用的环境如下所示。

1. 硬件环境

处理器 Pentium 3 以上；内存 512 M 以上；硬盘 40 GB 以上。

2. 软件环境

（1）操作系统。

Windows 2000 或 Windows XP;

（2）数据库服务器。

Microsoft SQL Server 2005;

（3）开发工具。

jdk1.5 版本以上；eclipse 3.0 以上版本。

项目 10.3 概要设计

1. 模块设计

经过需求分析得出本系统应该具有如下功能：

（1）用户权限判断。

登录系统时，不同身份的用户所具有的权限不同，如管理员具有用户管理功能包括对用户的添加、删除、修改、查询功能；教师具有对自己原始密码修改的功能，查询学生信息的功能；学生对自己原始密码修改的功能，查询学生信息的功能。

（2）系统管理。

根据用户身份的不同，可以对用户进行用户的添加、删除、修改、查询操作。

（3）学生信息管理。

根据用户身份的不同，可以对学生信息进行添加、删除、修改、查询操作。

（4）重新登录。

用户可以重新登录本系统。

（5）系统退出。

使用者可以退出本系统。

系统模块如图 10.1 所示。

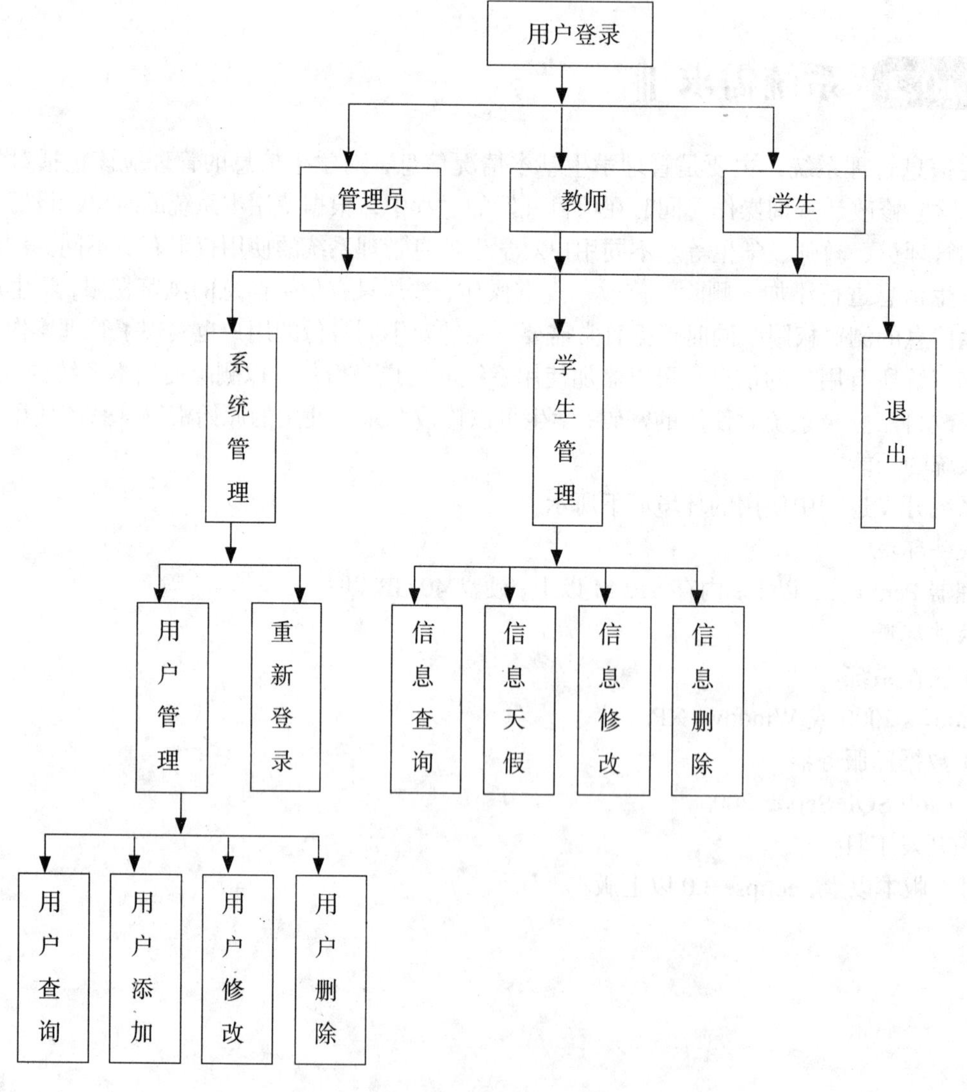

图10.1　系统模块

2. 数据库设计

本系统所需要的永久性数据都存储在 Microsoft SQL Server 2005 数据库系统中，在 SQL Server 2005 数据库系统中建立一个名字为 StuInfo 的数据库，该数据库里包括用户身份表 UserInfo、学生信息表 StudentInfo、教师信息表 TeacherInfo。

（1）用户身份表 UserInfo。

用户身份表 UserInfo（表 10.1），用来存储使用本系统的用户信息，如登录系统时的用户名和密码以及用户权限 。

表 10.1　用户信息表

字段名	数据类型	长　度	含　义	备　注
Userid	varchar	10	教师 id	主键
Userpwd	varchar	10	姓名	
Userlevel	varchar	10	性别	

（2）学生信息表 StudentInfo。

学生信息表 StudentInof（表 10.2），用来存储学生的基本信息，包括学生的学号、姓名、性别、出生日期、班级、学生电话及学生家庭住址。

表 10.2　学生信息表

字段名	数据类型	长　度	含　义	备　注
Sno	varchar	10	学号	主键
Sname	varchar	20	学生姓名	
Sex	varchar	2	性别	
Birthday	datetime		出生日期	
Classid	varchar	10	班级 id	
Tel	varchar	20	电话	
Adress	varchar	100	地址	

（3）教师信息表 TeacherInfo。

教师信息表 TeacherInfo（表 10.3），用来存储教师的基本信息，包括教师的姓名、性别、办公室电话、家庭住址及出生日期。

表 10.3　教师信息表

字段名	数据类型	长　度	含　义	备　注
Teaid	varchar	10	教师 id	主键
Teaname	varchar	20	姓名	
Teasex	varchar	2	性别	
Teloffice	varchar	20	电话	
Address	varchar	100	住址	
TeaBirthday	datetime		生日	

项目 10.4 详细设计

打开 eclipse，创建一个名为 StudentInfo 的 JAVA Project，在该工程下引入数据库链接时所用到的 sqljdbc.jar 文件，使用 JDBC 链接 SQL Server 2005 数据库系统时用到的驱动类就封装在此 jar 包中。该项目的组织结构如图 10.2 所示。

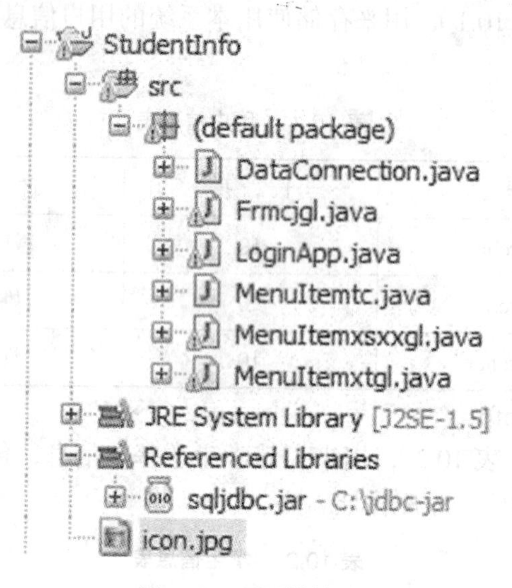

图10.2　项目结构图

1. 数据库链接类 DataConnection

在实现各个模块的功能之前，需要实现通用模块类的设计。为了减少代码的重复编写，在实现本系统的过程中把经常使用到的数据库链接操作封装成 DataConnection 类。通过对数据库链接类的封装可以使程序员在编写其他模块时不用重写该部分的代码，并且在对本系统更换数据库系统时，可以只修改数据库链接类，其他模块可以不用做任何改动。

DataConnection 类实现的代码如下。

```
import java.sql.Connection;
import java.sql.DriverManager;
import java.sql.Statement;
public class DataConnection {// 数据库链接类
    public Statement stmt()
    {
        try {
            String name="sa";
            String pwd="123456";
            String url="jdbc:sqlserver://localhost:1433;DataBaseName=StuInfo";
            Class.forName("com.microsoft.sqlserver.jdbc.SQLServerDriver");
            Connection con = DriverManager.getConnection(url,name,pwd);
            st = con.createStatement();
            } catch (Exception e)
                {e.printStackTrace();}
    return st;
    }
```

```
    Statement st ;
}
```

2. 登录界面类 LoginApp

LoginApp 类实现了用户登录本系统时的登录界面设计，如图 10.3 所示。

图10.3 登录界面

实现代码如下：

```
import java.awt.*;
import java.awt.event.*;
import java.sql.*;
import javax.swing.*;
public class LoginApp {// 登录界面类
public static String userid;
public static String userpwd;
public static String userlevel;// 用户级别
static Frmcjgl winmain;
final JFrame app=new JFrame(" 登录界面 ");
JLabel label0=new JLabel(new ImageIcon("icon.jpg"));
JLabel label1=new JLabel(" 登录账号 ");
JLabel label2=new JLabel(" 登录密码 ");
JButton button1=new JButton(" 登录 ");
JButton button2=new JButton(" 取消 ");
final JTextField textid=new JTextField(10);
final JPasswordField textpwd=new JPasswordField(10);
Container c=app.getContentPane();
DataConnection con=new DataConnection();// 创建数据库链接类的对象
public LoginApp()
  {
app.setDefaultCloseOperation(JFrame.EXIT_ON_CLOSE);
app.setSize(500,270);
app.setLocation(380, 270);
```

```
app.setResizable(false);
c.setLayout(new FlowLayout());// 组件部局
c.add(label0);// 添加组件
c.add(label1);
c.add(textid);
c.add(label2);
c.add(textpwd);
c.add(button1);
c.add(button2);
app.setVisible(true);
button1.addMouseListener(new MouseAdapter()/* 用内部类实现鼠标单击事件，该事件用来判断用
户登录时用户名和密码是否存在 */
{
public void mouseClicked(MouseEvent e)
    {
    if  (textid.getText().equals("") || textpwd.getText().equals(""))
            JOptionPane.showMessageDialog(null, " 请输入用户名或密码 ");
    else{
        userid=textid.getText();
        userpwd=textpwd.getText();
        try {
        String s_sql="SELECT Userpwd,Userlevel FROM UserInfo WHERE Userid='"+userid+"'";
            System.out.println(s_sql);
            ResultSet rs=con.stmt().executeQuery(s_sql);
            rs.next();
            if (rs.getRow()==0 ||
                    (!userpwd.equals(rs.getString(1)) ) )
              JOptionPane.showMessageDialog(null, " 用户名或密码错误 ");
            else {
              // 进入成绩管理系统
              userlevel=rs.getString(2);
              //System.out.println(userlevel);
              app.dispose();
              winmain=new Frmcjgl();// 登录成功后，打开主界面。
              }
            con.stmt().close();
            } catch (SQLException e1)
              {
                  e1.printStackTrace();
              }
        }
        }
        });
```

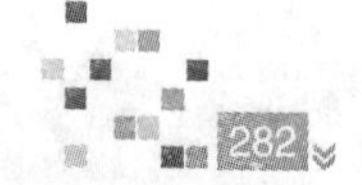

```
    button2.addMouseListener(new MouseAdapter()            // 取消登录
    {
        public void mouseClicked(MouseEvent e)
        {
            textid.setText("");
            textpwd.setText("");
        }
    }
    );
  }
 public static void main(String[] args) {
LoginApp login=new LoginApp();
    }
  }
```

3. 主界面类 Frmcjgl

Frmcjgl 类实现了学生信息管理系统的主操作界面的设计，所图 10.4 所示。

图10.4　系统主界面

实现代码如下：

```
import java.awt.Container;
import javax.swing.*;
public class Frmcjgl {
static JFrame app=new JFrame(" 学生信息管理系统 Version 1.0");
private String userlevel;
// 实例化各个菜单项
MenuItemxtgl menuitemxtgl=new MenuItemxtgl();// 系统管理菜单
MenuItemxsxxgl menuitemxsxxgl=new MenuItemxsxxgl();// 学生信息管理菜单
MenuItemtc menuitemtc=new MenuItemtc();// 退出菜单
public static JDesktopPane desktop=new JDesktopPane();
public void setlevel()// 判断登录用户权限的方法
{
    if (userlevel.equals(" 学生 ")) // 设置学生权限
    {
        // 系统管理
        menuitemxtgl.menuItemyhcx.setEnabled(false);// 用户查询
        menuitemxtgl.menuItemyhtj.setEnabled(false);// 用户添加
        menuitemxtgl.menuItemyhsc.setEnabled(false);// 用户删除
        menuitemxsxxgl.menuItemxsxxtj.setEnabled(false);
        menuitemxsxxgl.menuItemxsxxxg.setEnabled(false);
        menuitemxsxxgl.menuItemxsxxsc.setEnabled(false);
```

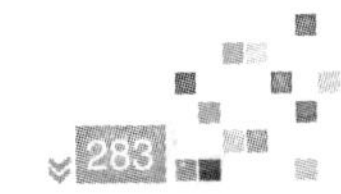

```
    }
    else if (userlevel.equals(" 教师 ")) // 设置教师权限
    {
       // 系统管理
       menuitemxtgl.menuItemyhcx.setEnabled(false);
       menuitemxtgl.menuItemyhtj.setEnabled(false);
       menuitemxtgl.menuItemyhsc.setEnabled(false);
       // 学生管理
       menuitemxsxxgl.menuItemxsxxtj.setEnabled(false);
       menuitemxsxxgl.menuItemxsxxxg.setEnabled(false);
       menuitemxsxxgl.menuItemxsxxsc.setEnabled(false);
    }
    }
    public void addmenu()// 设置菜单栏
    {
    JMenuBar menubar=new JMenuBar();
    app.setJMenuBar(menubar);
    menubar.add(menuitemxtgl.menuItemxtgl);
    // 学生管理
    menubar.add(menuitemxsxxgl.menuItemxsxxgl);
    // 退出
    menubar.add(menuitemtc.menuItemtc);
    }
    public Frmcjgl(){
    app.setDefaultCloseOperation(JFrame.EXIT_ON_CLOSE);
    app.setSize(700,700);
    app.setLocation(180, 30);
    userlevel=LoginApp.userlevel;
    System.out.println(userlevel);
    setlevel();// 设置菜单可选权限
    addmenu();// 添加各个菜单
    // 加入多文档窗口
    Container c=app.getContentPane();
    c.add(desktop);
    app.setVisible(true);
   }
}
```

4. 系统管理类 MenuItemxtgl

MenuItemxtgl 类实现了系统管理菜单及子菜单用户管理、重新登录功能的设计。其中用户管理子菜单又包括用户的查询功能，如图 10.5 所示，添加功能如图 10.6 所示，修改功能如图 10.7 所示，删除功能如图 10.8 所示。

图10.5 用户信息查询

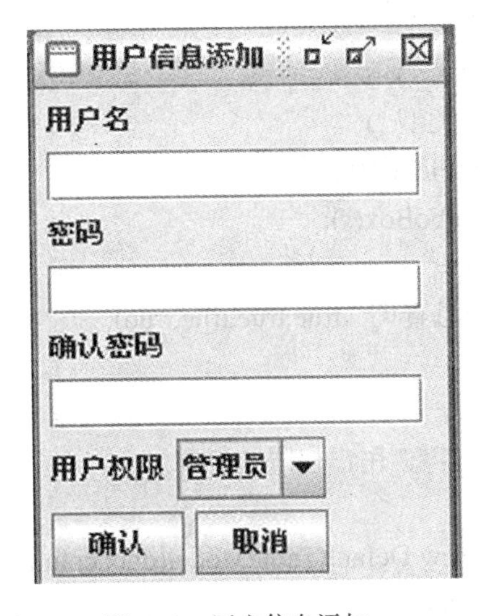

图10.6 用户信息添加

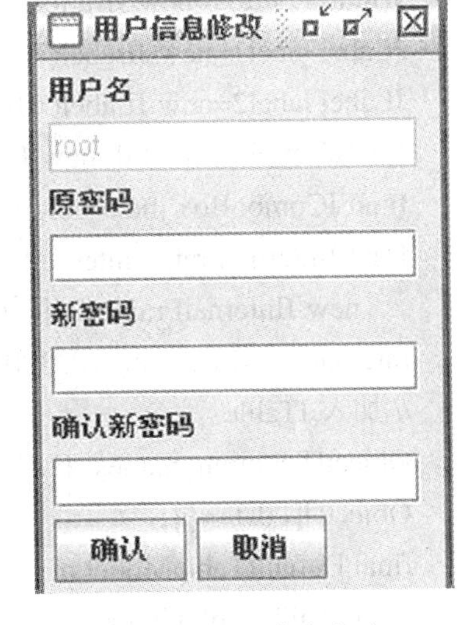

图10.7 用户信息修改

图10.8 用户信息删除

实现代码如下：

```
import java.awt.*;
import java.awt.event.*;
import java.sql.*;
import java.util.Vector;
import javax.swing.*;
import javax.swing.table.*;
public class MenuItemxtgl {
    public void action_yhcx()// 用户查询菜单响应
    {
        menuItemyhcx.addActionListener(new ActionListener()
        {
            public void actionPerformed(ActionEvent e)
            {
                String[] s={" 管理员 "," 教师 "," 学生 "};
                JButton button=new JButton(" 查询 ");
                JLabel label1=new JLabel(" 用户名 ");
                JLabel label2=new JLabel(" 用户类型 ");
                final JTextField textid=new JTextField(10);
                final JComboBox jbox=new JComboBox(s);
                final JInternalFrame internalframe=
                    new JInternalFrame(" 用户信息查询 ",true,true,true,true);
                internalframe.setSize(310, 300);
                // 加入 JTable
                Object[] column_names={" 用户名 "," 用户权限 "};
                Object[][] data={};
                final DefaultTableModel model=new DefaultTableModel(data,column_names);
                final JTable tableview=new JTable();
                tableview.setModel(model);
                tableview.setPreferredScrollableViewportSize(new Dimension(280,200));
ableview.setAutoResizeMode(JTable.AUTO_RESIZE_SUBSEQUENT_COLUMNS);
                JScrollPane spane=new JScrollPane(tableview);
                Container cc=internalframe.getContentPane();
                cc.setLayout(new FlowLayout(FlowLayout.RIGHT));
                cc.add(label1);
                cc.add(textid);
                cc.add(label2);
                cc.add(jbox);
                cc.add(button);
                cc.add(spane);
                // 查询响应事件
                button.addMouseListener(new MouseAdapter()
                    {
```

```
                public void mouseClicked(MouseEvent e)
                    {
                    try {
                        // 用户名域为空
                        if (textid.getText().equals(""))
                          {
            String s_sql="SELECT Userid,Userlevel FROM UserInfo WHERE
                        Userlevel
                              ='"+jbox.getSelectedItem()+"'";
            System.out.println(s_sql);
            ResultSet rs=con.stmt().executeQuery(s_sql);
            rs.next();
            // 返回值为空
             if (rs.getRow()==0)
JOptionPane.showMessageDialog(null, " 没有权限为 "+jbox.getSelectedItem()+" 的记录 ");
            // 不为空，输出到 JTable 上
             else
             {
        // 删除之前显示的行
             System.out.println(model.getRowCount());
              int count=model.getRowCount();
              for(int i=0;i<count;i++)
             model.removeRow(0);
              do
              {
             Vector vs=new Vector();
              for (int i=1;i<3;i++)
              vs.add(rs.getObject(i));
              model.addRow(vs);
             }while (rs.next());
             }
             }
             // 用户名域不为空
             else{
      String s_sql="SELECT Userid,Userlevel FROM UserInfo WHERE Userid='"
      +textid.getText()+"' and UserLevel='"+jbox.getSelectedItem()+"'";
       System.out.println(s_sql);
       ResultSet rs=con.stmt().executeQuery(s_sql);
       rs.next();
       // 返回值为空
        if (rs.getRow()==0)
       JOptionPane.showMessageDialog(null, " 没有用户名为 "+textid.getText()+" 的记录 ");
          // 不为空，输出到 JTable 上
```

```
            else
            {
            // 删除之前显示的行
            System.out.println(model.getRowCount());
            int count=model.getRowCount();
            for(int i=0;i<count;i++)
            model.removeRow(0);
              do
              {
              Vector vs=new Vector();
              for (int i=1;i<3;i++)
              vs.add(rs.getObject(i));
              model.addRow(vs);
                }while (rs.next());
              }}
              } catch (SQLException e1)
              {e1.printStackTrace();}
          }
          });
        Frmcjgl.desktop.add(internalframe);
        internalframe.setVisible(true);
            }
        }
        );
    }
    public void action_yhtj()// 用户信息添加菜单响应
    {
        menuItemyhtj.addActionListener(new ActionListener()
        {
              public void actionPerformed(ActionEvent e)
              {
    JLabel[] label={new JLabel(" 用户名 "),new JLabel(" 密码 "),
    new JLabel(" 确认密码 "),new JLabel(" 用户权限 ")};
                  JButton[] button={new JButton(" 确认 "),new JButton(" 取消 ")};
                  final JTextField textid=new JTextField(15);
                  final JPasswordField textpwd1=new JPasswordField(15);
                  final JPasswordField textpwd2=new JPasswordField(15);
                  String[] s={" 管理员 "," 学生 "," 教师 "};
                  final JComboBox jbox=new JComboBox(s);
                  final JInternalFrame internalframe=
                      new JInternalFrame(" 用户信息添加 ",true,true,true,true);
                  internalframe.setSize(195, 280);
                  Container cc=internalframe.getContentPane();
```

```
                    cc.setLayout(new FlowLayout(FlowLayout.LEFT));
                    cc.add(label[0]);
                    cc.add(textid);
                    cc.add(label[1]);
                    cc.add(textpwd1);
                    cc.add(label[2]);
                    cc.add(textpwd2);
                    cc.add(label[3]);
                    cc.add(jbox);
                    cc.add(button[0]);
                    cc.add(button[1]);
                    Frmcjgl.desktop.add(internalframe);
                    //点击确定按钮
                    button[0].addMouseListener(new MouseAdapter()
                    {
                        public void mouseClicked(MouseEvent e)
                        {
                   if(textid.getText().equals("")||textpwd1.getText().equals("")
                   ||textpwd2.getText().equals(""))
                 JOptionPane.showMessageDialog(null, " 信息请输入完全 ");
                   else if (!textpwd1.getText().equals(textpwd2.getText()))
                              {
                    JOptionPane.showMessageDialog(null, " 两次密码不同，请重新输入 ");
                    textpwd1.setText("");
                    extpwd2.setText("");
                    }
                    else // 信息正确进入数据库添加操作
                        {
                           try
                        {
// 判断用户名是否存在
String s_sql="SELECT Userlevel FROM UserInfo WHERE Userid='"
        +textid.getText()+"'";
System.out.println(s_sql);
ResultSet rs=con.stmt().executeQuery(s_sql);
rs.next();
if(rs.getRow()!=0)
JOptionPane.showMessageDialog(null," 用户名已存在 ");
else{
s_sql="INSERT INTO UserInfo(Userid,Userpwd,Userlevel) VALUES("
 "'"+textid.getText()+"','"+textpwd1.getText()+"','"+jbox.getSelectedItem()+"')";
 System.out.println(s_sql);
int count=con.stmt().executeUpdate(s_sql);
```

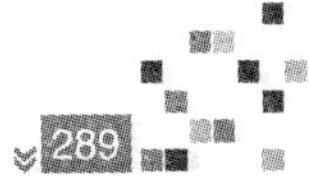

```
 if (count==1)
JOptionPane.showMessageDialog(null," 添加成功 ");
else JOptionPane.showMessageDialog(null, " 添加失败 ");
}
} catch (Exception e1)
{e1.printStackTrace();}
    }
   }
  }
 );
 // 点击取消按钮
button[1].addMouseListener(new MouseAdapter()
  {
   public void mouseClicked(MouseEvent e)
   {
    internalframe.dispose();
    }
   });
internalframe.setVisible(true);
  }
    });
}
public void action_yhxg()// 用户信息修改菜单响应
{
menuItemyhxg.addActionListener(new ActionListener()
  {
     public void actionPerformed(ActionEvent e)
    {
     JLabel[] label={new JLabel(" 用户名 "),new JLabel(" 原密码 "),
          new JLabel(" 新密码 "),new JLabel(" 确认新密码 ")};
     JButton[] button={new JButton(" 确认 "),new JButton(" 取消 ")};
     final JTextField textid=new JTextField(15);
     final JPasswordField textpwd_before=new JPasswordField(15);
     final JPasswordField textpwd_new1=new JPasswordField(15);
     final JPasswordField textpwd_new2=new JPasswordField(15);
     final JInternalFrame internalframe=
                new JInternalFrame(" 用户信息修改 ",true,true,true,true);
            internalframe.setSize(195, 280);
            Container cc=internalframe.getContentPane();
            cc.setLayout(new FlowLayout(FlowLayout.LEFT));
            Frmcjgl.desktop.add(internalframe);
            cc.add(label[0]);
            cc.add(textid);
```

```
                cc.add(label[1]);
                cc.add(textpwd_before);
                cc.add(label[2]);
                cc.add(textpwd_new1);
                cc.add(label[3]);
                cc.add(textpwd_new2);
                cc.add(button[0]);
                cc.add(button[1]);
                // 设置用户名不可更改
                textid.setText(LoginApp.userid);
                textid.setEnabled(false);

                // 确定按钮响应
                button[0].addMouseListener(new MouseAdapter()
                {
                    public void mouseClicked(MouseEvent e)
                    {
                if(textid.getText().equals("")
||textpwd_before.getText().equals("") ||

  textpwd_new1.getText().equals("")||textpwd_new2.getText().equals(""))
                        JOptionPane.showMessageDialog(null, " 信息请输入完全 ");
                    else if (!textpwd_new1.getText().equals(textpwd_new2.getText()))
                            {
                    JOptionPane.showMessageDialog(null, " 两次密码不同，请重新输入 ");
                    textpwd_new1.setText("");
                    textpwd_new2.setText("");
                            }
                else if (textpwd_new1.getText().equals(textpwd_new2.getText())&&
    textpwd_new1.getText().equals(textpwd_before.getText()))
                            {
                             JOptionPane.showMessageDialog(null, " 新旧密码相同 ");
                             textpwd_new1.setText("");
                             textpwd_new2.setText("");
                            }
                else // 信息正确进入数据库添加操作
                {
                    try
                {
                // 判断密码是否正确
                String s_sql="SELECT Userpwd FROM UserInfo WHERE Userid='"
                        +textid.getText()+"'";
                System.out.println(s_sql);
```

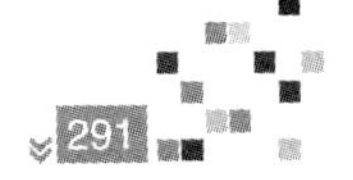

```
            ResultSet rs=con.stmt().executeQuery(s_sql);
            rs.next();
            if(!rs.getObject(1).equals(textpwd_before.getText()))
            JOptionPane.showMessageDialog(null," 密码错误 ");
        else
        {
        s_sql="UPDATE UserInfo SET Userpwd='"
            +textpwd_new1.getText()+"' WHERE Userid='"+textid.getText()+"'";
         System.out.println(s_sql);
        int count=con.stmt().executeUpdate(s_sql);
        if (count==1)
        JOptionPane.showMessageDialog(null," 修改成功 ");
        else JOptionPane.showMessageDialog(null, " 修改失败 ");
        internalframe.dispose();
            }
        } catch (Exception e1)
        {e1.printStackTrace();}
            }
            }
                });
        // 取消按钮响应
        button[1].addMouseListener(new MouseAdapter()
        {
        public void mouseClicked(MouseEvent e)
        {
        internalframe.dispose();
        }
            });
        internalframe.setVisible(true);
        }
        });
}
public void action_yhsc()// 用户信息删除菜单响应
{
    menuItemyhsc.addActionListener(new ActionListener()
    {
        public void actionPerformed(ActionEvent e)
        {
            String[] s={" 管理员 "," 教师 "," 学生 "};
            JButton[] button={new JButton(" 查询 "),new JButton(" 删除 ")};
            JLabel label1=new JLabel(" 用户名 ");
            JLabel label2=new JLabel(" 用户类型 ");
            final JTextField textid=new JTextField(10);
```

```
final JComboBox jbox=new JComboBox(s);
final JInternalFrame internalframe=
new JInternalFrame(" 用户信息查询 ",true,true,true,true);
internalframe.setSize(310, 300);
// 加入 JTable
Object[] column_names={" 用户名 "," 用户权限 "};
Object[][] data={};
final DefaultTableModel model=new DefaultTableModel(data,column_names);
final JTable tableview=new JTable();
tableview.setModel(model);
tableview.setPreferredScrollableViewportSize(new Dimension(280,200));
ableview.setAutoResizeMode(JTable.AUTO_RESIZE_SUBSEQUENT_COLUMNS);
JScrollPane spane=new JScrollPane(tableview);
Container cc=internalframe.getContentPane();
cc.setLayout(new FlowLayout(FlowLayout.RIGHT));
cc.add(label1);
cc.add(textid);
cc.add(label2);
cc.add(jbox);
cc.add(button[0]);
cc.add(button[1]);
cc.add(spane);
// 查询响应事件
button[0].addMouseListener(new MouseAdapter()
  {
public void mouseClicked(MouseEvent e)
{
try
{
ResultSet rs;
// 用户名域为空
if (textid.getText().equals(""))
{
String s_sql="SELECT Userid,Userlevel FROM UserInfo WHERE Userlevel='"
          +jbox.getSelectedItem()+"'";
System.out.println(s_sql);
rs=con.stmt().executeQuery(s_sql);
rs.next();
// 返回值为空
 if (rs.getRow()==0)
JOptionPane.showMessageDialog(null, " 没有权限为 "+jbox.getSelectedItem()+" 的记录 ");
// 不为空，输出到 JTable 上
else
```

```
{
//删除之前显示的行
System.out.println(model.getRowCount());
int count=model.getRowCount();
for(int i=0;i<count;i++)
model.removeRow(0);
do
{
Vector vs=new Vector();
for (int i=1;i<3;i++)
vs.add(rs.getObject(i));
model.addRow(vs);
}while (rs.next());
}
}
//用户名域不为空
else{
String s_sql="SELECT Userid,Userlevel FROM UserInfo WHERE Userid='"
        +textid.getText()+"'";
System.out.println(s_sql);
rs=con.stmt().executeQuery(s_sql);
rs.next();
//返回值为空
if (rs.getRow()==0)
JOptionPane.showMessageDialog(null, " 没有用户名为 "+textid.getText()+" 的记录 ");
//不为空，输出到 JTable 上
else
{
//删除之前显示的行
System.out.println(model.getRowCount());
int count=model.getRowCount();
        for(int i=0;i<count;i++)
        model.removeRow(0);
        do
            {
            Vector vs=new Vector();
            for (int i=1;i<3;i++)
            vs.add(rs.getObject(i));
            model.addRow(vs);
            }while (rs.next());
            }
        }
            } catch (Exception e1)
```

```
        {e1.printStackTrace();}
            }
            });
        // 删除响应事件
        button[1].addMouseListener(new MouseAdapter()
        {
            public void mouseClicked(MouseEvent e)
            {
                int select=tableview.getSelectedRow();
                if (select==-1)
                JOptionPane.showMessageDialog(null, " 请选择一条记录 ");
                else{// 链接数据库删除记录
                int a=JOptionPane.showConfirmDialog(null, " 确定删除？ ");
                if (a==0)// 确定删除，链接数据库删除选则条目
                {
                   try
                {
                String s_sql="DELETE FROM UserInfo"+
                " WHERE Userid='"+tableview.getValueAt(select, 0)+"'";
                System.out.println(s_sql);
                int count=con.stmt().executeUpdate(s_sql);
                model.removeRow(select);// 删除 JTable 表中的选择行
                if (count==0)
                JOptionPane.showMessageDialog(null, " 删除失败 ");
                else JOptionPane.showMessageDialog(null, " 删除成功 ");
                    } catch (Exception e1)
                    {e1.printStackTrace();}
                    }
                   }
            }
        });
        Frmcjgl.desktop.add(internalframe);
        internalframe.setVisible(true);
      }
   }
   );
}
public void action_cxdl()// 重新登录菜单响应
{
    menuItemcxdl.addActionListener(new ActionListener()
    {
        public void actionPerformed(ActionEvent e)
        {
```

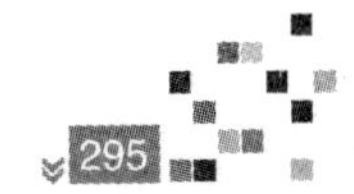

```
                JInternalFrame[] allFrame=LoginApp.winmain.desktop.getAllFrames();
                for (int i=0;i<allFrame.length;i++)
                allFrame[i].dispose();
                Frmcjgl.app.dispose();
                LoginApp longin=new LoginApp();
            }
        });
    }
    public MenuItemxtgl()
    {
        //添加各个菜单项
        menuItemxtgl.add(menuItemyhgl);
        menuItemyhgl.add(menuItemyhcx);
        menuItemyhgl.add(menuItemyhtj);
        menuItemyhgl.add(menuItemyhxg);
        menuItemyhgl.add(menuItemyhsc);
        menuItemxtgl.add(menuItemcxdl);
        // 响应各个菜单事件
        action_yhcx();
        action_yhtj();
        action_yhxg();
        action_yhsc();
        action_cxdl();
    }
    //类成员域
    JMenu menuItemxtgl=new JMenu(" 系统管理 ");
    JMenu menuItemyhgl=new JMenu(" 用户管理 ");
    JMenuItem menuItemyhcx=new JMenuItem(" 用户查询 ");
    JMenuItem menuItemyhtj=new JMenuItem(" 用户添加 ");
    JMenuItem menuItemyhsc=new JMenuItem(" 用户删除 ");
    JMenuItem menuItemyhxg=new JMenuItem(" 用户修改 ");
    JMenuItem menuItemcxdl=new JMenuItem(" 重新登录 ");
    final DataConnection con=new DataConnection();// 链接数据库
}
```

5. 学生信息管理类 MenuItemxsxxg1

MenuItemxsxxgl 类实现了学生管理菜单及其子菜单的功能，子菜单包括学生信息的查询功能如图 10.9 所示，添加功能如图 10.10 所示，修改功能如图 10.11 所示，删除功能如图 10.12 所示。

图10.9　学生信息查询

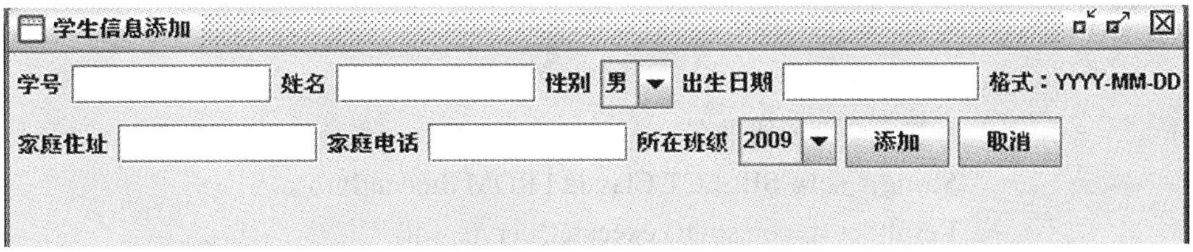

图10.10　学生信息添加

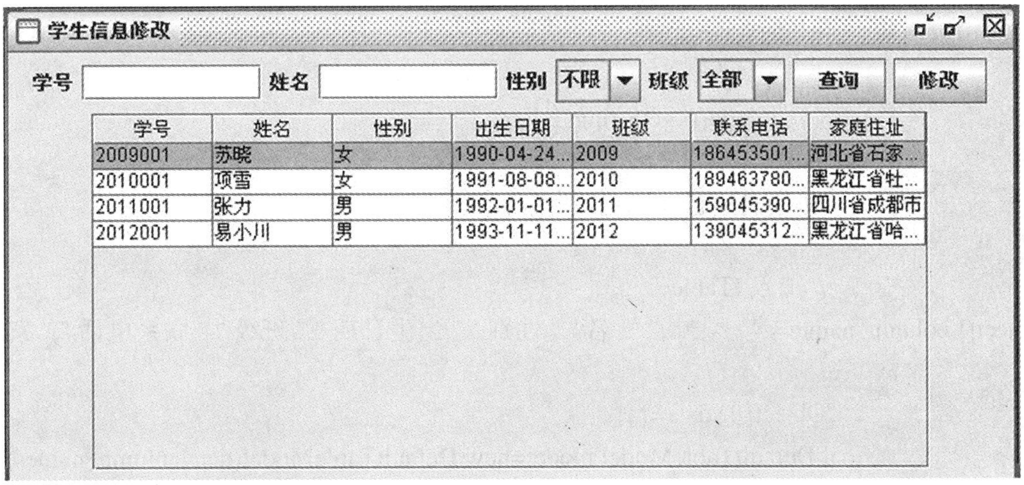

图10.11　学生信息修改

图10.12　学生信息删除

实现代码如下：

```
import java.awt.*;
import java.awt.event.*;
import java.sql.*;
import java.util.Vector;
```

```
import javax.swing.*;
import javax.swing.table.*;
public class MenuItemxsxxgl {
    //学生信息查询
    public void menuitemxsxxcx()
    {
        menuItemxsxxcx.addActionListener(new ActionListener()
        {
            public void actionPerformed(ActionEvent e)
            {
                try{
                    //加入全部班级的名字
                    String s_sql="SELECT Classid FROM StudentInfo";
                    ResultSet st=con.stmt().executeQuery(s_sql);
                    Vector vs=new Vector();
                    vs.add(" 全部 ");
                    while(st.next())
                    {
                        vs.add(st.getString(1));
                    }
                    String[] s={" 不限 "," 男 "," 女 "};

                    //加入 JTable
    Object[] column_names={" 学号 "," 姓名 "," 性别 "," 出生日期 "," 班级 "," 联系电话 "," 家庭住址 "
};
                    Object[][] data={};
                final DefaultTableModel model=new DefaultTableModel(data,column_names);
                final JTable tableview=new JTable();
                tableview.setModel(model);
                tableview.setPreferredScrollableViewportSize(new Dimension(530,200));
    tableview.setAutoResizeMode(JTable.AUTO_RESIZE_SUBSEQUENT_COLUMNS);
                JScrollPane spane=new JScrollPane(tableview);
                final JInternalFrame internalframe=
                    new JInternalFrame(" 学生信息查询 ",true,true,true,true);
                internalframe.setSize(600, 300);
                Frmcjgl.desktop.add(internalframe);
                JLabel[] label={new JLabel(" 学号 "),new JLabel(" 姓名 "),new
            JLabel(" 性别 "),new JLabel(" 班级 ")};
                JButton button=new JButton(" 查询 ");
                final JTextField textsid=new JTextField(10);
                final JTextField textsname=new JTextField(10);
                final JComboBox boxsex=new JComboBox(s);
                final JComboBox boxclassid=new JComboBox(vs);
```

```
Container cc=internalframe.getContentPane();
cc.setLayout(new FlowLayout(FlowLayout.CENTER));
cc.add(label[0]);
cc.add(textsid);
cc.add(label[1]);
cc.add(textsname);
cc.add(label[2]);
cc.add(boxsex);
cc.add(label[3]);
cc.add(boxclassid);
cc.add(button);
cc.add(spane);
// 学号文本框只能输入数字
textsid.addKeyListener(new KeyAdapter()
{
    public void keyTyped(KeyEvent e)
    {
            if ((e.getKeyChar()<'0')||(e.getKeyChar()>'9'))
            e.consume();
    }
});
// 查询按钮
button.addMouseListener(new MouseAdapter()
{
    public void mouseClicked(MouseEvent e)
    {
        try{
            // 删除之前显示的行
            int count=model.getRowCount();
            for(int i=0;i<count;i++)
            model.removeRow(0);
            // 构造 sql 查询语句
            String s_sid,s_sname,s_sex,s_classid;
            if (textsid.getText().equals("")) s_sid="";
            else s_sid=" Sno='"+textsid.getText()+"' and";
            if (textsname.getText().equals("")) s_sname="";
            else s_sname=" Sname='"+textsname.getText()+"' and";
            if (boxsex.getSelectedItem().equals(" 不限 ")) s_sex="";
            else s_sex=" Sex='"+boxsex.getSelectedItem()+"' and";
            if (boxclassid.getSelectedItem().equals(" 全部 ")) s_classid="";
                    else
s_classid=" Classid='"+boxclassid.getSelectedItem()+"'";
String s_sql="SELECT * FROM StudentInfo WHERE "
```

```
                +s_sid+s_sname+s_sex+s_classid;
                    StringBuffer s=new StringBuffer(s_sql);
                    if (s.charAt(s.length()-1)=='d')
                    {
                    s.setCharAt(s.length()-1,' ');
                    s.setCharAt(s.length()-2,' ');
                    s.setCharAt(s.length()-3,' ');
                    }
                    s_sql=s.toString();
                    if (textsid.getText().equals("")&& textsname.getText().equals("")
      &&boxsex.getSelectedItem().equals(" 不限 ") &&
boxclassid.getSelectedItem().equals(" 全部 "))
                    s_sql="SELECT * FROM StudentInfo";
                    System.out.println(s_sql);
                    ResultSet rs=con.stmt().executeQuery(s_sql);
                    while(rs.next())
                    {
                         Vector vs=new Vector();
                         for(int i=0;i<7;i++)
                         vs.add(rs.getObject(i+1));
                         model.addRow(vs);
                    }
                  } catch (Exception e1)
                  {e1.printStackTrace();}
                    }
                  });
                 internalframe.setVisible(true);
               } catch (Exception e1)
                {e1.printStackTrace();}
                    }
               });
    }
    //学生信息添加
    public void menuitemxsxxtj()
    {
              menuItemxsxxtj.addActionListener(new ActionListener()
              {
                   public void actionPerformed(ActionEvent e)
                   {
                        try{
                        //加入全部班级的名字
                        String s_sql="SELECT Classid FROM StudentInfo";
                        ResultSet st=con.stmt().executeQuery(s_sql);
```

```
Vector vs=new Vector();
while(st.next())
{
        vs.add(st.getString(1));
}
String[] s={" 男 "," 女 "};
JLabel[] label={new JLabel(" 学号 "),new JLabel(" 姓名 "),new
JLabel(" 性别 "),new JLabel(" 出生日期 "),new JLabel(" 格式:
YYYY-MM-DD"),new JLabel(" 家庭住址 "),new JLabel(" 家庭电话
"),new JLabel(" 所在班级 ")};
final JTextField textsid=new JTextField(10);
final JTextField textsname=new JTextField(10);
final JTextField textbirthday=new JTextField(10);
final JTextField textaddress=new JTextField(10);
final JTextField texttel=new JTextField(10);
final JComboBox boxsex=new JComboBox(s);
final JComboBox boxclassid=new JComboBox(vs);
JButton[] button={new JButton(" 添加 "),new JButton(" 取消 ")};
final JInternalFrame internalframe=
new JInternalFrame(" 学生信息添加 ",true,true,true,true);
internalframe.setSize(680, 200);
Frmcjgl.desktop.add(internalframe);
Container cc=internalframe.getContentPane();
cc.setLayout(new FlowLayout(FlowLayout.LEFT));
cc.add(label[0]);
cc.add(textsid);
cc.add(label[1]);
cc.add(textsname);
cc.add(label[2]);
cc.add(boxsex);
cc.add(label[3]);
cc.add(textbirthday);
cc.add(label[4]);
cc.add(label[5]);
cc.add(textaddress);
cc.add(label[6]);
cc.add(texttel);
cc.add(label[7]);
cc.add(boxclassid);
cc.add(button[0]);
cc.add(button[1]);
// 学号文本框只能输入数字
textsid.addKeyListener(new KeyAdapter()
```

```
{
    public void keyTyped(KeyEvent e)
    {
        if ((e.getKeyChar()<'0')||(e.getKeyChar()>'9'))
            e.consume();
    }
});
//联系电话文本框只能输入数字
texttel.addKeyListener(new KeyAdapter()
{
    public void keyTyped(KeyEvent e)
    {
        if ((e.getKeyChar()<'0')||(e.getKeyChar()>'9'))
            e.consume();
    }
});
//按下添加按钮时
button[0].addMouseListener(new MouseAdapter()
{
    public void mouseClicked(MouseEvent e)
    {
String s_sql="SELECT * FROM StudentInfo WHERE Sno='"+textsid.getText()+"'";
        System.out.println(s_sql);
        ResultSet rs;
        int flag=0;
        try {
            rs = con.stmt().executeQuery(s_sql);
            rs.next();
            flag=rs.getRow();
        } catch (SQLException e2)
    {e2.printStackTrace();}
    if (flag!=0) JOptionPane.showMessageDialog(null, " 已有记录，无法插入 ");
        //插入
    else if (!textsid.getText().equals("") && !textsname.getText().equals("")
    && !textbirthday.getText().equals("")&& !textaddress.getText().equals("")
    && !texttel.getText().equals(""))
    {
        try {
    s_sql="INSERT INTO StudentInfo(Sno,Sname,Sex,Birthday,Classid,Tel,Address)" +
" VALUES('"+textsid.getText()+"','"+textsname.getText()+"','"+boxsex.getSelectedItem()
    +"','"+textbirthday.getText()+"','"+boxclassid.getSelectedItem()+"','"
    +texttel.getText()+"','"+textaddress.getText()+"')";
    System.out.println(s_sql);
```

```
        int count=con.stmt().executeUpdate(s_sql);
        if (count!=0)
        JOptionPane.showMessageDialog(null, " 插入成功 ");
        else JOptionPane.showMessageDialog(null, " 插入失败 ");
        } catch (SQLException e1)
        {e1.printStackTrace();}
        }
        else  JOptionPane.showMessageDialog(null, " 请输入完全 ");
        }
        });
        // 按下取消按钮时
        button[1].addMouseListener(new MouseAdapter()
         {
            public void mouseClicked(MouseEvent e)
            {
            internalframe.dispose();
            }
        });
        internalframe.setVisible(true);
        } catch (SQLException e2)
                {e2.printStackTrace();}
            }
        });
    }
    // 学生信息修改
    public void menuitemxsxxxg()
    {
      menuItemxsxxxg.addActionListener(new ActionListener()
      {
            public void actionPerformed(ActionEvent e)
            {
                try{
                    // 加入全部班级的名字
                    String s_sql="SELECT Classid FROM StudentInfo";
                    ResultSet st=con.stmt().executeQuery(s_sql);
                    Vector vs=new Vector();
                    vs.add(" 全部 ");
                    while(st.next())
                    {
                        vs.add(st.getString(1));
                    }
                    String[] s={" 不限 "," 男 "," 女 "};
                    // 加入 JTable
```

```
Object[] column_names={" 学号 "," 姓名 "," 性别 "," 出生日期 "," 班级 "," 联系电话 "," 家庭住址 "
};
            Object[][] data={};
            final DefaultTableModel model=
            new DefaultTableModel(data,column_names);
            final JTable tableview=new JTable();
            tableview.setModel(model);
            tableview.setPreferredScrollableViewportSize(new Dimension(530,200));
tableview.setAutoResizeMode(JTable.AUTO_RESIZE_SUBSEQUENT_COLUMNS);
            JScrollPane spane=new JScrollPane(tableview);
            final JInternalFrame internalframe=
                new JInternalFrame(" 学生信息修改 ",true,true,true,true);
            internalframe.setSize(650, 300);
            Frmcjgl.desktop.add(internalframe);
            JLabel[] label={new JLabel(" 学号 "),new JLabel(" 姓名
"),new JLabel(" 性别 "),new JLabel(" 班级 ")};
            JButton[] button={new JButton(" 查询 "),new JButton(" 修改 ")};
            final JTextField textsid=new JTextField(10);
            final JTextField textsname=new JTextField(10);
            final JComboBox boxsex=new JComboBox(s);
            final JComboBox boxclassid=new JComboBox(vs);
            Container cc=internalframe.getContentPane();
            cc.setLayout(new FlowLayout(FlowLayout.CENTER));
            cc.add(label[0]);
            cc.add(textsid);
            cc.add(label[1]);
            cc.add(textsname);
            cc.add(label[2]);
            cc.add(boxsex);
            cc.add(label[3]);
            cc.add(boxclassid);
            cc.add(button[0]);
            cc.add(button[1]);
            cc.add(spane);
            //学号文本框只能输入数字
            textsid.addKeyListener(new KeyAdapter()
            {
                public void keyTyped(KeyEvent e)
                {
                    if ((e.getKeyChar()<'0')||(e.getKeyChar()>'9'))
                        e.consume();
                }
            });
```

```
        //查询按钮
        button[0].addMouseListener(new MouseAdapter()
        {
            public void mouseClicked(MouseEvent e)
            {
                try{
                    //删除之前显示的行
                    int count=model.getRowCount();
                    for(int i=0;i<count;i++)
                    model.removeRow(0);
                    //构造 sql 查询语句
                    String s_sid,s_sname,s_sex,s_classid;
                    if (textsid.getText().equals("")) s_sid="";
        else s_sid=" Sno='"+textsid.getText()+"' and";
        if (textsname.getText().equals("")) s_sname="";
        else s_sname=" Sname='"+textsname.getText()+"' and";
        if (boxsex.getSelectedItem().equals(" 不限 ")) s_sex="";
        else s_sex=" Sex='"+boxsex.getSelectedItem()+"' and";
        if (boxclassid.getSelectedItem().equals(" 全部 ")) s_classid="";
        else
         s_classid=" Classid='"+boxclassid.getSelectedItem()+"'";
    String s_sql="SELECT * FROM StudentInfo WHERE
"+s_sid+s_sname+s_sex+s_classid;
        StringBuffer s=new StringBuffer(s_sql);
        if (s.charAt(s.length()-1)=='d')
           {
        s.setCharAt(s.length()-1,' ');
        s.setCharAt(s.length()-2,' ');
        s.setCharAt(s.length()-3,' ');
           }
        s_sql=s.toString();
        if(textsid.getText().equals("")&&textsname.getText().equals("")
&&          boxsex.getSelectedItem().equals(" 不限 ") &&
boxclassid.getSelectedItem().equals(" 全部 "))
  s_sql="SELECT * FROM StudentInfo";
        System.out.println(s_sql);
        ResultSet rs=con.stmt().executeQuery(s_sql);
                while(rs.next())
        {
        Vector vs=new Vector();
        for(int i=0;i<7;i++)
        vs.add(rs.getObject(i+1));
        model.addRow(vs);
```

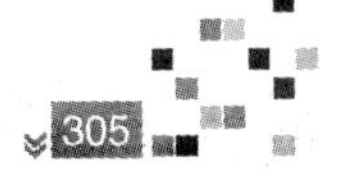

```
            }
            } catch (Exception e1)
            {
        e1.printStackTrace();
            }
            }
        });
        // 修改按钮
            button[1].addMouseListener(new MouseAdapter()
            {
            public void mouseClicked(MouseEvent e)
            {
            int select_rowcount=tableview.getSelectedRowCount();
            final int select_row=tableview.getSelectedRow();
            if (select_rowcount!=1)
            JOptionPane.showMessageDialog(null, " 请选择一行 ");
            else
            {
          try{
            // 加入全部班级的名字
            String s_sql="SELECT Classid FROM StudentInfo";
            ResultSet st=con.stmt().executeQuery(s_sql);
            Vector vs=new Vector();
            while(st.next())
             {
             vs.add(st.getString(1));
            }
             String[] s={" 男 "," 女 "};
            JLabel[] label={new JLabel(" 学号 "),new JLabel(" 姓名 "),new
            JLabel(" 性别 "),new JLabel(" 出生日期 "),new JLabel(" 格式：
            YYYY-MM-DD"),new JLabel(" 家庭住址 "),new JLabel(" 家庭电话
            "),new JLabel(" 所在班级 ")};
            final JTextField textsid=new JTextField(10);
            final JTextField textsname=new JTextField(10);
            final JTextField textbirthday=new JTextField(10);
            final JTextField textaddress=new JTextField(10);
            final JTextField texttel=new JTextField(10);
            final JComboBox boxsex=new JComboBox(s);
            final JComboBox boxclassid=new JComboBox(vs);
            JButton[] button={new JButton(" 保存 "),new JButton(" 取消 ")};
            final JInternalFrame internalframe=
            new JInternalFrame(" 学生信息保存 ",true,true,true,true);
            internalframe.setSize(680, 200);
```

```
Frmcjgl.desktop.add(internalframe);
Container cc=internalframe.getContentPane();
cc.setLayout(new FlowLayout(FlowLayout.LEFT));
cc.add(label[0]);
cc.add(textsid);
cc.add(label[1]);
cc.add(textsname);
cc.add(label[2]);
cc.add(boxsex);
cc.add(label[3]);
cc.add(textbirthday);
cc.add(label[4]);
cc.add(label[5]);
cc.add(textaddress);
cc.add(label[6]);
cc.add(texttel);
cc.add(label[7]);
cc.add(boxclassid);
cc.add(button[0]);
cc.add(button[1]);
// 学号文本框只能输入数字
textsid.addKeyListener(new KeyAdapter()
{
public void keyTyped(KeyEvent e)
{
f ((e.getKeyChar()<'0')||(e.getKeyChar()>'9'))
e.consume();
}
});
textsid.setEditable(false);
textsid.setText((String) tableview.getValueAt(select_row, 0));
// 联系电话文本框只能输入数字
texttel.addKeyListener(new KeyAdapter()
{
public void keyTyped(KeyEvent e)
{
if ((e.getKeyChar()<'0')||(e.getKeyChar()>'9'))
e.consume();
}
});
// 按下保存按钮时
button[0].addMouseListener(new MouseAdapter()
{
```

```
public void mouseClicked(MouseEvent e)
{
try {
String s_sql="UPDATE StudentInfo SET Sname='"+textsname.getText()
',Sex='"+boxsex.getSelectedItem()+"',Birthday='"+textbirthday.getText()+
"',Classid='"+boxclassid.getSelectedItem()+"',Tel='"+texttel.getText()+
"',Address='"+textaddress.getText()+"' WHERE
Sno='"+textsid.getText()+"'";
System.out.println(s_sql);
int count=con.stmt().executeUpdate(s_sql);
if (count!=0){
JOptionPane.showMessageDialog(null, " 添加成功 ");
model.setValueAt(textsname.getText(), select_row, 1);
model.setValueAt(boxsex.getSelectedItem(), select_row, 2);
model.setValueAt(textbirthday.getText(), select_row, 3);
model.setValueAt(boxclassid.getSelectedItem(), select_row, 4);
model.setValueAt(texttel.getText(), select_row, 5);
model.setValueAt(textaddress.getText(), select_row, 6);
internalframe.dispose();
    }
else JOptionPane.showMessageDialog(null, " 添加失败 ");
} catch (SQLException e1) {
e1.printStackTrace();}
        }
    });
// 按下取消按钮时
button[1].addMouseListener(new MouseAdapter()
{
    public void mouseClicked(MouseEvent e)
    {
    internalframe.dispose();
}
});
internalframe.setVisible(true);
} catch (SQLException e2)
{e2.printStackTrace();}
}}
});
internalframe.setVisible(true);
} catch (Exception e1)
{e1.printStackTrace();}
}
});
```

```
            }
    //学生信息删除
    public void menuitemxsxxsc()
    {
        menuItemxsxxsc.addActionListener(new ActionListener()
        {
            public void actionPerformed(ActionEvent e)
            {
                try{
                    //加入全部班级的名字
                    String s_sql="SELECT Classid FROM StudentInfo";
                    ResultSet st=con.stmt().executeQuery(s_sql);
                    Vector vs=new Vector();
                    vs.add(" 全部 ");
                    while(st.next())
                    {
                        vs.add(st.getString(1));
                    }
                    String[] s={" 不限 "," 男 "," 女 "};

                    //加入 JTable
Object[] column_names={" 学号 "," 姓名 "," 性别 "," 出生日期 "," 班级 "," 联系电话 ","
家庭住址 " };
                    Object[][] data={ };
                    final DefaultTableModel
model=neDefaultTableModel(data,column_names);
                    final JTable tableview=new JTable();
                    tableview.setModel(model);
                    tableview.setPreferredScrollableViewportSize(new Dimension(530,200));
tableview.setAutoResizeMode(JTable.AUTO_RESIZE_SUBSEQUENT_COLUMNS);
                    JScrollPane spane=new JScrollPane(tableview);
                    final JInternalFrame internalframe=
                    new JInternalFrame(" 学生信息删除 ",true,true,true,true);
                    internalframe.setSize(650, 300);
                    Frmcjgl.desktop.add(internalframe);
JLabel[] label={new JLabel(" 学号 "),new JLabel(" 姓名 "),new JLabel(" 性别 "),new
JLabel(" 班级 ")};
                    Button[] button={new JButton(" 查询 "),new JButton(" 删除 ")};
                    final JTextField textsid=new JTextField(10);
                    final JTextField textsname=new JTextField(10);
                    final JComboBox boxsex=new JComboBox(s);
                    final JComboBox boxclassid=new JComboBox(vs);
                    Container cc=internalframe.getContentPane();
```

```
cc.setLayout(new FlowLayout(FlowLayout.CENTER));
cc.add(label[0]);
cc.add(textsid);
cc.add(label[1]);
cc.add(textsname);
cc.add(label[2]);
cc.add(boxsex);
cc.add(label[3]);
cc.add(boxclassid);
cc.add(button[0]);
cc.add(button[1]);
cc.add(spane);
//学号文本框只能输入数字
textsid.addKeyListener(new KeyAdapter()
{
public void keyTyped(KeyEvent e)
{
if ((e.getKeyChar()<'0')||(e.getKeyChar()>'9'))
e.consume();
}
});
//查询按钮
button[0].addMouseListener(new MouseAdapter()
{
public void mouseClicked(MouseEvent e)
{
try{
//删除之前显示的行
int count=model.getRowCount();
for(int i=0;i<count;i++)
model.removeRow(0);
//构造 sql 查询语句
String s_sid,s_sname,s_sex,s_classid;
if (textsid.getText().equals("")) s_sid="";
else s_sid=" Sno='"+textsid.getText()+"' and";
if (textsname.getText().equals("")) s_sname="";
else s_sname=" Sname='"+textsname.getText()+"' and";
if (boxsex.getSelectedItem().equals(" 不限 ")) s_sex="";
else s_sex=" Sex='"+boxsex.getSelectedItem()+"' and";
if (boxclassid.getSelectedItem().equals(" 全部 ")) s_classid="";
else
s_classid=" Classid='"+boxclassid.getSelectedItem()+"'";
String s_sql=
```

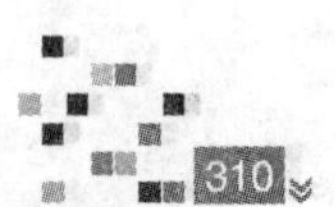

```
"SELECT * FROM StudentInfo WHERE
"+s_sid+s_sname+s_sex+s_classid;
StringBuffer s=new StringBuffer(s_sql);
if (s.charAt(s.length()-1)=='d')
{
s.setCharAt(s.length()-1,' ');
s.setCharAt(s.length()-2,' ');
s.setCharAt(s.length()-3,' ');
}
s_sql=s.toString();
if(textsid.getText().equals("")&&textsname.getText().equals("")
&& boxsex.getSelectedItem().equals(" 不限 ")
&& boxclassid.getSelectedItem().equals(" 全部 "))
s_sql="SELECT * FROM StudentInfo";
System.out.println(s_sql);
ResultSet rs=con.stmt().executeQuery(s_sql);
while(rs.next())
{
Vector vs=new Vector();
for(int i=0;i<7;i++)
vs.add(rs.getObject(i+1));
model.addRow(vs);
}
} catch (Exception e1)
{e1.printStackTrace();}
}
});
// 删除按钮
button[1].addMouseListener(new MouseAdapter()
{
public void mouseClicked(MouseEvent e)
{
int select_rowcount=tableview.getSelectedRowCount();
final int select_row=tableview.getSelectedRow();
if (select_rowcount!=1)
JOptionPane.showMessageDialog(null, " 请选择一行 ");
else
{
int a=JOptionPane.showConfirmDialog(null, " 确定删除？ ");
if (a==0)// 确定删除，链接数据库删除选则条目
{
try
{
```

```
            String s_sql="DELETE FROM StudentInfo"+
            " WHERE Sno='"+tableview.getValueAt(select_row, 0)+"'";
            System.out.println(s_sql);
            int count=con.stmt().executeUpdate(s_sql);
            if (count==0)
            JOptionPane.showMessageDialog(null, " 删除失败 ");
            else
            {
            JOptionPane.showMessageDialog(null, " 删除成功 ");
          model.removeRow(select_row);// 删除 JTable 表中的选择行
            }
            } catch (Exception e1)
          e1.printStackTrace();}
            }
        }
      }
      });
        internalframe.setVisible(true);
            } catch (Exception e1)
            {e1.printStackTrace();}
        }
      });
  }
        public MenuItemxsxxgl()
            {
            menuItemxsxxgl.add(menuItemxsxxcx);
            menuItemxsxxgl.add(menuItemxsxxtj);
            menuItemxsxxgl.add(menuItemxsxxxg);
            menuItemxsxxgl.add(menuItemxsxxsc);
            // 响应事件
            menuitemxsxxcx();
            menuitemxsxxtj();
            menuitemxsxxxg();
            menuitemxsxxsc();
        }
            JMenu menuItemxsxxgl=new JMenu(" 学生管理 ");
            JMenuItem menuItemxsxxcx=new JMenuItem(" 学生信息查询 ");
            JMenuItem menuItemxsxxtj=new JMenuItem(" 学生信息添加 ");
            JMenuItem menuItemxsxxxg=new JMenuItem(" 学生信息修改 ");
            JMenuItem menuItemxsxxsc=new JMenuItem(" 学生信息删除 ");
            final DataConnection con=new DataConnection();// 链接数据库
}
```

6. 系统退出类 MenuItemtc

MenuItemtc 类实现了退出本系统的功能。

实现代码如下：

```
import java.awt.event.*;
import javax.swing.*;
public class MenuItemtc {// 退出菜单类
    static JMenu menuItemtc=new JMenu(" 退出 ");
    static JMenuItem tc=new JMenuItem(" 退出程序 ");
    public MenuItemtc()
      {
        menuItemtc.add(tc);
        tc.addActionListener(new ActionListener()
            {
                public void actionPerformed(ActionEvent e)
                {
                    System.exit(0);
                }
            }
        );
      }
}
```

参考文献

[1] 孙修东，王永红 .Java 程序设计任务驱动式教程 [M]. 北京：航空航天大学出版社，2010.
[2] 李伟 .Java 学习手册 [M]. 北京：电子工业出版社，2011.
[3] 王宏，赵国玲，柴大鹏 .Java 语言程序设计 [M]. 北京：机械工业出版社，2010.
[4] 温尚书，杨志茹 .Java 入门与实战教程 [M]. 北京：人民邮电出版，2010.
[5] 洪维恩 .Java 完全自学手册 [M]. 北京：中国铁道出版，2010.
[6] 刘新娥，罗晓东 .Java 程序设计与应用教程 [M]. 北京：清华大学出版，2010
[7] 王建虹 .Java 实例应用教程 [M]. 北京：中国人民大学出版，2010.

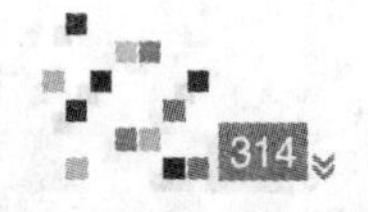